漳卫南运河年鉴

（2019）

《漳卫南运河年鉴》编纂委员会　编

中国水利水电出版社
www.waterpub.com.cn
·北京·

内 容 提 要

《漳卫南运河年鉴》由水利部海河水利委员会漳卫南运河管理局主办，是反映漳卫南运河水利事业发展、全面记录漳卫南局年度工作发展轨迹、为领导决策提供查考依据、为各部门工作提供信息咨询的工具书。《漳卫南运河年鉴》每年编印一册，2019年卷主要收录2018年的资料。

图书在版编目（CIP）数据

漳卫南运河年鉴. 2019 / 《漳卫南运河年鉴》编纂委员会编. -- 北京 : 中国水利水电出版社, 2019.12
ISBN 978-7-5170-8196-8

Ⅰ. ①漳… Ⅱ. ①漳… Ⅲ. ①运河－天津－2019－年鉴 Ⅳ. ①TV882.821-54

中国版本图书馆CIP数据核字(2019)第253800号

书　名	**漳卫南运河年鉴（2019）** ZHANG - WEI - NAN YUNHE NIANJIAN（2019）
作　者	《漳卫南运河年鉴》编纂委员会　编
出版发行	中国水利水电出版社 （北京市海淀区玉渊潭南路1号D座　100038） 网址：www.waterpub.com.cn E - mail：sales@waterpub.com.cn 电话：（010）68367658（营销中心）
经　售	北京科水图书销售中心（零售） 电话：（010）88383994、63202643、68545874 全国各地新华书店和相关出版物销售网点
排　版	中国水利水电出版社微机排版中心
印　刷	北京印匠彩色印刷有限公司
规　格	184mm×260mm　16开本　16.25印张　395千字
版　次	2019年12月第1版　2019年12月第1次印刷
印　数	0001—1000册
定　价	**120.00**元

编 辑 说 明

一、《漳卫南运河年鉴》由水利部海河水利委员会漳卫南运河管理局（以下简称“漳卫南局”）主办，是反映漳卫南运河水利事业发展、全面记录漳卫南局年度工作发展轨迹、为领导决策提供查考依据、为各部门工作提供信息咨询的工具书。《漳卫南运河年鉴》每年编印一册，2019 年卷主要收录 2018 年的资料。

二、本年鉴包括河系概况、要载·专论、年度综述、大事记、落实最严格水资源管理制度示范项目、工程管理、工程建设、防汛抗旱、水政水资源管理、水文工作、水资源保护、综合管理、局属各单位、附录等栏目。

三、栏目内容包含条目、文章和图表。标有方头括号（【】）者为条目名称。

四、本年鉴采用中华人民共和国法定计量单位，技术术语、专业名词、数字、符号力求符合规范要求或约定俗成。

五、本年鉴中机构名称首次出现时用全称，并加括号注明简称，再次出现时即用简称。

六、“大事记”中，同月同日发生的事件在同一年月日下分段记述；无法确定具体日期的事件，记录在事件发生月的最后，并在段前加“□”。

七、限于编辑水平，本年鉴编辑中存在的错误和疏漏不足之处，敬请指正。

《漳卫南运河年鉴》编辑部

2019 年 5 月

《漳卫南运河年鉴》编纂委员会

主 任 委 员：张永明

副主任委员：李瑞江　徐林波　张永顺　韩瑞光　王永军

委　　　员：

李学东　漳卫南运河管理局办公室
陈继东　漳卫南运河管理局计划处
张启彬　漳卫南运河管理局水政水资源处
杨丹山　漳卫南运河管理局财务处
姜行俭　漳卫南运河管理局人事处（离退休职工管理处）
张　军　漳卫南运河管理局建设与管理处
张晓杰　漳卫南运河管理局防汛抗旱办公室
刘晓光　漳卫南运河管理局水资源保护处
杨丽萍　漳卫南运河管理局监察（审计）处
裴杰峰　漳卫南运河管理局直属机关党委（工会）
李孟东　漳卫南运河管理局水文处
赵厚田　漳卫南运河管理局信息中心
何宗涛　漳卫南运河管理局综合事业处
周剑波　漳卫南运河管理局后勤服务中心
张如旭　漳卫南运河卫河河务局
张安宏　漳卫南运河邯郸河务局
张　华　漳卫南运河聊城河务局
尹　法　漳卫南运河邢台衡水河务局
李　勇　漳卫南运河德州河务局
饶先进　漳卫南运河沧州河务局
张同信　漳卫南运河岳城水库管理局
王　斌　漳卫南运河四女寺枢纽工程管理局
刘敬玉　漳卫南运河水闸管理局
段百祥　漳卫南运河管理局防汛机动抢险队
刘志军　漳卫南局德州水利水电工程集团有限公司

《漳卫南运河年鉴》编辑部

主　　编：李学东
副 主 编：刘　峥
编　　辑：贾　健　张洪泉　王丹丹　朱宝君

《漳卫南运河年鉴》特约编辑

吕笑婧　漳卫南运河管理局计划处
马国宾　漳卫南运河管理局水政水资源处
田　伟　漳卫南运河管理局财务处
贺小强　漳卫南运河管理局人事处（离退休职工管理处）
吕红花　漳卫南运河管理局建设与管理处
尹　璞　漳卫南运河管理局防汛抗旱办公室
谭林山　漳卫南运河管理局水资源保护处
张华雷　漳卫南运河管理局监察（审计）处
杨乐乐　漳卫南运河管理局直属机关党委（工会）
安艳艳　漳卫南运河管理局水文处
李　红　漳卫南运河管理局信息中心
张伟华　漳卫南运河管理局综合事业处
荆荣斌　漳卫南运河管理局后勤服务中心
夏宇航　漳卫南运河卫河河务局
冯文涛　漳卫南运河邯郸河务局
李　飞　漳卫南运河聊城河务局
许　琳　漳卫南运河邢台衡水河务局
鲁晓莹　漳卫南运河德州河务局
柴广慧　漳卫南运河沧州河务局
徐永彬　漳卫南运河岳城水库管理局
王丽苹　漳卫南运河四女寺枢纽工程管理局
王　静　漳卫南运河水闸管理局
田　晶　漳卫南运河管理局防汛机动抢险队
王海英　漳卫南局德州水利水电工程集团有限公司

目　录

河系概况

【河流水系】

漳卫南运河是海河流域南系骨干行洪排涝河道，由漳河、卫河、卫运河、南运河及漳卫新河组成，位于东经112°～118°、北纬35°～39°之间。西以太岳山为界，南临黄河、徒骇河、马颊河，北界滏阳河，东达渤海。以浊漳河南源为源，流经山西、河南、河北、山东、天津四省一市，至天津市三岔河口，全长1050km，流域面积37584km²。

漳河上游有清漳河、浊漳河两条支流，于河北省涉县合漳村汇合为漳河干流，自观台入岳城水库。岳城水库以上漳河流域面积18100km²。漳河出岳城水库后进入平原，向东北至馆陶县徐万仓与卫河共同汇入卫运河。按照现行的流域规划，漳河为海河水系源头，漳河自浊漳河南源源头至漳河、卫河汇流处徐万仓村全长460km，流域面积19537km²，占漳卫南运河流域总面积的51%。

卫河源于太行山南麓山西省陵川县夺火乡南岭，于河北省馆陶县徐万仓与漳河汇流。卫河支流繁多，主要有大沙河、淇河、汤河、安阳河等。由于历史原因，黄河北徙使卫河两岸形成多处洼地，成为蓄滞洪区，如良相坡、柳围坡、长虹渠、白寺坡、小滩坡、任固坡等。从河南省新乡市合河镇始至漳卫河汇合口徐万仓为卫河干流，全长329km。流域面积15229km²，占漳卫南运河流域总面积的41%。

1958年四女寺枢纽修建后，将漳河、卫河于馆陶县徐万仓村汇合后至四女寺枢纽河段称卫运河。卫运河上承漳河、卫河，下启南运河、漳卫新河，是漳卫南运河水系中游河段，冀、鲁两省的省界河道，河道全长157km。卫运河为复式断面，半地上河，河槽之深，在海河流域各河道中居于首位，滩地与河底的高差一般为7～10m，河槽宽70～200m。

历史上的南运河南起山东临清。1958年，扩挖四女寺减河后，南运河上端改由四女寺南运河节制闸起，经山东省德州市德城区，河北省故城、景县、阜城、吴桥、东光、南皮、泊头市、沧县、沧州市区、青县，天津市静海县进入天津市市区，至三岔河口与北运河交汇入海河干流。南运河自四女寺枢纽至天津市静海县独流镇十一堡上改道闸段，为一级行洪河道，长309km，左堤长271.36km，右堤长273.1km；自十一里堡下改道闸至三岔河口段只作为排沥河道，不再承担防洪任务。

漳卫新河是在四女寺减河基础上人工开挖的一条分洪河道，起自德州市武城县四女寺枢纽，流经山东省德州市、宁津县、乐陵市、庆云县和河北省沧州市吴桥县、东光县、南皮县、盐山县、海兴县，于山东省滨州市无棣县大口河（古称大沽河）入海，全长257km（其中含岔河河道长43.5km），流域面积3144km²。1972—1973年对四女寺减河进行扩大治理期间，从四女寺至吴桥县大王铺（大致依循钩盘河故道）新辟一条岔河，于河北省吴桥县大王铺汇入四女寺减河。治理工程结束后，将四女寺减河、岔河及其汇流后的河段统称为漳卫新河。

【地形地貌】

流域西部（上游）地处太岳山东麓和太行山区，地面高程一般在海拔1000m以上，为土质丘陵区和石质山区，中间点缀着长治盆地，东部及东北部（中下游）为广阔山前洪积、坡积、冲积平原。山区、丘陵区面积25436km²，占流域总面积的68%，平原面积12148km²，占流域总面积的32%。西部山区与东部平原直接相接，山前丘陵过渡区很短。

地形总趋势西高东低，山区、丘陵区地面坡度为0.5‰～10‰，平原为0.1‰～0.3‰。平原内微地形复杂，中游分布着大小不等的几个洼地，成为河道的蓄滞洪区，下游沿海岸带为滨海冲积三角洲平原。

【气象水文】

漳卫南运河流域地处温带半干旱、半湿润季风气候区，降水地带性差异明显，且年内、年际分配极不均匀。雨季大多从6月中、下旬开始至8月下旬结束并集中于7月下旬、8月上旬。根据海河流域水资源公报，1996—2005年，漳卫南运河流域年均地表水资源总量为42.32亿m^3，平均地下水资源量为67.50亿m^3，平均水资源量为94.04亿m^3。

【水旱灾害】

历史上，漳卫南运河洪涝灾害频发，据文献资料记载，1607—1911年的305年中，漳河发生洪水约55次，平均5～6年一次；卫河发生大洪水约106次，平均3年一次；卫运河发生大洪水约60次，平均5年一次。中华人民共和国成立后，1956年、1963年、1996年漳卫南运河发生大洪水。1961年、1964年、1977年流域内出现大范围涝灾。

商汤时期，即有"汤有七年大旱"之说（商汤十八年至二十四年，公元前1766—前1760年）。其后，由商、周至春秋、战国和秦，史料中时有"大饥""大旱"的记载，旱灾屡有发生，但所记情况均极简略。汉代至元代（公元前206—1368年），史料对旱灾的记载较多，但由于漳卫南运河历史变迁等原因，难以对流域旱灾做出统计。明清时期（1368—1911年）旱灾史料记载较连续，且记述详略程度大致具备可比性。明代平均百年2.9次，清代平均百年2.6次。民国时期（1912—1949年）发生大旱灾2次，分别是1920年和1942年。

中华人民共和国成立后至1995年前，漳卫南运河流域几乎年年有旱灾，有些河道甚至出现断流。典型干旱年有1965年、1978—1982年等。1996年洪水之后至2012年，未出现较大旱灾。

【水利建设】

中华人民共和国成立后，国家对漳卫南运河先后多次进行治理。1949—1956年期间，对南运河、漳河堤防进行整修、加高、培厚，兴建了升斗铺、甲马营分洪口门工程，开辟了长虹渠、白寺坡、小滩坡、大名泛区和恩县洼滞洪区，对卫运河、四女寺减河进行复堤和河道疏浚。1957年，水利部批准《海河流域规划（草案）》，确定"上蓄、中疏、下排、适当地滞"的治水方针。1957—1963年，在漳卫河上游先后兴建了漳泽、后湾、关河、岳城等大型水库、25座中型水库和300余座小型水库，并对卫运河、四女寺减河进行了扩大治理，兴建了四女寺枢纽。1963年海河流域大水后，1964—1984年，先后兴建了恩县洼滞洪区西郑庄分洪闸和牛角峪退洪闸；再次扩大治理卫运河、四女寺减河；改扩建了四女寺枢纽；新建了卫运河祝官屯枢纽和漳卫新河七里庄、袁桥、吴桥、王营盘、前罗寨、庆云、辛集等拦河蓄水闸；对卫河干流下段（浚内沟口至徐万仓）进行扩大治理，对卫河干流上段（西孟姜女河入卫口至老观嘴）进行清淤。1987—1995年，对岳城水库主坝、大副坝、1号小副坝、2号小副坝进行加高，并增建3号小副坝。先后实施了岳城水库大坝加高。1991—1995年，对岳城水库以下漳河进行了整治。经过治理，初步形成了由水库、河道和非工程措施组成的防洪体系，形成了“分流入海、分区防守”的格局。

1996 年 8 月，漳卫南运河发生特大洪水。“96·8”洪水之后，漳卫南运河迎来了新的治理高潮。截至 2018 年年底，先后分四批完成了“96·8”洪水水毁修复，先后完成西郑庄分洪闸加固工程、漳河岳城水库以下（京广铁路至徐万仓）全长 103.3km 河道整治工程、漳河穿漳涵洞水毁工程和漳河西冀庄险工修复、整治工程、岳城水库除险加固大副坝涌砂处理工程、漳卫新河（四女寺至辛集）治理工程、岳城水库除险加固工程、漳河重点险工整治工程、牛角峪、祝官屯除险加固工程等多项治理工程，卫运河治理主体工程已经完工。

【社会经济】

漳卫南运河流域是我国粮棉主要产区之一，煤炭、石油资源丰富，交通便捷。流域内粮食作物以小麦、玉米为主，经济作物以棉花、花生、芝麻、绿豆为主，工业有煤炭、石油、钢铁、发电、纺织、造纸以及各类加工企业等，京沪高铁与京广、京九、京沪、石德等铁路和京福、京开、濮鹤、大广、青银等高速公路及 104、105、106、107、205、207、208 等国道、省道及县乡公路构成了四通八达的交通体系。据 2012 年统计资料，漳卫南运河流域内涉及的行政区共有 15 个地级市、67 个县（市、区），全流域总人口 3395.37 万人，地区生产总值 9369.4 亿元。

【历史文化】

漳卫南运河具有悠久的历史。漳河古称降水（绛水），亦称衡漳、衡水。战国时期成书的《禹贡》中即有关于漳河的记载。卫河原为黄河故道，因春秋属卫地而得名，汉代称白沟。历史上，卫河、卫运河、南运河是一条河，唐代称永济渠，宋代称御河，曾是京杭大运河的一部分。北魏郦道元所著《水经注》中对漳水、卫水及其支流也做了详细的记述。历史上大禹治水、西门豹治邺、曹操“遏淇水入白沟，以通粮道”、史起修建引漳十二渠、陈尧佐筑陈公堤等历史事件都发生在这里。历代水利著述中对漳卫南运河也多有记述，如《畿辅通志》中《九河故道考》、清崔述《御河水道记》《漳河水道记》、明李柳西《九河辩》、清崔乃翚《直隶五大河说》、清吴邦庆《畿辅水道管见》等阐述了河流的来历和变迁过程，明王大本《沧州导水记》、清吕游《开渠说》三篇、《漳滨筑堤论》、清李泽兰《西门渠说略》等名家著述和官吏奏疏都记述了大量历代有关水利的法律、规章、当年水害状况以及兴修河道堤防的详细情况。

漳卫南运河流域是中华民族发祥地之一。历史上，靠近漳卫南运河边的许多城镇，如魏晋南北朝时期的邺城、北宋时期的大名、明清时期的德州、临清、天津等，凭借运河水路的便利条件，逐渐发展成为重要的区域中心。流域内名胜古迹众多，旅游资源丰富。安阳市殷墟出土的甲骨文在我国古文化研究中颇有价值；汤阴县羑河畔的土城，据传是囚禁周文王的地方，是已知的我国最早的国家监狱所在地之一；淇县的战国军庠是我国第一所军事院校，相传孙膑、庞涓等就读于此；德州市的菲律宾苏禄王墓是中菲友谊的象征；沧州市的铁狮子享誉全国；“人造天河”——红旗渠坐落于河南省林县（现林州市），是水利建设史上的奇迹。

2014 年 6 月 22 日，第 38 届世界遗产委员会会议同意将京杭大运河列入《世界遗产名录》。

要载 · 专论

践行新思路　开启新征程
实现漳卫南局水利事业新突破

——在漳卫南局2018年工作会议上的讲话（摘要）

张永明

（2018年1月23日）

同志们：

这次会议的主要任务是：全面贯彻落实党的十九大精神，坚持以习近平新时代中国特色社会主义思想为指导，按照2018年全国水利厅局长会议、海河水利委员会工作会议部署，总结我局2017年工作，研究今后一个时期水利改革发展任务，部署2018年重点工作，牢记使命，砥砺前行，实现漳卫南局水利事业新突破。

下面，我讲四点意见。

一、关于2017年的主要工作（略）

二、关于全局工作的基本思路

党的十九大报告把坚持人与自然和谐共生纳入新时代坚持和发展中国特色社会主义的基本方略，把水利摆在九大基础设施网络建设之首，进一步深化了水利工作内涵，指明了水利发展方向，充分体现了我们党对水利工作的高度重视。为深入贯彻落实党的十九大精神，陈雷部长在2018年全国水利厅局长会议、王文生主任在2018年海河水利委员会工作会议上，分别就水利部和海河水利委员会今后一个时期的水利工作作出重大部署，提出了具体要求。我们将按照中央和上级的总体部署，统一思想，认清形势，明确方向，正确理解漳卫南局的职责和定位，进一步理清和完善“一个中心，四个保障”的基本工作思路，以“保持工程良性运行，充分发挥工程效益”为中心，对工程设施及时进行系统治理和除险加固，不断提高管理水平，加大执法力度，维护管理秩序，充分发挥工程的防洪减灾效益、水资源调配效益和生态效益。

为顺利完成上述中心任务，必须努力做好以下四个方面的工作：

一要着力抓好经济工作，为中心任务的完成提供必要的经济保障。要把水资源、土地资源、人才资源等经济要素经营好，实现经济效益的最大化。以供水和土地资源开发利用为主攻方向，充分利用价格杠杆的调节作用，实现水资源的合理调配。要加强局属企业的管理，不断提高经济效益。

二要着力抓好对外协调，以创造良好的外部环境保障。要做好与沿河各地的横向沟通，以及与部委的纵向沟通，加大协调力度，为我局又好又快发展营造良好的外部环境。

三要着力抓好内部管理，以提供坚实的体制机制保障。要不断提升规范化管理水平，进一步健全制度体系，深化运行体制改革，完善单位发展机制，充分调动和保护各方积极性和主动性，促进各项事业健康有序发展。

四要着力抓好党的建设，以营造坚强的政治保障。强化责任担当，落实新时代党的建设总要求，坚定不移推动全面从严治党工作。全面推进党的政治建设、思想建设、组织建设、作风建设、纪律建设，推动管党治党与业务工作深度融合。深入落实海河水利委员会党组《关于进一步加强海河水利委员会干部队伍建设的意见》，着重加强领导班子建设，加大干部交流力度，调整和优化干部、人才队伍结构，打造坚强有力的领导集体和高素质的干部队伍。

三、关于当前和今后一段时期的努力方向

当前和今后一段时期，我们要以习近平新时代中国特色社会主义思想为指引，按照水利部和海河水利委员会工作部署，紧紧围绕局党委“一个中心，四个保障”工作思路，扎实工作、锐意进取，不断推进漳卫南运河水利事业向前发展。

（一）坚持加快河系水利基础设施建设，提高工程管理水平

党的十九大对供给侧结构性改革作出战略部署，强调加强水利等基础设施网络建设。这是新时代水利建设的重大历史机遇，也是我们贯彻落实党的十九大战略部署的重要任务。我们要加快推进对工程设施进行系统治理和除险加固的工作步伐，积极开展四女寺北闸、漳河、卫河以及漳卫新河河口治理工程立项及实施，开展水库（闸）安全鉴定工作，为病险水库（闸）除险加固做好准备。全面保障河系防洪安全、工程安全、供水安全和生态安全。健全市场化、集约化、专业化和社会化的维修养护运行机制，不断提高管理水平，充分发挥工程的防洪减灾效益、水资源调配效益和生态效益。

（二）坚持改革创新体制机制

要立足河系实际，坚持问题导向，着力解决影响全局事业发展的一系列体制机制问题，加快构建系统完备、科学规范、运行有效的水利制度体系。顺应河长制工作大局，主动靠前服务，搭建互促互进交流平台，助推河系全面建立科学规范的河长制体系。全面提高治水管水信息化水平。积极推进水价调整，发挥市场在水资源优化配置中的作用。

（三）坚持打造德才兼备的干部队伍

党的干部是党和国家事业的中坚力量。实现我们工作的全面发展，关键还在强班子、建队伍，打造坚强有力的领导集体和高素质的干部队伍。我们要继续深化干部人事制度改革，着重加强领导干部特别是局属单位领导班子建设。以领导班子作风建设为突破口，强化以人为本、为人民服务宗旨意识，打造干事创业的氛围。加大干部交流力度，做活人才的横向、纵向交流和内部轮岗机制，逐步打通政事企人才沟通渠道。调整优化人才结构，加强后备干部和青年干部培养。实施大规模培训干部，不断提升干部职工的知识层次和能力水平。完善岗位设置，规范聘用管理。

（四）坚持加快经济发展步伐

加快经济发展步伐，是我局队伍和谐稳定的现实需要，也是各项事业持续发展的重要基础。要统一思想，着力转变经营理念和发展模式，全面提升我局经济发展水平。各级领导和各单位要高度重视预算编制，提高预算编制的质量和效率，确保中央财政预算稳中有

升。要加强沟通协调，争取更多的政策支持。要充分发挥水、土地、人才等经济要素资源优势，大力开展经营创收。要规范局属各类企业的管理，提高综合效益。

（五）坚持推进基层组织建设

坚持面向基层，重心下移，重点解决基层组织的建设问题。从目前情况看，我局基层单位人员结构、专业素质及其思想意识与履行职能的要求存在一定差距。要针对当前体制机制中的障碍，对基层发展中遇到的问题及时给予政策指导，帮助提出解决方案。进一步健全完善管理制度，抓住重点，理顺人、财、物管理关系，建立有效的激励机制，使责、权、利相匹配，提高工作效率。要结合事业单位分类改革，通过调结构、调编制、调人员，充实基层单位力量，壮大基层单位实力，切实解决人员薄弱问题。

四、关于 2018 年的工作任务

2018 年是深入学习贯彻党的十九大精神的开局之年，是改革开放 40 周年，是决胜全面建成小康社会、实施“十三五”规划承上启下的关键一年。全局上下要按照中央要求和部委党组决策部署，奋力拼搏、狠抓落实，统筹做好各项管理工作，为沿河社会发展提供有力支撑。

（一）深入学习贯彻落实党的十九大精神

学习贯彻党的十九大精神，是一个持续深化、常学常新的过程。各级党组织和广大党员干部要全面准确学习领会党的十九大精神，努力在学懂、弄通、做实上下功夫，自觉把党的十九大精神作为各项工作的精神支柱和行动指南。重点办好处级干部十九大精神学习班，切实增强政治责任感和历史使命感。要深刻领会习近平治水兴水重要思想的丰富内涵和精神实质，在各项工作中着力抓好贯彻落实。

（二）推进水利工程建设与管理工作取得新突破

加快推进漳河、卫河、漳卫新河河口治理等工程前期工作，全面完成卫运河治理工程。四女寺北闸除险加固工程力争汛后开工建设。全面完成基层供暖设施改造。年内力争完成基层供水、供电、排水等项目前期立项工作。探索建立与河长制相适应、与招投标要求相一致的维修养护管理模式。做好维修养护市场化、社会化工作，日常管养实现规范化和常态化。积极开展工程管理范围和保护范围的划界工作。做好水利工程建设与管理廉政风险防控责任清单的落实。继续完善工程管理考核机制，建立有效的奖惩办法，充分发挥各方面的积极性，推动全局工程管理水平整体提高。加强基础业务工作，紧紧围绕我局的主体业务大力开展科技创新，提高科研水平。年内完成我局科技期刊的创立工作。

（三）不断提升防洪保安全能力和水资源管理水平

坚持早谋划、早发动，及时召开 2018 年防汛工作会议，部署河系防汛抗旱重点工作。落实完善各项防汛责任制，优化调整局内部防汛组织机构，健全防汛应急管理机制和防汛抢险物资储备机制。全面加强防汛基础技术工作，不断完善水文测报、洪水预报、水量调度工作。最大限度实现洪水资源化。完善防洪工程数据库、水文数据库管理系统。完成防洪预案的修订工作，协助地方政府落实防汛工作行政首长责任制。

推进水生态文明建设，组织开展漳卫南运河水资源生态调度。加强直管工程岳城水库、水闸枢纽的统一调度管理。对漳卫南局管辖范围内取水单位严格实行取水总量控制与计划用水管理。加强对岳城水库饮用水源地监督管理与保护，提高突发水污染事件应急处置能力。

（四）有序推进漳卫南运河河长制工作

认真学习和研究河长制相关指示和文件，吃透精神，继续密切关注上级及河北、河南、山东三省河长制工作动态。努力构建漳卫南运河各级河长制联动平台，推动建立上下游、左右岸河长制办公室联席会议制度、联防联治制度等长效协调机制。借助各地“清河行动”和河长力量，全力解决河道管理和保护范围违章建筑、违法活动等老大难问题。建立我局内部的河长制，每条河流都要有我们自己的河长。

（五）强化水行政管理，维护水事秩序

进一步健全工作制度，规范执法行为，提高执法水平。加强水政监察队伍执法能力建设，完善执法手段，推进水行政执法视频监控系统建设。强化水行政执法各项制度的落实，建立水行政执法责任制。加强各类行政许可实施阶段的监督管理，配合海河水利委员会开展好行政许可工作。丰富涉河事务管理手段，抓好涉河建设项目管理，规范浮桥管理，营造良好的水事管理秩序。

（六）抓好经济工作，增强经济实力

要切实抓好水资源、雨洪资源的调度运用，力求经济效益最大化。继续加强对闸桥收费、堤防绿化、土地租赁等项目的管理，确保分毫入账、颗粒归仓。要在企业管理方面取得新突破，规范各类企业的管理，出台《关于加强局属企业管理的意见》。

要坚持开源与节流并重，增收与节支并举，量入为出，勤俭过日子。加强财务经济管理，力争年内恢复五级预算。不断壮大经济实力，深化水价改革，推进实施二部制水价。构建完善的内控制度体系，强化审计预警功能。

（七）提升综合管理水平

紧紧围绕“一个中心，四个保障”的工作思路，修订完善目标管理办法和指标体系，建立健全奖惩机制。加强新闻宣传报道的平台建设。建立新闻发言人制度。推进安全生产标准化建设，切实做好安全生产工作。继续推进文明单位创建活动。大力发挥工会、团委作用，开展丰富多彩的文体活动。办好职工运动会，举办职工艺术节。提升信息化水平，保障网络与信息安全，强化支持保障能力。树立全方位发展观念，做好后勤服务工作。

（八）推进全面从严治党向纵深发展

一要把党的政治建设摆在突出位置抓紧抓好。不断增强“四个意识”和“四个自信”，坚决维护以习近平同志为核心的党中央权威和集中统一领导，自觉同党中央保持高度一致。要尊崇党章，严格执行新形势下党内政治生活准则，严格执行民主集中制，严守政治纪律和政治规矩，自觉增强党性修养，认真开展批评和自我批评，不断提高党内政治生活质量，锻造对党绝对忠诚的政治品格。要切实增强政治敏感性和政治鉴别力，善于从政治上观察和处理问题，自觉在大局中谋划和推动工作。

二要落实中央八项规定精神，驰而不息纠正“四风”。严格执行中央八项规定及实施细则精神和部委党组有关要求，出台或完善相关实施细则，严格制度约束。强化制度落实和责任追究，对继续顶风而上违反中央八项规定精神的问题，坚决查处，形成震慑。要强化问责机制，对各单位责任压力传导不够、导致出现违规违纪行为的，要严肃进行问责追责，倒逼责任落实。进一步加大工作力度，保持抓作风建设的定力韧劲，坚决防止“四风”反弹回潮。建立对二级单位的巡察工作机制。

三要加强纪律建设，强化监督执纪问责。坚持挺纪在前，加强纪律教育和纪律执行。把握运用好监督执纪“四种形态”，综合运用批评教育、约谈函询、诫勉谈话等方式，敢于执纪问责，传导责任压力。查找廉政风险，制定切实有效的制度措施，强化党内监督、民主监督，扎紧扎密制度之笼。对“三重一大”制度执行、公务接待、津贴发放等情况进行重点查摆，做到早发现、早处理，把问题消灭在萌芽状态。

四要加强党的组织建设。严格执行“三会一课”，认真落实民主集中制、民主生活会、民主评议党员等制度。加强基层特别是县（市）河务局、闸管所党组织建设，充分发挥战斗堡垒作用。创新和丰富党建工作形式与内容，切实履行党组织教育管理监督党员的职责。加强领导班子和干部队伍建设。合理调整人员编制和干部配备结构。加大干部交流力度，打通事企间人才沟通渠道。探索干部正常退出机制。丰富干部培养方式方法，增强干部队伍活力。强化干部培训工作，完成漳卫南局党校的筹备。

同志们，全局改革发展的思路已经确立，任务已经明确，让我们更加紧密地团结在以习近平同志为核心的党中央周围，以习近平新时代中国特色社会主义思想为指引，按照水利部、海河水利委员会党组的工作部署，统一思想、凝心聚力，改革创新、努力作为，实现漳卫南局水利事业新突破！

年度综述

2018年漳卫南局水利发展综述

2018年，漳卫南局党委充分发挥领导核心作用，按照“一个中心，四个保障”基本工作思路，主动作为，团结协作，深入推进水利改革发展，多项工作取得新突破。

一、防汛工作

做好汛前准备工作，积极部署防汛抗旱各项工作。积极防御台风和强降雨过程，及时派出工作组指导并协助开展强降雨防范工作，实时掌握降雨和工程情况。建立健全防汛会商制度，提升通信保障能力，建成漳卫南运河气象信息系统。

二、水利工程建设管理

卫运河治理工程全面竣工并发挥效益。四女寺枢纽北进洪闸除险加固工程项目法人已组建，准备开工。卫河干流治理等工程前期工作进展顺利。完成了防汛物资仓库建设项目竣工验收和基层单位供暖设施改造工程。开展维修养护市场化招投标工作，做好维修养护工程的建设管理。

三、水资源管理

落实最严格水资源管理制度，加强取水总量控制与计划用水、水功能区监督管理以及入河排污口监督管理。成功实施了“引岳济衡”生态及抗旱供水工作。为衡水市供水5000万m^3，向沧州吴桥县供水500万m^3。实施位山线路“引黄入冀”输水工作，2018年累计通过穿卫枢纽引黄水量约3.5亿m^3。

四、河长制工作

完善河长制工作制度，加大河长制工作力度。研究并建立了漳卫南局“三级巡河”机制，局内各级河长开展巡河。落实“清四乱”专项行动，全面查清“四乱”问题，建立问题清单。主动与沿河10市地方政府及河长办公室沟通对接。管理范围内违法水事行为有效遏制，多年违法河障得到清除。

五、经济工作

完成了2019—2021年三年滚动项目储备。不断加强基层单位财务管理，积极推进三级局（所）开设基本账户。开展往来款项清理工作，摸清了全局往来款项的来龙去脉，指导各单位根据往来款性质分类进行处理，提高了资金使用效益。努力开拓供水市场，完成了2018年度“引岳济衡”生态及抗旱供水。卫运河沿岸有偿取水成效显著，拦河闸供水水费足额收取。强化辛集闸交通桥收费站管理，有效保障了收费工作的顺利进行。经济合同管理进一步规范，土地资源、人才资源等经济要素也得到了充分发挥，取得了较大突破。

六、综合管理工作

稳妥推进机构改革，积极推动企事业单位改革，事业单位绩效工资分配和考核制度全面建立，养老保险并轨工作取得实质性进展。通过援疆等干部交流方式，不断加强干部培养锻炼。加强制度建设，出台一系列内部管理办法。细化调整目标管理体系，强化与中心工作的契合度。成立“中共漳卫南局党校”，举办第一期处级干部秋季进修班。节俭务实开展建局六十周年纪念活动，举办局系统第一届职工运动会和第一届职工艺术节。开展首届“孝老爱亲”模范人物评选活动。改善食堂面貌，提升职工就餐环境。

七、党建工作

配合水利部党组第二巡视组开展巡视，并做好巡视问题整改落实工作。建立巡察工作机制。认真履行管党治党政治责任和“一岗双责”，扎实推进党风廉政建设。严格落实中央八项规定及实施细则精神，持续反对“四风”。深入开展不作为不担当问题专项治理行动，组织开展廉政警示教育月活动。严肃执纪问责，全年共开展提醒谈话 17 人次，对 7 名处级干部进行了诫勉谈话，党纪政纪处分 4 人。

（贾　健　刘　峥）

大 事 记

2018 年漳卫南局大事记

1 月

3—4 日　水利部水规总院在北京组织召开会议，对漳卫南运河四女寺枢纽北进洪闸除险加固工程初步设计报告进行审查，漳卫南局副局长韩瑞光出席会议。

3—6 日　海河水利委员会副主任徐士忠率海河水利委员会安全生产联合检查组到漳卫南局检查指导安全生产工作，漳卫南局领导张永明、王永军陪同检查。

4 日　中共漳卫南局党委印发《中共漳卫南局党委工作规则（试行）》（漳党〔2018〕1 号）。

9 日　漳卫南局开展了首届“孝老爱亲”模范人物评选活动。授予李清等 10 名同志漳卫南局首届“孝老爱亲”模范人物称号，苗艳等 5 名同志荣获漳卫南局首届“孝老爱亲”模范人物提名奖。

17 日　漳卫南局印发《漳卫南运河取水总量控制和计划用水管理办法（试行）》（漳政资〔2018〕1 号）。

23 日　漳卫南局召开 2018 年工作会议，全面贯彻落实党的十九大会议精神，按照全国水利厅局长会议、海河水利委员会工作会议部署，总结 2017 年工作，研究今后一个时期水利改革发展任务，部署 2018 年重点工作。局党委书记、局长张永明作工作报告，局党委委员、副局长李瑞江、韩瑞光分别主持会议，李瑞江作会议总结，局党委委员、总工徐林波传达 2018 年海河水利委员会工作会议精神，局党委委员、副局长张永顺、王永军分别宣读表彰决定，副巡视员李捷出席会议。

漳卫南局印发《关于表彰 2017 年度先进单位、先进集体的决定》（漳办〔2018〕2 号）和《关于表彰 2017 年度工程管理先进单位的通知》（漳建管〔2018〕3 号），决定授予水闸管理局、德州河务局、邯郸河务局、邢台衡水河务局、水文处“漳卫南局 2017 年度先进单位”荣誉称号；授予水保处、财务处、监察（审计）处“漳卫南局 2017 年度先进集体”荣誉称号；授予水闸管理局、邢台衡水河务局、聊城河务局“2017 年度工程管理先进单位”荣誉称号；授予岳城水库管理局、吴桥闸管理所、祝官屯枢纽管理所、清河河务局、冠县河务局、临清河务局、夏津河务局、东光河务局、南乐河务局、乐陵河务局、馆陶河务局“2017 年度工程管理先进水管单位”荣誉称号。

25 日　德州市纪委派驻第十一纪检组来漳卫南局就党风廉政建设工作进行对接。德州市纪委派驻第十一纪检组书记许立平，漳卫南局党委书记、局长张永明，局党委委员、副局长张永顺出席对接会。

26 日　海河水利委员会副主任徐士忠赴邯郸河务局就审计工作开展情况进行调研。漳卫南局副局长张永顺陪同调研。

2月

1日　漳卫南局副局长张永顺赴无棣河务局慰问坚守一线的基层单位职工。

漳卫南局召开离退休老干部座谈会，局党委书记、局长张永明出席会议并讲话。

2日　漳卫南局安全生产领导小组召开2018年第一次会议，副局长、局安全生产领导小组副组长王永军主持会议并对相关工作提出指导性意见。

5日　漳卫南局党委召开2017年度民主生活会。海河水利委员会党组成员、副主任田友出席会议并讲话，漳卫南局党委书记、局长张永明主持会议，局党委成员李瑞江、徐林波、张永顺、韩瑞光、王永军出席会议。

6日　海河工会负责人赴漳卫南局基层单位和困难职工家中慰问，漳卫南局副局长张永顺陪同慰问。

9日　局长张永明在人事处、机关党委负责人陪同下，慰问漳卫南局扶贫挂职干部杨金贵。

11日　漳卫南局召开2018年党风廉政建设工作会议，深入学习贯彻党的十九大、十九届中央纪委二次全会、水利部和海河水利委员会党风廉政建设工作会议精神，全面总结2017年党风廉政建设和反腐败工作，安排部署2018年工作任务。

24日　漳卫南局召开2018年第一次局务会议，局长张永明主持会议并讲话，局领导李瑞江、徐林波、张永顺、韩瑞光、王永军分别就分管工作提出指导性意见，副巡视员李捷出席会议。

26日　漳卫南局召开推进水利工程维修养护市场化试点工作会议，副局长王永军主持会议并讲话。

漳卫南局召开党建工作领导小组会议，深入学习贯彻党的十九大精神，以习近平新时代中国特色社会主义思想为统领，安排部署2018年党建工作。

3月

1日　水利部党组第二巡视组进驻漳卫南局开展巡视。

6日　漳卫南局河长办公室召开2018年第一次会议，传达海河水利委员会河长制湖长制工作推进会精神，贯彻落实局务会议要求，研究推进下一步河长制工作。副局长、推进河长制工作领导小组副组长、河长办公室主任韩瑞光主持会议并讲话。

漳卫南局办公室印发《漳卫南局2018年安全生产工作要点》（办建管〔2018〕3号）。

7日　漳卫南局召开基层单位供暖设施改造工程开工动员会，副局长韩瑞光出席会议并讲话。

9日　中共漳卫南局党委印发《2018年漳卫南局党风廉政建设工作要点》（漳党〔2018〕8号）。

12日　海河水利委员会党组书记、主任王文生率组赴四女寺枢纽工程管理局（以下简称“四女寺局”）督导调研基层党建工作，并提出指导性意见。漳卫南局党委书记、局长张永明陪同调研。

漳卫南局召开安全生产工作会议，传达学习陈雷部长关于水利安全监督工作的重要批示、全国水利安全监督工作会议和海河水利委员会安全生产工作会议精神，总结2017年度安全生产工作，安排部署2018年度安全生产工作重点任务。局长张永明出席会议并讲话，副局长王永军主持会议并作工作报告。

15日　局党委中心组（扩大）举办学习贯彻十三届全国人大一次会议精神学习班。局党委书记、局长张永明主持会议并讲话，局领导徐林波、张永顺、韩瑞光、王永军，副巡视员李捷参加学习。

20日　漳卫南局举办“知我漳卫南、爱我漳卫南、兴我漳卫南”知识竞赛。局领导李瑞江、徐林波、张永顺、韩瑞光、王永军现场观看比赛并为获奖队颁奖。

漳卫南局举办“学读《习近平七年知青岁月》，传承漳卫南运河60年奋斗精神”青年读书研讨会。副局长张永顺出席会议并讲话。

28日　海河水利委员会副主任徐士忠带队调研指导漳卫南局安全生产标准化建设工作。漳卫南局局长张永明、副局长王永军陪同调研。

30日　国家发展改革委社会司副司长彭福伟率运河文化传承调研组先后到祝官屯、四女寺枢纽工程调研大运河文化。德州市委常委常务副市长张传忠、漳卫南局副局长韩瑞光陪同调研。

4月

4日　漳卫南局召开经济工作会议，传达海河水利委员会经济工作会议精神，总结漳卫南局经济发展情况，分析经济形势，安排部署当前和今后一个时期内经济发展重点任务。局长张永明出席会议并讲话，副局长李瑞江主持会议并作总结讲话，总工徐林波传达海河水利委员会经济工作会议精神，局领导张永顺、韩瑞光、王永军出席会议。

8日　漳卫南局印发《漳卫南局关于表彰2017年度优秀机关工作人员的决定》（漳人事〔2018〕19号），于伟东、李学东、张洪泉、王建辉、位建华、田伟、姜行俭、王德利、阮荣乾、刘晓光、张明月、杨丽萍、杨照龙2017年度考核确定为优秀等次，并予以嘉奖；张立群、马元杰、杨乐乐连续三年年度考核优秀，记三等功。

9日　漳卫南局召开2018年推进河长制工作视频会，传达水利部、海河水利委员会近期河长制湖长制工作推进会议精神，安排部署下一阶段重点工作。局长张永明出席会议并讲话，副局长李瑞江主持会议并作总结讲话，副局长韩瑞光作工作报告，局领导徐林波、张永顺、王永军出席会议。

漳卫南局印发《2018年推进河长制工作要点的通知》（漳水保〔2018〕2号）。

漳卫南局印发《漳卫南运河管理局河长工作办法》（漳水保〔2018〕3号）。

10—12日　海河水利委员会组织专家在德州召开漳卫南运河辛集挡潮蓄水闸、四女寺枢纽南进洪闸和节制闸三座水闸安全鉴定审查会。海河水利委员会副主任翟学军出席会议并讲话，局领导张永明、徐林波、王永军参加会议。

11日　漳卫南局印发《漳卫南局关于表彰2017年度优秀公文、宣传信息工作先进单位和先进个人的通报》（漳办〔2018〕5号），决定对《漳卫南局关于加快推进水利安全生产标准化建设工作的实施方案》（漳建管〔2017〕55号）等3篇2017年度优秀公文，卫河河务局等3个宣传信息工作先进单位，贺小强等8名宣传信息工作先进个人予以通报表彰。

4 月 13 日至 5 月 16 日　漳卫南局实施了“引岳济衡”应急调水工作，供水历时 34 天，累计出库水量 1.45 亿 m^3，衡水市引水共计 5063 万 m^3。

15—17 日　海河防总常务副总指挥、海河水利委员会主任王文生率海河防总防汛抗旱检查组，到漳卫南局检查防汛抗旱工作。海河水利委员会副主任、漳河上游局局长刘学峰，海河水利委员会副巡视员、总工梁凤刚，漳卫南局局长张永明、总工徐林波陪同检查。

16—20 日　漳卫南局落实最严格水资源管理制度领导小组办公室在武汉大学水利水电学院举办水资源管理与保护培训班。副局长李瑞江参加培训并作动员讲话。

20—22 日　根据国家防总指示，漳卫南局副局长王永军率国家防总工作组赶赴河南省检查指导强降雨防范工作。

21—22 日　漳卫河流域发生强降雨过程，其中漳河岳城水库周边地区、卫河流域及中下游大部分地区降暴雨，局部降大暴雨。本次降雨过程发生之早、范围之广、强度之大为历史同期罕见。为分析这场暴雨对工程和供水产生的影响，4 月 22 日 9 时，局长张永明主持进行漳卫南局 2018 年首次防汛抗旱会商，总工徐林波参加会商。

23—24 日　副局长张永顺巡查漳卫新河推进河长制工作落实情况。

23—25 日　国家发展改革委国家投资项目评审中心在德州组织召开会议，对漳卫南运河四女寺枢纽北进洪闸除险加固工程初步设计概算进行审查。海河水利委员会巡视员户作亮、漳卫南局局长张永明、副局长韩瑞光出席会议。

24 日　山东省民政厅巡视员王建东带领省防总第二防汛综合检查组检查指导四女寺枢纽防汛工作。局防办，四女寺枢纽工程管理局负责人等陪同检查。

副局长王永军实地巡查了卫河，详细了解了各地河长制工作进展与“六大任务”落实、防汛备汛等情况，并对维修养护和安全生产标准化建设工作开展调研，听取了相关单位汇报。

25 日　漳卫南局印发《漳卫南局 2018 年宣传信息工作要点》（漳办〔2018〕6 号）和《漳卫南局宣传信息工作管理办法》（漳办〔2018〕7 号）。

27 日　漳卫南运河流域水文工作座谈会在德州召开，海河水利委员会水文局局长齐晶，漳卫南局局长张永明，总工徐林波出席会议。

5 月

2 日　漳卫南局印发《漳卫南局督办工作实施办法》（漳办〔2018〕8 号）。

4 日　局机关举办践行“一个中心，四个保障”青年论坛。副局长张永顺出席会议并讲话。

7 日　漳卫南局组织驻德州单位处级以上干部观看山东省纪委制作的警示教育片《失衡的代价》，局领导李瑞江、徐林波、张永顺到场观看。

7—8 日　海河下游局副局长马文奎带队到漳卫南局就推进河长制工作调研。副局长韩瑞光参加座谈，副局长王永军陪同调研。

8 日　中共漳卫南局党委印发《中共漳卫南局党委关于成立中共水利部海河水利委员

会漳卫南运河管理局党校的通知》（漳党〔2018〕17号）和《中共水利部海河水利委员会漳卫南运河管理局党校章程》（漳党〔2018〕18号）。

8—9日　副局长韩瑞光率漳河河系组检查漳河防汛工作。

8—10日　中央纪委驻水利部纪检组副组长隋洪波率调研组到漳卫南局，就全面加强党的建设、做好日常监督管理进行专项调研。海河水利委员会纪检组组长、监察局局长靳怀堵，漳卫南局党委书记、局长张永明，局党委委员、副局长张永顺陪同调研。

11日　漳卫南局办公室印发《2018年目标管理指标体系》。

中共漳卫南局党委下发《关于进一步严格和规范基层党组织生活的通知》（漳党〔2018〕21号）。

12—13日　漳卫南局水资源监控平台技术方案咨询和施工组织设计审查会议在天津召开，副局长李瑞江出席审查会议。

14—16日　副局长李瑞江巡查卫运河推进河长制工作落实情况。

15日　卫运河、南运河、漳卫新河健康评估和漳卫南运河水资源管理和保护体制机制研究项目工作大纲和实施方案审查会议在天津召开。

18日　总工徐林波率水库组检查岳城水库防汛工作及河长制工作落实情况。

20日　漳卫南局系统第一届职工运动会在山东省德州学院体育场举行，12个代表队的258名运动员参加了28个项目比赛。

23日　漳卫南局局长张永明率局办公室、财务处负责人赴德州河务局调研堤防工程管理、水土资源利用等工作。

漳卫南运河河湖连通和水资源配置、漳卫新河河口生态修复和保护项目工作大纲和实施方案审查会议在北京召开，副局长李瑞江出席会议。

24日　中共漳卫南局党委印发《漳卫南局深入开展不作为不担当问题专项治理三年行动实施方案（2018—2020年）》（漳党〔2018〕23号）。

25日　漳卫南局召开深入开展不作为不担当问题专项治理行动部署推动会，学习传达和贯彻落实海河水利委员会全面开展不作为不担当问题专项治理三年行动部署推动会精神，并对漳卫南局深入开展不作为不担当问题专项治理行动进行动员部署。局党委书记、局长张永明出席会议并讲话，局党委委员、副局长李瑞江主持会议并传达海河水利委员会专项治理行动部署推动会精神，局党委委员、副局长张永顺宣读漳卫南局深入开展不作为不担当问题专项治理行动实施方案，局党委委员、总工徐林波，局党委委员、副局长韩瑞光出席会议。

28日　漳卫南局召开2018年防汛抗旱工作会议。局长张永明出席会议并讲话，总工徐林波传达全国水库安全度汛工作视频会议、水利部防汛工作部长专题办公会、2018年海河防总工作会和海河水利委员会系统防汛抗旱工作会议精神，副局长张永顺主持会议，局领导韩瑞光、王永军出席会议。

29—31日　漳卫南局举办水文测报新技术新设备应用培训班。

6月

1日　海河水利委员会副主任徐士忠率海河水利委员会安全生产检查组检查卫河河务

局安全生产工作。

4—5 日　河北省副省长，公安厅党委书记、厅长，河北省卫运河省级河长刘凯检查漳卫河防汛及河长制工作。漳卫南局副局长韩瑞光及河北省、邯郸市有关负责人陪同检查。

5 日　漳卫南局办公室印发《漳卫南局局机关公务出差审批管理办法》（办综〔2018〕4 号）和《漳卫南运河管理局政务公开暂行规定》（办综〔2018〕5 号）。

5—6 日　漳卫南局局长张永明赴德州河务局、水闸管理局调研指导工作。

5—8 日　海河水利委员会副主任田友率防汛检查组检查漳卫南局防汛工作并开展防汛工作座谈。漳卫南局局长张永明参加座谈，副局长韩瑞光陪同检查。

7 日　漳卫南局举办安全生产培训班。

11 日　中共漳卫南局党委印发《中共漳卫南局党委党建工作三年规划（2018—2020 年）》（漳党〔2018〕24 号）。

14 日　岳城水库 2018 年防汛工作会议在岳城水库召开。邯郸市市长、岳城水库防汛指挥部指挥长王立彤，邯郸市常务副市长、岳城水库防汛指挥部副指挥长武金良，安阳市副市长、岳城水库防汛指挥部副指挥长戚绍斌，漳卫南局副局长李瑞江出席会议。

15 日　漳卫南局办公室印发《漳卫南局局机关固定资产管理办法》（办财务〔2018〕1 号）。

卫河河务局联合鹤壁市防指在刘庄闸上游淇河、共产主义渠交汇处联合举办防汛抢险演练。鹤壁市市长郭浩现场观摩并下达防汛抢险演练指令，鹤壁市副市长常英敏观摩演练。

19 日　漳卫南局印发《漳卫南局局机关公务用车使用管理办法》（漳财务〔2018〕18 号）。

22 日　漳卫南局召开 2018 年第二次纪检监察工作座谈会暨各单位各部门党政主要负责人集体约谈会。漳卫南局党委书记、局长张永明出席会议并讲话，局党委委员、副局长张永顺主持会议并作总结讲话。

漳卫南局召开 2018 年防汛抗旱工作领导小组扩大会议，传达海河防汛抗旱总指挥长许勤在海河防总防汛推进会上的讲话精神，通报水利部部长鄂竟平检查指导海河流域防汛工作有关情况，按照海河水利委员会相关要求，结合漳卫南运河防汛抗旱工作实际，对防汛抗旱工作进行再动员、再部署。漳卫南局局长张永明出席会议并讲话，局领导徐林波、张永顺、韩瑞光，副巡视员李捷出席会议。

27 日　中共漳卫南局党委印发《漳卫南局 2018 年党建工作要点》。

28 日　漳卫南局举办以“不忘初心、牢记使命”为主题的党日教育活动，纪念建党 97 周年。局领导张永明、李瑞江、徐林波、张永顺、韩瑞光、王永军出席活动。

29 日　漳卫南局召开 2018 年第二次局务会议，总结上半年工作，安排部署第三季度工作任务。局长张永明主持会议并讲话，在充分肯定上半年工作成绩的同时，对全局第三季度工作提出指导性意见。局领导李瑞江、徐林波、张永顺、王永军分别结合分管工作，对防汛抗旱、工程管理、水资源管理、增收节支、综合管理等工作提出明确要求。副巡视员李捷出席会议。

29—30 日　水利部规计司副司长乔建华到漳卫南局就漳河大名段治理工程规划工作进行调研。海河水利委员会巡视员户作亮，漳卫南局局长张永明、副局长韩瑞光，河北省水利厅副厅长张宝全，邯郸市副市长徐付军陪同调研。

7 月

7—8 日　海河水利委员会水利工程供水价格管理培训班在德州举办，海河水利委员会副主任徐士忠、漳卫南局局长张永明出席培训班并发表讲话。

10—13 日　漳卫南局在河北沧州举办 2018 年水行政执法暨水资源管理培训班，邀请有关专家对《行政处罚法》《行政许可法》等行政法规以及河长制与水行政执法、水资源管理等业务知识进行讲解。局机关有关部门负责人，局属各河务局、管理局分管负责人、业务骨干和基层单位代表参加培训。

17 日　水利部批复《漳卫南运河四女寺枢纽北进洪闸除险加固工程初步设计报告》（水规计〔2018〕157 号）。

19 日　岳城水库管理局联合邯郸军分区磁县武装部组织开展岳城水库溢洪道闸门手动开启应急演练。磁县 5 个乡镇 100 余名民兵预备役人员等参加演练。

20 日　漳卫南局举办 2018 年第一期道德讲堂活动。本期道德讲堂以“孝老爱亲”为主题，邀请了荣获漳卫南局第一届“孝老爱亲”模范人物荣誉称号的两位模范人物作专题宣讲。

23 日　漳卫南局召开 2019 年部门预算编制工作会议，传达水利部、海河水利委员会 2019 年部门预算编制工作会议精神，部署漳卫南局 2019 年部门预算编制工作。副局长李瑞江出席会议并讲话。

近日　卫运河治理工程被水利部文明委评为 2015—2016 年度全国水利建设工程文明工地（水精〔2018〕3 号）。

27 日　水利部党组成员、中央纪委国家监委驻水利部纪检监察组组长田野莅临漳卫南局检查指导全面从严治党、巡视问题整改、防汛责任落实等工作。水利部巡视办专职副主任张文洁，海河水利委员会党组书记、主任王文生，海河水利委员会党组成员、纪检组组长（监察局局长）靳怀堎，漳卫南局党委书记、局长张永明，局党委委员、副局长张永顺陪同。局领导李瑞江、徐林波、韩瑞光、王永军出席座谈会。

8 月

2 日　中共漳卫南局党委印发《漳卫南局 2018 年“坚持问题导向、以案为警为戒、忠诚廉洁担当”廉政警示教育月活动方案》（漳党〔2018〕38 号）。

3 日　漳卫南局召开 2018 年“廉政警示教育月”活动动员大会，局党委书记、局长张永明出席会议并讲话。

漳卫南局召开推进河长制工作会暨“清四乱”专项行动部署会，局长张永明出席会议并讲话，副局长韩瑞光主持会议并作总结讲话。

6 日　受海河水利委员会委托，漳卫南局在德州对漳卫南局防汛机动抢险队建设项目进行了竣工验收。副局长韩瑞光出席会议并讲话。

8 日　河北省军区副司令员潘平到岳城水库检查防汛工作，邯郸军分区司令员渠延军陪同检查。

13 日　漳卫南局党委以“认真做好巡视整改工作、严格落实全面从严治党各项要求”为主题，组织召开民主生活会。海河水利委员会党组成员、副主任田友出席会议并讲话，党委书记、局长张永明主持会议，党委成员李瑞江、徐林波、张永顺、王永军出席会议。

漳卫南局召开巡视整改推进会，局党委委员、副局长张永顺出席会议并讲话。

15 日　国家防办督察专员王磊率领国家防总工作组先后到德州河务局、四女寺枢组工程管理局检查防汛工作，山东省水利厅副厅长张建德、漳卫南局总工徐林波陪同检查。

中共漳卫南局党委成立巡察工作领导小组（漳党〔2018〕39 号）。

16 日　国家发展改革委价格认证中心副主任成钢赴岳城水库就水利工程供水价格落实等工作进行调研。海河水利委员会副主任徐士忠、漳卫南局局长张永明、漳河上游局副局长沈延平陪同调研。

22 日　由漳卫南局办公室和沧州河务局联合制作拍摄的微电影《基层　基层》，获得“青年之声·节水中国”公益微视频综合三等奖、网络人气奖和致敬水利人特别奖。同时，局办公室获得优秀组织奖。

23 日　漳卫南局联合漳河上游局在河北涉县举办 2018 年财会人员知识更新培训班。漳卫南局副局长李瑞江出席开班仪式并讲话。

卫河河务局开发研制的卫河水利工程移动智能管理系统投入应用。

30 日　海河水利委员会防办调研组到漳卫南局对防汛工作开展情况进行调研。

30—31 日　漳卫南局召开 2018 年工会工作会议，副局长张永顺出席会议并讲话。

9 月

4 日　漳卫南局印发《漳卫南局水利工程建设与管理廉政风险防控责任清单（修订）》（漳建管〔2018〕33 号）。

5 日　漳卫新河河口管理第三次联席会议在无棣召开。

7 日　漳卫南局举办岳城水库水文遥测和水文预报培训班。局防办、水文处、信息中心，岳城水库管理局，德州水电集团公司相关人员参加培训。

11 日　中共漳卫南局党校印发《中共漳卫南局党校学员管理规定》等八项规章制度（漳党校〔2018〕1 号）。

漳卫南局办公室印发《漳卫南局 2018 年水利普法依法治理工作计划》（办政资〔2013〕2 号）。

17 日　漳卫南局召开党委理论学习中心组（扩大）学习会。局党委书记、局长张永明出席会议并对相关工作提出明确要求。局党委委员、副局长李瑞江主持会议；局党委委员、总工徐林波传达海河水利委员会党组中心组学习水利部直属系统党风廉政警示教育视频会议精神；局党委委员、副局长张永顺通报水利部机关及直属单位违纪违法问题及处理情况；局党委委员、副局长韩瑞光、王永军分别传达了鄂竟平部长和田野组长在水利部直属系统党风廉政警示教育会上的讲话精神。

19 日　水利部调水司副司长王平赴四女寺枢纽，就南水北调东线一期北延应急工程前期进展情况进行实地调研。漳卫南局副局长韩瑞光陪同调研。

20 日　漳卫南局举办保密工作培训班，邀请德州市保密局相关专家授课。

21 日　漳卫南局举办 2018 年防汛业务知识培训班，局防办全体人员，局属各单位相关负责人及防汛业务骨干参加培训。

25—30 日　漳卫南局举办第一届职工艺术节，活动内容包括“图说漳卫南运河”书画摄影作品展、微电影展播、“红色观影”、文艺展演。

28 日　水利部人事司副司长王新跃一行四人到漳卫南局调研。局长张永明陪同调研。

漳卫南局参加海河水利委员会系统第五届职工运动会，以总成绩 155.5 分荣获团体总分第三名。

10 月

10 日　漳卫南局召开 2018 年第三次局务会议，总结第三季度工作，安排部署第四季度工作任务。局长张永明主持会议并对全局第四季度工作提出指导性意见。局领导李瑞江、徐林波、张永顺、韩瑞光、王永军分别结合分管工作，对防汛抗旱、工程管理、水资源管理、综合管理等工作提出明确要求。

15 日　漳卫南局党校 2018 年秋季学期处级干部进修班（第一期）在岳城水库开班。局党委书记、局长张永明，局党委委员、副局长张永顺出席开班仪式，并为党校揭牌。本期进修班为期一个月，机关各部门、局直属各单位、德州水电集团公司 30 名副处级干部作为党校第一批学员参加学习。

18 日　在临清市第二期“临清好人”评选中，聊城河务局职工贾月庆当选敬业奉献道德模范。

19 日　漳卫南局党委书记、局长、局党校校长张永明专程赴岳城水库，为党校学员讲了题为“不忘初心，牢记使命，做忠诚、干净、担当的好干部”的专题党课。

20—21 日　水利部水文局组织水文测验质量检查评定组一行，对漳卫南局水文测验质量进行检查评定。海河水利委员会水文局、漳卫南局水文处相关负责人陪同检查。

22 日　漳卫南局党委中心组召开专题学习会议，学习新修订的《中国共产党纪律处分条例》（以下简称《条例》）。局党委书记、局长张永明主持学习并就《条例》在全局的学习贯彻工作提出明确要求。

25—26 日　漳卫南局在天津举办河流水生态监测和健康评估培训班，局落实最严格水资源管理制度领导小组办公室相关成员、局属各单位技术骨干等参加培训。

25—27 日　海河水利委员会纪检组组长、监察局局长靳怀堾率队对漳卫南局贯彻落实党的十九大精神情况进行专项检查，对形式主义、官僚主义方面存在的问题开展专项调研，并与有关同志进行座谈。局领导张永明、李瑞江、徐林波、张永顺参加座谈。

27 日　漳卫南局在天津组织召开卫运河、南运河和漳卫新河水生态监测和健康评估，漳卫南运河水资源管理和保护体制机制研究项目技术验收会议。

29 日　中共漳卫南局党委下发关于开展 2018 年首轮巡察工作的通知。

岳城水库水源地围网隔离工程施工全面启动。

30 日　漳卫南局召开干部大会，宣布部管干部任免决定：付贵增任漳卫南局党委委员、副局长；姜行俭任漳卫南局副巡视员；韩瑞光不再担任漳卫南局党委委员、副局长，另有任用。

30—31 日　漳卫南运河水利工程建设管理局在临清主持召开单位工程投入使用验收会，卫运河治理工程——右岸穿堤建筑物重建及维修加固工程（二）通过单位工程投入使用验收。至此，卫运河治理工程所有单位工程都已通过投入使用验收，卫运河治理工程已经按照初步设计批复的建设内容全部完成并已投入使用，发挥效益。

31 日　漳卫南局召开审计工作会议，副局长张永顺出席会议并讲话。

11 月

4—5 日　漳卫南局在北京组织召开漳卫南运河河湖连通及水资源配置研究、漳卫新河河口生态修复和保护研究项目技术验收会议，听取了项目承担单位的成果汇报，查看了相关资料，一致认为该项目基础资料翔实、结论可靠、研究成果实用性强，符合合同和项目任务书要求，同意通过技术验收。副局长李瑞江参加会议。

5 日　全国政协文化文史和学习委员会副主任陈际瓦率调研组赴四女寺、祝官屯枢纽就“推动大运河文化带建设”工作进行调研。山东省政协副主席许立全、漳卫南局副局长张永顺陪同调研。

6 日　漳卫南局召开党委理论学习中心组（扩大）学习会，深入学习水利部部长鄂竟平专题党课和海河水利委员会党组中心组（扩大）学习会精神。

7 日　漳卫南局党校秋季学期处级干部进修班（第 1 期）在岳城水库圆满结业。局党委书记、局长、党校校长张永明出席结业仪式并讲话，局党委委员、副局长张永顺主持结业仪式，副巡视员姜行俭出席结业仪式。

9 日　漳卫南局党委召开 2018 年首轮巡察工作启动大会，对首轮巡察工作进行动员部署。局党委书记、局长、局巡察工作领导小组组长张永明出席会议并讲话，局党委委员、副局长、局巡察工作领导小组副组长张永顺宣读首轮巡察工作通知，并作总结讲话。局领导李瑞江、徐林波，副巡视员姜行俭出席会议。

14 日　浚县河务局最后一台空气源热泵机组调试成功，至此，漳卫南局 17 个基层单位的供暖设施改造工程全部完成，如期实现了确保基层单位温暖过冬的目标。

14—15 日　水利部绿化委员会调研组就水利绿化工作来漳卫南局调研，漳卫南局副局长李瑞江陪同调研。

20 日　漳卫南局举办基层水管单位负责人财务管理培训班，局党委书记、局长张永明出席开班仪式并讲话，副局长李瑞江主持开班仪式。

22 日　漳卫南局举办计划及前期工作培训班，副局长付贵增出席开班仪式并讲话。

26—27 日　漳卫南局在临清市举办水资源保护业务暨突发性水污染事件应对演练培训班，副局长付贵增出席培训班并参加座谈。

28 日　山东省副省长刘强到漳卫南运河山东段巡河调研，漳卫南局副局长付贵增陪同调研。

12月

3日　漳卫南局组织召开2018年水资源监控项目验收及管理座谈会，副局长李瑞江出席会议并讲话。

3—7日　漳卫南局机关及局属各单位以“宪法宣传周”为契机，组织开展了形式多样的宪法宣传活动。

5日　海河水利委员会公布2018年水利科技进步奖名单，“漳卫南局最严格水资源管理制度关键技术研究与应用”成果获一等奖，这是海河水利委员会水利科技进步奖设立以来漳卫南局首次获得一等奖。

6日　漳卫南局组织机关各部门、局属驻德州单位处级领导干部观看山东省纪委制作的警示教育片《重拳反腐，保驾护航》。

7日　漳卫南局党委中心组召开专题学习会，集体学习《中国共产党支部工作条例（试行）》。局党委书记、局长张永明主持会议并讲话，局领导李瑞江、徐林波、张永顺、付贵增，副巡视员姜行俭参加学习。

10日　漳卫南局召开干部大会，宣布部管干部任职决定：王鹏任漳卫南局党委委员、纪委书记。

19—20日　受水利部委托，海河水利委员会组织验收组对卫运河治理工程档案进行了专项验收。经过综合评议，验收组同意卫运河治理项目通过档案专项验收。

（王丹丹　贾　健　刘　峥）

落实最严格水资源管理制度示范项目

【基本情况】

漳卫南局落实最严格水资源管理制度示范项目包括“漳卫南局落实最严格水资源管理制度示范”和“漳卫南局国家水资源监控能力建设”两部分，总投资2150.65万元，计划分3年（2016—2018年）完成。

2018年示范项目批复投资预算779.15万元，其中落实最严格水资源管理制度示范预算390.15万元，包括：卫运河、漳卫新河、南运河河流水生态监测和健康评估80万元，漳卫南运河河湖连通及水资源配置研究90万元，漳卫南运河水资源管理和保护体制机制研究50万元，重点取水口、排污口水量水质监测评价60.15万元，漳卫新河河口生态修复和保护110万元；水资源监控能力建设项目预算389万元（含建设管理费13万元），其中漳卫南局取水口视频监控系统和水资源监控中心建设211万元，完成15处重要取水口视频监控系统，2处河口视频监控系统，5处重要入河排污口水量在线监测和视频监控系统建设，漳卫南局水资源监控管理信息平台建设153万元，水文专业设备配置12万元。

漳卫南局落实最严格水资源管理制度示范项目2018年度工作目标包括：开展卫运河、漳卫新河、南运河水生态监测和健康评估，为河道水生态修复、安全供水提供基础保障；开展漳卫南运河河湖连通、水资源配置和洪水资源化研究，构建黄河、南水北调和漳卫南运河互联互通互补的跨流域水资源配置工程格局，实现黄河、南水北调和漳卫南运河水资源优化配置，提高漳卫南运河水资源水环境承载能力；研究建立符合漳卫南运河实际、事权清晰、分工明确、运转协调的漳卫南运河水资源管理和保护体制机制，主要包括水量统一调度、水质水量联合调度和生态调度综合管理体制机制、供水协商机制。落实全面推行河长制工作要求，开展漳卫南运河突发水污染事故预警和应急处置研究，探索建立跨区域水污染联防联控和应急处置机制，实现水污染事故联防和信息共享，全面提升突发水污染事故预警和应急处置能力；制订和实施水质、水量监测方案，以实现水资源管理指标可监测、可监控、可评价、可考核为目标，实现控制断面、省界断面、水功能区，以及重要取水口和排污口水质、水量监测全覆盖，推进漳卫南运河水质、水量信息共享机制建设，为落实最严格水资源管理制度提供基础支撑；研究漳卫新河河口生态保护措施和修复方案，为建设河口湿地、恢复河口生态功能提供重要指导意见，以恢复河口生态功能，改善河口两岸的生态景观，保护生态的多样性，维护河流健康生命，实现人与自然和谐相处。

漳卫南局水资源监控能力建设2018年建设任务包括：建设重要取水口视频监控系统、重要入河排污口水量在线监测和视频监控系统、漳卫南局水资源监控中心和基层河务局视频监控接收中心站，实现视频数据接收和视频监视；开发水资源监控管理信息平台和数据库、业务应用系统；购置水文专用设备。

（吴晓楷）

【队伍建设】

2018年8月10日，漳卫南局对局落实最严格水资源管理制度领导小组和办公室成员进行调整，漳卫南局局长张永明任组长，漳卫南局副局长李瑞江任副组长，领导小组成员有于伟东、李学东、张启彬、杨丹山、刘晓光、张晓杰、杨丽萍、李孟东、赵厚田、何宗涛。于伟东任领导小组办公室主任，李增强、仇大鹏、田术存任领导小组办公室副主任。

领导小组办公室下设综合组、水资源组、水资源保护和水文组、信息技术组。

2018 年项目实施工作中，4 月，在武汉市举办了漳卫南局水资源管理与保护培训班，培训 50 人次；9 月，在沧州举办了漳卫南局国家水资源监控管理信息平台培训班，培训 31 人次；10 月，在天津举办漳卫南局河流水生态监测和健康评估培训班，培训 22 人次；12 月，在德州举办水资源管理和保护体制机制建设培训班，培训 44 人次。

（吴晓楷）

【项目管理】

按照水利部批复的 2018 年实施方案，除水文专用设备采用询价采购外，其余 7 个项目全部通过公开招标方式确定承担单位。2 月，招标计划经漳卫南局落实最严格水资源管理制度领导小组批准后执行。3 月，履行公开招标程序，评标专家从财政部评审专家监管系统抽取，海河水利委员会水政水资源处和海河流域水资源保护局对专家抽取、开标、评标过程进行行政监督。2018 年 4 月，公开招标项目合同签订工作全部完成，具体如下。

2018 年 4 月 8 日，签订重点取水口、排污口水量水质监测评价项目合同，金额 55.30 万元。4 月 9 日，签订卫运河、漳卫新河、南运河河流水生态监测和健康评估项目合同，金额 64.70 万元；漳卫南运河河湖连通及水资源配置研究项目合同，金额 70 万元；漳卫南运河水资源管理和保护体制机制研究项目合同，金额 43.50 万元；漳卫南局水文专业设备采购合同，金额 8.55 万元；4 月 10 日，签订漳卫南局水资源监控管理信息平台建设合同，金额 146 万元；4 月 11 日，签订取水口视频监控系统和水资源监控中心建设项目合同，金额 199.258 万元；4 月 13 日，签订了漳卫新河河口生态修复和保护项目合同，金额 88.80 万元。

根据项目后续管理需要，为保障水资源监控系统安全运行，动用项目招标结余资金，购置了漳卫南局取水口视频监控系统和水资源监控中心建设项目备品备件，由原中标单位按照投标报价价格采购，并于 2018 年 8 月 29 日签订漳卫南局取水口视频监控系统和水资源监控中心建设项目备品备件采购合同，金额 19.242 万元；GNSS RTK 测量设备采购合同，金额 2.95 万元。

（吴晓楷）

【项目设计与成果应用】

1. 卫运河、漳卫新河、南运河河流水生态监测和健康评估

开展河湖健康评估工作，对水文水资源、物理结构、水质、生物和社会服务功能五个准则层各指标层数据的监测、调查、评估，编制《卫运河、漳卫新河、南运河河湖健康评估报告》和《漳卫南运河河湖健康评估报告》。

2. 漳卫南运河河湖连通及水资源配置研究

开展漳卫南运河“一纵七横”河湖连通、水资源配置和洪水资源化研究，构建黄河、南水北调和漳卫南运河互联互通互补的跨流域水资源配置工程格局，实现黄河、南水北调和漳卫南运河水资源优化配置，提高漳卫南运河水资源水环境承载能力。核心工作内容是积极推进“格局合理、功能完备、多源互补、丰枯调剂”的河湖连通工程体系建设，探索建立漳卫南运河河系水与黄河水、南水北调水的互联互通互补的良性运行机制：建立应急保障供水和生态供水补偿机制，进一步增强抗御水旱灾害能力，改善生态环境；研究跨流域水量联合调度和动态调配的运行机制，完善水资源配置格局，全面提高水资源调配能力，编制《漳卫南运河河湖连通及水资源配置研究报告》。

3. 漳卫南运河水资源管理和保护体制机制研究

探索建立符合漳卫南运河实际、事权清晰、分工明确、运转协调的漳卫南运河水资源管理体制机制，深化内部运行体制机制改革，建立水量统一调度、水质水量联合调度和生态调度综合管理体制机制，积极推进水价改革，充分发挥漳卫南局在水量配置与调度中的主导作用，建立以相关地市为单元的供水协商机制，落实流域管理与区域管理相结合的管理模式。核心工作内容是推动建立科学合理的供水水价形成机制，支持国家地下水超采区治理试点工作，促进节约用水，提高用水效率。开展漳卫南运河水资源保护和管理机制研究，完善《突发水污染事故应急预案》，以岳城水库水质安全保障为重点，加大与漳河上游管理局、地方政府沟通协调力度，实现水污染事故联防和信息共享，探索建立跨区域水污染联防联控和应急处置机制，全面提升突发水污染事故预警和应急处置能力，编制《漳卫南局水资源管理和保护体制机制研究报告》。

4. 重点取水口、排污口水量水质监测评价

对漳卫南局管辖范围内取水口门调查、取水量监督监测和统计，完成全年取水总量、各取水口门取水量分行政区和河流的统计和分析评价；漳卫南运河岳城水库（入库、出库和供水）、刘庄闸、淇门、元村、馆陶、临清、四女寺、辛集等主要控制断面过水量统计和分析评价；祝官屯枢纽、四女寺枢纽、吴桥闸、袁桥闸、罗寨闸、王营盘闸、庆云闸、辛集闸蓄水、供水统计和分析评价，穿卫枢纽、四女寺倒虹吸枢纽引水量统计和分析；水资源监控系统平台已经完成在线监测系统建设的 34 处取水口和安阳河口、汤河口取水口监测数据的统计分析和比测验证；漳卫南局管辖范围内入河排污口、排水口调查和水量、水质监测，并进行排污总量统计和分析评价，编制《2018 年重点取水口、排污口水量水质监测评价成果报告》。

5. 漳卫新河河口生态修复和保护

利用遥感和 GIS 技术，应用 1980 年、1990 年、2000 年和 2013 年漳卫新河河口地区 4 个时期的遥感影像，在现场调查的基础上，通过解译分别提取漳卫新河河口多时相滩涂、海岸线、土地利用、自然和人工湿地等要素信息，并分析海岸线、湿地等各要素的时空演变规律，结合景观生态学方法，识别河口景观分布格局及演变特征，包括斑块数量、面积、分维数、聚集度、连通性、破碎化等景观参数，分析河口景观格局整体演变态势和土地利用格局；现场查勘漳卫新河河口的水文水资源现状、水质状况、河口冲淤演变情况、滩涂开发和水资源利用以及河口地区重要鱼类、底栖生物、虾蟹类资源生物的群落结构特征及变动趋势，根据生态环境现状调查结果，结合生态指标对河口的生态安全状况进行评价，识别出漳卫新河河口生态保护与修复存在的主要问题；建立河口水质模型，模拟分析漳卫新河河口生态保护与修复存在的主要问题，提出河口生态保护与修复方案，编制《漳卫新河河口生态保护与修复研究报告》。

6. 水资源监控能力建设

（1）取水口视频监控系统和水资源监控中心建设。核心建设内容是新建 15 处重要取水口视频监控系统，2 处河口视频监控系统，5 处重要入河排污口水量在线监测和视频监控系统，漳卫南局水资源监控中心和基层河务局视频监控接收中心站，实现视频数据接收和视频监视。

（2）漳卫南局水资源监控管理信息平台建设。核心建设任务是开发基础数据库、监测数据库、空间数据库、业务数据库、决策数据库、元数据库等 6 套数据库；开发业务应用门户、信息服务系统、水雨情业务管理、水质预测预警管理、水资源调度管理、水闸监视管理、系统管理等 7 套应用系统；对数据库和业务应用系统结合现有系统进行集成，建设完成水资源监控管理信息平台。

（3）漳卫南局水文专业设备采购项目。核心建设内容是采购便携式电波流速仪 1 台、便携式直读流速仪 1 台和便携式水位计 5 台。

水资源监控系统的建设和运行管理是一项系统工程，根据部门职责，漳卫南局明确了水资源监控系统运行维护职责：水政水资源处负责水资源监控系统的运行维护和制度建设；防办负责岳城水库遥测系统的运行维护和制度建设；水文处和信息中心为主要技术支持部门；局属各单位负责日常管理与巡查，承担系统设备设施安全保护职责。

（吴晓楷）

【项目成效】

充分运用讲座、网络、期刊、展览等各种宣传工具，宣传国家落实最严格水资源管理制度、生态文明建设等方针政策，宣传示范项目的目标、任务和意义，宣传示范项目的研究成果。在《中国水利报》组织“把脉河湖健康　护好‘盆中之水’——海河水利委员会漳卫南局扎实推进落实最严格水资源管理制度示范项目”专刊（2018 年 12 月 11 日第 4316 期），海河水利委员会政务网漳卫南局门户网站建立“落实最严格水资源管理制度专栏”，全面、及时发布示范项目动态，展示研究成果；编制《漳卫南局落实最严格水资源管理制度宣传册》，组织“落实最严格水资源管理制度示范展”和“水资源监控能力建设展”；在《海河水利》建立“落实最严格水资源管理制度专栏”，组织刊发示范项目有关研究论文 30 多篇；开展落实最严格水资源管理制度征文活动，编纂《漳卫南局落实最严格水资源制度优秀论文集》。

1. 漳卫南局科技进步奖

《漳卫南运河“三条红线”指标研究》获漳卫南局第二届（2017 年）科技进步一等奖；《卫河流域河湖健康评估》《漳卫南运河水功能区管理研究报告》《漳卫南局服务器虚拟化平台建设项目》获漳卫南局第二届（2017 年）科技进步三等奖。

2. 海河水利委员会科技进步奖

《漳卫南局最严格水资源管理制度关键技术研究与应用》获海河水利委员会 2018 年水利科技进步奖一等奖，这是海河水利委员会水利科技进步奖设立以来漳卫南局首次获得一等奖。

3. 建成岳城水库遥测系统

岳城水库遥测系统及时采集上游雨情、水情信息，提高洪水预报精度和预见期。岳城水库遥测站点分布于漳河上游山区，建设综合考虑了现有水文站网、通信组网条件以及与预报模型相匹配等因素，优化了站网布局，采用一点双发组网，GPRS 主信道、北斗卫星备用信道运行，提升了岳城水库水雨情信息采集的保障率。2017 年 6 月 28 日系统投入运行，为岳城水库实时洪水预报和洪水调度工作提供技术支撑。

4. 建成漳卫南局水资源监控系统

水资源监控系统经过 3 年建设，建成漳卫南运河重点取水口在线监测和安阳河口、汤河口水情自动测报系统，监测站点 36 处；建成岳城水库自动遥测系统，监测站点 38 处；建成漳卫南局取水口视频监控系统和水资源监控中心，监测站点 44 处；建成漳卫南局水资源监控管理信息平台；建成漳卫南局服务器虚拟化管理平台，成功实施了水资源监控平台、电子政务系统以及趋势网络防毒墙服务器虚拟化。

5. 完成水资源承载力及生态修复研究等 16 项专题研究

漳卫南运河水库水闸生态调度研究、水生态监测和健康评估、漳卫南运河水资源承载力及生态修复研究、岳城水库饮用水源地达标建设方案等 16 项专题研究通过验收，并完成成果鉴定和汇编。制定了《漳卫南局用水总量控制和计划用水管理办法》，出台了《漳卫南运河管理局水功能区管理办法》等制度；开展了重点取水口泄流曲线经验公式分析和率定，实施了取水口水资源监测，实现主要取水口、排污口监测分析全覆盖；根据海河流域“三条红线”指标，统筹卫河分水方案、漳河水资源规划的要求，对漳卫南运河水资源总量控制指标按行政区域、取水口和控制断面进行细化分解，形成漳卫南运河水资源管理“三条红线”指标体系，为落实最严格水资源管理制度提供了有力的技术支撑，这也是国内首次在流域层面进行“三条红线”指标分解的尝试；开展了河流水生态监测和健康评估，进行河流水文水资源、物理结构、水质、生物和社会服务功能五个准则层的调查、监测、评估，完成河湖健康评估报告。

6. 专著

截至 2018 年 12 月，已出版《漳卫南运河落实最严格水资源管理制度研究》《漳卫南运河水资源监控能力建设》《漳卫南运河水资源承载能力和生态修复研究》3 部专著，出版《漳卫南局落实最严格水资源管理制度优秀论文集》。

7. 漳卫南局水资源监控能力建设成果

漳卫南局水资源监控能力建设包括重点取水口在线监测监控、重点排污口在线监测监控、水资源监控平台、水资源监控中心和岳城水库遥测系统建设、水文专业设备采购等内容，总投资 1009 万元，分 3 年（2016—2018 年）实施。建成漳卫南局取用水监控系统，建设监测站点 36 处（详见表 1）；建成岳城水库自动遥测系统，建设监测站点 38 处（详见表 2）；建成漳卫南局视频监控系统，建设站点 44 处（详见表 3）。

表 1　　漳卫南局取用水监控系统建设站点

序号	站点名称	序号	站点名称
1	王营盘引水闸	6	马庄引水闸
2	于仲举引水闸	7	小安引水闸
3	曹寺引水闸	8	前王引水闸
4	寨子引水闸	9	永丰引水闸
5	和平引水闸	10	反刘引水闸

续表

序号	站点名称	序号	站点名称
11	王信引水闸	24	蔡村第五扬水站
12	五陵镇扬水站	25	乜官屯二扬水站
13	后郭渡提水站	26	沙王扬水站
14	柴湾提水站	27	砥桥引水闸
15	魏县军留扬水站	28	东忠扬水站
16	大名窑厂扬水站	29	东王扬水站
17	纸坊扬水站	30	岳城水库民有渠
18	菜园提水站	31	岳城水库漳南渠
19	东高宋扬水站	32	辛集引水闸
20	大名岔河嘴引水闸	33	崔庄扬水站
21	南李庄扬水站	34	牟庄扬水站
22	尖塚扬水站	35	安阳河口水情自动测报系统
23	八屯扬水站	36	汤河口水情自动测报系统

（吴晓楷）

表 2　　岳城水库自动遥测系统建设站点

序号	站点名称	序号	站点名称
1	蔡家庄	20	南偏桥
2	芹泉	21	河南
3	石匣	22	五里后
4	寒王	23	石梁
5	粟城	24	平顺
6	西井	25	实会
7	麻田	26	侯壁
8	偏城	27	天桥断
9	刘家庄	28	南谷洞
10	东阳关	29	任村
11	涉县	30	观台
12	匡门口	31	吴家河
13	郝赵	32	白土
14	关河水库	33	观台村
15	蟠龙	34	东辛安
16	寨沟	35	南孟村
17	后湾水库	36	山交
18	漳泽水库	37	岳城水库坝上
19	襄垣	38	中心站

表 3　　漳卫南局视频监控系统建设站点

序号	站点名称	序号	站点名称
1	五陵镇站	23	七里庄站
2	军留站	24	后董站
3	留固站	25	浚内沟站
4	班庄站	26	安庄排污口
5	乜村站	27	红旗渠排污口
6	王庄站	28	七里庄泵站排污口
7	南李庄站	29	后董涵闸排污口
8	尖塚站	30	浚内沟排污口
9	民有渠站	31	共渠胡庄闸
10	漳南渠站	32	共渠白寺桥
11	路庄站	33	共渠王庄
12	土龙头站	34	瓦岗乡扬水站
13	吕洼站	35	马头闸
14	和平站	36	芦庄引水闸
15	王营盘站	37	漳卫南局中心站
16	前王站	38	卫河局接收站
17	王信站	39	邯郸局接收站
18	辛集站	40	聊城局接收站
19	安阳河口站	41	邢衡局接收站
20	汤河口站	42	德州局接收站
21	安庄站	43	岳城局接收站
22	红旗渠站	44	水闸局接收站

8. 项目资产、成果移交

漳卫南局水资源监控能力建设项目购置设备，2016 年 230 万元，2017 年 383 万元，2018 年 376 万元，合计金额 989 万元。项目建成后，已按要求进行了资产移交。岳城水库遥测系统建设项目除了两台服务器资产入局机关资产账 4.9969 万元外，其余遥测站资产全部移交岳城水库管理局，金额合计 235.0031 万元。资产移交情况详见表 4～表 6。

表 4　　2016 年、2017 年取水监控系统建设项目资产移交情况

序号	取水口名称	资产/万元	小计/万元	管理单位	备注
1	五陵镇扬水站	5.4380	96.2784	卫河局	2016 年完成
2	纸坊提水站	4.6220			2016 年完成
3	后郭渡提水站	3.8060			2016 年完成
4	柴湾提水站	3.8060			2016 年完成
5	安阳河口	29.4640			2016 年完成

续表

序号	取水口名称	资产/万元	小计/万元	管理单位	备注
6	汤河口	29.4640	96.2784	卫河局	2016 年完成
7	菜园提水站	5.0444			2017 年完成
8	东高宋扬水站	4.5444			2017 年完成
9	淇门南街	5.0452			2017 年备品
10	埽头扬水站	5.0444			2016 年、2017 年备品
11	魏县军留扬水站	15.4540	44.1904	邯郸局	2016 年完成
12	大名窑厂扬水站	7.2020			2016 年完成
13	大名岔河嘴引水闸	14.1744			2017 年完成
14	南陶水位站	4.3600			2017 年备品
15	南李庄扬水站	8.2444	21.3388	邢衡局	2017 年完成
16	尖塚扬水站	13.0944			2017 年完成
17	八屯扬水站	5.9444	15.7832	德州局	2017 年完成
18	蔡村第五扬水站	5.0444			2017 年完成
19	乜官屯二扬水站	4.7944			2017 年完成
20	于仲举引水闸	10.2400	39.2976	沧州局	2016 年完成
21	沙王扬水站	5.0444			2017 年完成
22	砥桥引水闸	14.1744			2017 年完成
23	东忠扬水站	4.7944			2017 年完成
24	东王扬水站	5.0444			2017 年完成
25	岳城水库民有渠	8.5044	9.3644	岳城局	2017 年完成
26	岳城水库漳南渠	0.8600			2017 年完成
27	永丰引水闸	10.2400	128.7732	水闸局	2016 年完成
28	和平引水闸	10.2400			2016 年完成
29	曹寺引水闸	10.2400			2016 年完成
30	王营盘引水闸	8.7400			2016 年完成
31	小安引水闸	10.2400			2016 年完成
32	寨子引水闸	10.2400			2016 年完成
33	前王引水闸	10.2400			2016 年完成
34	反刘引水闸	10.2400			2016 年完成
35	王信引水闸	10.2400			2016 年完成
36	马庄引水闸	10.2400			2016 年完成
37	辛集引水闸	14.1744			2017 年完成
38	牟庄扬水站	6.8494			2017 年完成
39	崔庄扬水站	6.8494			2017 年完成

续表

序号	取水口名称	资产/万元	小计/万元	管理单位	备　注
40	超声波流量计（6个）	4.8960	5.8440	信息中心	2016年备品
41	RTU遥测终端（1个）	0.9250			2016年备品
42	DTU通信模块（1个）	0			2016年备品
43	GPRS数据卡（1个）	0.0230			2016年备品
44	超声波流量计（2个）	0.5000	1.3700	信息中心	2017年备品
45	太阳能电池板（2块）	0.1800			2017年备品
46	充电控制器（4个）	0.1200			2017年备品
47	蓄电池（2个）	0.3000			2017年备品
48	电源防雷模块（4个）	0.1800			2017年备品
49	信号防雷模块（2个）	0.0900			2017年备品
50	资产合计	362.2400			

表5　岳城水库自动遥测系统建设项目资产移交情况

序号	资产项目名称	结构 规格 型号 特征	单位价值/万元	数量	资产合计/万元	备注
1	翻斗式雨量计	江苏南水 JDZ10-1	0.1800	38台	6.8400	其中2套为备品
2	浮子水位计	江苏南水 WFH-2A	0.2800	7台	1.9600	
3	雷达水位传感器	古大仪表 GDRD56	1.1500	2台	2.3000	
4	流量置数器	江苏宏瑞通信 定制	0.0800	9台	0.7200	
5	遥测终端RTU	江苏宏瑞通信 HLP7101	1.3000	39套	50.7000	其中2套为备品
6	卫星终端（含数据卡、3年服务费）	北京星桥恒远 SN2P110YX型北斗一体机	1.8000	38套	68.4000	其中2套为备品
7	GPRS模块（含SIM卡）	中兴通信 ZTE MG2639D	0.0910	39套	3.5490	其中3套为备品
8	充电控制器	北京怡蔚信邦 Solsum10.10B	0.0600	43套	2.5800	其中7套为备品
9	40W太阳能板（含安装支架）	北京怡蔚信邦 SPJS040-12	0.1100	26套	2.8600	其中4套为备品
10	38Ah蓄电池	沈阳松下 38Ah	0.0850	26套	2.2100	其中4套为备品
11	80W太阳能板（含安装支架）	北京怡蔚信邦 SPJS080-12	0.1500	14套	2.1000	
12	65Ah蓄电池	沈阳松下 65Ah	0.1100	16套	1.7600	其中2套为备品
13	机箱（含挂件）	德州高斯 定制	0.2500	39套	9.7500	其中3套为备品
14	雨量站基础	德州高斯 定制	0.7000	34套	23.8000	
15	水位站基础	德州高斯 定制	0.8500	2套	1.7000	
16	防雷接地设施	德州高斯 定制	0.3000	38套	11.4000	其中2套为备品
17	防雷模块	江苏宏瑞通信 PD05-24	0.0399	50套	1.9950	

续表

序号	资产项目名称	结构 规格 型号 特征	单位价值/万元	数量	资产合计/万元	备注
18	数据库	SQL Server 2008	2.5000	2套	5.0000	其中1套为备品
19	数据传输同步软件	江苏宏瑞通信 定制开发	1.0000	1套	1.0000	
20	数据接收软件	江苏宏瑞通信 定制开发	2.0000	2套	4.0000	
21	水雨情应用系统	江苏宏瑞通信 定制开发	15.0000	1套	15.0000	
22	线缆	德州高斯 定制	0.2000	4套	0.8000	其中3套为备品
23	DC-DC转换器	UTEK UT-2216	0.1000	3套	0.3000	
24	数据库建设	江苏宏瑞通信 定制开发	3.0000	2套	6.0000	
25	笔记本电脑	联想	0.9890	2台	1.9780	
26	技术培训		2.1000	3次	6.3000	
资产合计					235.0031	

表6　2018年水资源监控能力建设项目资产移交情况

序号	监控点名称	资产/万元	合计/万元	管理单位	备注
1	信息管理平台	146.0000	155.9800	水文处	信息平台
2	RTK测量设备	2.9500			招标结余
3	便携式电波流速枪	5.3000			设备采购
4	便携式直读流速仪	1.3500			设备采购
5	便携式水位计	0.3800			设备采购
6	漳卫南局中心站	50.7350	51.0150	信息中心	视频监控
7	智能机柜	0.2800			招标结余
8	卫河局接收站	4.6580	37.9952	卫河局	视频监控
9	五陵镇扬水站	3.5403			视频监控
10	安阳河口水文站	3.6883			视频监控
11	汤河口水文站	3.6883			视频监控
12	浚内沟排污口	9.2403			视频监控
13	瓦岗乡扬水站	2.5600			招标结余
14	马头闸	2.5600			招标结余
15	共渠胡庄闸	2.5600			招标结余
16	共渠王庄	2.5600			招标结余
17	共渠白寺桥	2.5600			招标结余
18	便携式水位计	0.3800			设备采购
19	邯郸局接收站	4.5580	15.6229	邯郸局	视频监控
20	魏县军留扬水站	7.3766			视频监控
21	路庄扬水站	3.6883			视频监控

续表

序号	监控点名称	资产/万元	合计/万元	管理单位	备注
22	聊城局接收站	4.6580	25.3432	聊城局	视频监控
23	班庄扬水站	3.6883			视频监控
24	乜村扬水站	3.6883			视频监控
25	王庄扬水站	3.6883			视频监控
26	红旗渠排污口	9.2403			视频监控
27	便携式水位计	0.3800			设备采购
28	邢衡局接收站	4.4580	14.3946	邢衡局	视频监控
29	南李庄扬水站	3.6883			视频监控
30	尖塚扬水站	3.6883			视频监控
31	芦庄引水闸	2.5600			招标结余
32	德州局接收站	4.5580	32.2789	德州局	视频监控
33	安庄排污口	9.2403			视频监控
34	七里庄泵站排污口	9.2403			视频监控
35	后董涵闸排污口	9.2403			视频监控
36	岳城局接收站	4.4580	11.8346	岳城局	视频监控
37	岳城水库民有渠	3.6883			视频监控
38	岳城水库漳南渠	3.6883			视频监控
39	便携式水位计	0.3800	0.3800	四女寺局	设备采购
40	水闸局接收站	4.9580	31.1561	水闸局	视频监控
41	土龙头引水闸	3.6883			视频监控
42	吕洼引水闸	3.6883			视频监控
43	和平引水闸	3.6883			视频监控
44	王营盘引水闸	3.6883			视频监控
45	前王引水闸	3.6883			视频监控
46	王信引水闸	3.6883			视频监控
47	辛集引水闸	3.6883			视频监控
48	便携式水位计	0.3800			设备采购
49	资产合计	376.0005			

（吴晓楷）

工程管理

【制度建设】

研究制定《漳卫南局安全生产目标管理制度》《漳卫南局水利工程建设与管理廉政风险防控责任清单（修订）》《漳卫南运河管理局工程管理及监管考核办法（试行）》《漳卫南运河管理局水利工程维修养护管理办法》《漳卫南运河管理局水利工程维修养护质量与验收管理办法》。

（吕红花）

【工程管理】

围绕水利部、海河水利委员会的总体部署，扎实推进漳卫南局“一个中心，四个保障”基本工作思路。2018 年年初，制定并印发《漳卫南局 2018 年工程管理工作要点》，确立了 2018 年工程管理的主要工作思路：以“抓节点，守边界，管全线”为基本要求，充分利用河长制工作机制，以加强工程检查、工程考核为手段，不断提升工程管理规范化水平；完善激励机制，充分调动水管单位和职工奋发有为、干事创业的积极性，加大国家级、海河水利委员会示范单位建设力度，为实现示范单位创建工作新的突破打下坚实基础；按照相关法律法规，完善制度建设，积极稳妥推进维修养护政府采购试点工作；把水利工程建设与管理廉政风险防控责任清单的落实纳入考核内容，进一步加强水利廉政风险防控体系建设。

4 月，海河水利委员会组织开展四女寺南闸和节制闸、辛集挡潮闸安全鉴定审查；11 月，海河水利委员会印发《辛集挡潮蓄水闸、四女寺枢纽南进洪闸和节制闸安全鉴定报告书》（海建管〔2018〕6 号），四女寺南闸和节制闸、辛集挡潮闸被鉴定为三类闸。

7 月，组织相关单位完成了迎接海河水利委员会对临漳河务局、汤阴河务局、清河河务局和四女寺枢纽工程管理局的工程管理督查。按照海河水利委员会督查意见，下发督查整改通知，部署了临漳河务局、汤阴河务局、清河河务局和四女寺枢纽工程管理局的督查整改工作，并举一反三，要求全局对照海河水利委员会督查意见，进行自查自纠，进一步加强工程管理工作，提高工程管理水平；指导岳城水库管理局完成了水利部岳城水库工程管理督查发现问题的整改工作。

开展多次工程管理检查工作和一次工程绿化检查工作，对工程管理和工程绿化中存在的问题进行了分析和纠正；对现有国家级、海河水利委员会示范单位的工程管理工作进行了专门检查，引导工程管理水平较高的单位开展国家级水利工程管理单位建设。

依据《漳卫南运河管理局工程管理及监管考核办法（试行）》，2018 年工程管理及监管考核工作依然分两个阶段。第一阶段为日常管理及监管情况考核，由局建设与管理处组织人员采取抽查方式，并于 10 月进行了一次抽查。第二阶段为年终考核，由局建设与管理处人员和局属各河务局、管理局分管局领导共同组成考核组，于 12 月 4—12 日开展了年终工程管理考核和重点工作、廉政风险防控考核工作，采取现场检查、资料查阅、评判、现场反馈意见的方式。为树立典型、表彰先进，经研究决定，授予岳城水库管理局、邢台衡水河务局“2018 年度工程管理先进单位”荣誉称号；授予汤阴河务局、南乐河务局、馆陶河务局、冠县河务局、清河河务局、夏津河务局、宁津河务局、东光河务局、祝官屯枢纽管理所、吴桥闸管理所“2018 年度工程管理先进水管单位”荣誉称号。

（吕红花）

【专项督查】

1. 小型水库安全运行督查工作

根据水利部、海河水利委员会部署，参加水利部海河流域小型水库安全运行督查。2018年6—9月，严格按照《小型水库督查工作手册》流程，对山东省德州市、聊城市、滨州市、东营市、济南市，河南省焦作市、新乡市、安阳市、鹤壁市，河北省石家庄市、邢台市、邯郸市，山西省长治市、晋城市等4省14地市共计46座小型水库现场进行了督查；详细了解了水库的"三项基本要求""三个责任人"落实情况和运行管理状况。通过查看水库大坝的实际运行状况，现场或者电话询问各水库三个责任人的落实及履责情况并作出评价，查看水库制度建设与执行情况，走访水库周边村民或受益群众，查阅相关档案资料，对存在的有关问题进行核实确认，完成了46份《小型水库督查情况登记表》，完成了8份《小型水库督查工作报告》，详见表1和表2。

表1　　漳卫南局2018年小型水库安全运行专项督查清单

序号	督查日期	督查组成员	督查地	检查小水库数量/座
1	6月1日	王永军、李怀森、张润昌、阮荣乾	山东省德州市宁津县	1
	6月5—7日	王永军、李怀森、张润昌、阮荣乾	山东省德州市、聊城市	6
2	6月19—23日	王永军、张润昌、杨利江、阮荣乾	河南省焦作市、新乡市	8
3	7月3—6日	王永军、张润昌、张建军、阮荣乾	河南省安阳市	5
4	7月16—19日	王永军、李怀森、朱旭、阮荣乾	河南省鹤壁市	4
5	7月31日至8月3日	王永军、李怀森、张润昌、阮荣乾	河北省石家庄市	4
	8月6—7日	张永明、张军、杨利江、阮荣乾	河南省鹤壁市	2
6	8月20—23日	王永军、张润昌、张建军、阮荣乾	山西省长治市、晋城市	5
7	9月4—8日	王永军、张润昌、尹璞、杜平	河北省邯郸市、邢台市三项督查	3
	9月5—7日	李瑞江、于伟东、王炳和、阮荣乾	河北省石家庄市三项督查	2
8	9月17—21日	王永军、李怀森、张润昌、阮荣乾	山东省滨州市、东营市、济南市	6
小计				46

表2　　漳卫南局组2018年小型水库督查情况

序号	省	市	县（市、区）	水库名称	总库容/万 m^3	规模	通报	督查时间
1	山东省	德州市	宁津县	小店水库	150.00	小（1）型		6月上旬
2	山东省	德州市	陵城区	新隔津河水库	980.00	小（1）型		
3	山东省	德州市	临邑县	利民水库	920.00	小（1）型		
4	山东省	德州市	武城县	建德水库	960.00	小（1）型		
5	山东省	德州市	平原县	龙门水库	689.00	小（1）型		
6	山东省	德州市	夏津县	西沙河水库	571.00	小（1）型		
7	山东省	聊城市	东昌府区	闫围子水库	185.30	小（1）型		

续表

序号	省	市	县（市、区）	水库名称	总库容/万 m^3	规模	通报	督查时间
8	河南省	焦作市	博爱县	月山水库	168.00	小（1）型	是	6月下旬
9	河南省	焦作市	修武县	青龙洞水库	44.00	小（2）型		
10	河南省	新乡市	凤泉区	金灯寺水库	79.00	小（2）型		
11	河南省	新乡市	卫辉市	扁担沟水库	40.64	小（2）型		
12	河南省	新乡市	卫辉市	下枣庄水库	24.28	小（2）型		
13	河南省	新乡市	辉县市	龙门下库水库	16.82	小（2）型		
14	河南省	新乡市	辉县市	龙门水库	22.42	小（2）型	是	
15	河南省	新乡市	辉县市	裴寨水库	10.72	小（2）型		
16	河南省	安阳市	林州市	豹台后沟	15.00	小（2）型		7月上旬
17	河南省	安阳市	林州市	木纂水库	10.00	小（2）型		
18	河南省	安阳市	林州市	元家口水库	71.00	小（2）型		
19	河南省	安阳市	龙安区	龙泉水库	283.00	小（1）型		
20	河南省	安阳市	殷都区	水浴水库	113.00	小（1）型		
21	河南省	鹤壁市	淇县	纣王殿水库	11.15	小（2）型		7月下旬
22	河南省	鹤壁市	鹤山区	韩林涧水库	60.85	小（2）型		
23	河南省	鹤壁市	淇滨区	白龙庙水库	143.00	小（1）型		
24	河南省	鹤壁市	经济技术开发区	后小屯水库	34.00	小（2）型	是	
25	河北省	石家庄市	行唐县	两岭口水库	95.60	小（2）型		8月上旬
26	河北省	石家庄市	平山县	解家疃水库	10.30	小（2）型		
27	河北省	石家庄市	井陉县	峪沟水库	450.00	小（1）型		
28	河北省	石家庄市	赞皇县	南音寺水库	10.00	小（2）型		
29	河南省	鹤壁市	淇县	红卫水库	389.70	小（1）型		
30	河南省	鹤壁市	淇县	金牛岭水库	13.90	小（2）型		
31	山西省	长治市	黎城县	塔坡水库	100.80	小（1）型		8月下旬
32	山西省	长治市	长子县	李家庄水库	40.50	小（2）型		
33	山西省	长治市	长治县	北宋水库	416.00	小（1）型	是	
34	山西省	晋城市	陵川县	小磨河水库	11.20	小（2）型		
35	山西省	晋城市	灵川县	古石水库	621.00	小（1）型		
36	河北省	邢台市	临城县	界沟水库	20.60	小（2）型		9月上旬
37	河北省	邢台市	临城县	丰盈水库	26.00	小（2）型		
38	河北省	邯郸市	涉县	王金庄水库	13.00	小（2）型		
39	河北省	石家庄市	元氏县	北正水库	475.00	小（1）型		
40	河北省	石家庄市	元氏县	串联沟水库	12.50	小（2）型		

续表

序号	省	市	县（市、区）	水库名称	总库容/万 m^3	规模	通报	督查时间
41	山东省	滨州市	无棣县	月湖水库	500.00	小（1）型		9月下旬
42	山东省	滨州市	阳信县	仙鹤湖水库	650.00	小（1）型		
43	山东省	滨州市	惠民县	李庄水库	835.00	小（1）型		
44	山东省	东营市	利津县	马四水库	42.99	小（2）型		
45	山东省	东营市	河口区	南楼水库	40.00	小（2）型		
46	山东省	济南市	商河县	清源湖水库	953.50	小（1）型		

2. 山洪灾害防御、河道防洪督查工作

山洪灾害防御督查共涉及1个省、3个市、3个县、7个乡、12个村，分别是：河北省石家庄市元氏县北正乡北正村、杨家寨村，前仙乡口头村、前仙村；河北省邢台市临城县临城乡界沟村、解村，黑城乡丰盈村、魏村；邯郸市涉县井店乡王金庄五村、王金庄三村，河南店镇立邱村，更乐镇后何村。

河道防洪督查共涉及1个省、3个市、6个县（区）、12个河段，分别是：河北省石家庄市裕华区民心河、总退水渠，石家庄市元氏县北沙河、槐河，邢台市临城县泜河、午河，邢台市任县顺水河、南澧河，邯郸市永年区洺河、滏阳河，邯郸市涉县留垒河、关防河等6县（区）12个河段。

按照海河水利委员会部署，对河北省12个村庄的山洪灾害防御、12条河道的防洪工作情况进行了督查。山洪灾害防御工作督查主要内容包括：村级责任人山洪灾害防御工作职责熟悉情况，村级山洪灾害防御预案编制情况，县级监测预警平台工作情况，雨量计、手摇报警器等监测预警设施设备运用情况，山洪灾害防御宣传情况等。河道防洪督查主要工作内容包括：河湖“四乱”台账建立情况、“清四乱”工作情况督查、河道管护情况、防汛抢险队伍培训、应急抢险预案演练情况等。

（吕红花）

【维修养护】

组织完成2017年专项维修养护项目验收，各二级局所辖工程维修养护项目全部通过验收；组织完成漳卫南局2017年维修养护项目的年度验收，下发2017年水利工程维修养护项目年度验收意见的通知。

按照上级要求，编制2019年维修养护项目、确权划界项目“一上”的预算文本，指导岳城水库关于安全鉴定、大坝安全管理应急预案“一上”预算文本的编制工作。

根据漳卫南局实际情况，制定印发了2018年维修养护项目招投标工作的指导性文件《漳卫南运河管理局水利工程维修养护市场化试点工作方案》和《漳卫南局关于开展水利工程维修养护市场化试点工作的通知》，2018年选择9个水管单位维修养护项目［涉及3省6市9区（县），堤防、控导及水闸工程两类］进行市场化招投标试点，试点单位数量占水管单位总数量的24.3%，试点单位维修养护总经费1317.63万元，占全局维修养护总经费的20%，具体情况见表3。

表 3　　漳卫南局 2018 年维修养护市场化招标试点项目情况

序号	单　位	堤防		控导		水闸		所在市	所在县	合计/万元
		工程长度/km	预算数/万元	坝垛数/道段	预算数/万元	座数/个	预算数/万元			
小计	漳卫南局	299.00	926.35	185	172.00	5	219.28			1317.63
1	内黄河务局	77.18	196.90	10	24.23			安阳	内黄	221.14
2	魏县河务局	77.27	190.20	149	71.85			邯郸	魏县	262.12
3	清河河务局	18.89	70.46	17	55.47			邢台	清河	125.93
4	穿卫枢纽管理所		0		0	3	83.62	聊城	临清	83.62
5	夏津河务局	21.19	79.03	6	15.92			德州	夏津	94.95
6	宁津河务局	56.14	209.40	1	0.37			德州	宁津	209.77
7	盐山河务局	48.33	180.20	2	4.16			沧州	盐山	184.44
8	祝官屯枢纽管理所					1	77.78	德州	武城	77.78
9	袁桥闸管理所					1	57.88	德州	德城	57.88

（吕红花）

【科技管理】

根据《漳卫南运河管理局业务成果奖励办法（修订）》的规定，对 2017 年 1 月 1 日至 12 月 31 日期间漳卫南局所属单位（部门）和职工取得的业务成果进行了统计和奖励。全年共统计业务成果 73 项，其中，发表论文 57 篇、获奖交流论文 12 篇，出版专著两部，参加水利部和海河水利委员会职业技能竞赛获奖人员两名，获奖情况详见表 4。

表 4　　漳卫南运河管理局 2017 年度业务成果和示范单位奖励情况

成果类别		获得人	成果获得人所在单位（部门）	成果名称	获得时间	获奖或发表情况
论文	1	于伟东	漳卫南局机关	岳城水库遥测系统设计技术方案简介	2017 年	《海河水利》2017 年第 3 期
	2	于伟东	漳卫南局机关	严格水功能区监管推进漳卫南运河水生态修复	2017 年	《海河水利》2017 年第 3 期
	3	戴永翔	漳卫南局水政水资源处	漳卫南运河主要控制断面径流相关性研究	2017 年	《海河水利》2017 年第 3 期
	4	戴永翔	漳卫南局水政水资源处	基于周期均值叠加法的漳卫南运河产汇流区降雨量预测	2017 年	《海河水利》2017 年第 3 期、漳卫南局第十五届水利经济暨工程管理学术交流优秀论文
	5	李增强	漳卫南局水政水资源处	基于防洪工程的北方河流绿色生态廊道构建	2017 年	《海河水利》2017 年第 3 期
	6	李增强	漳卫南局水政水资源处	流域中小洪水与洪水资源利用思路探讨	2017 年	《海河水利》2017 年增刊
	7	杨苗苗	漳卫南局水文处	《紫外分光光度计 UV_{254} 指标的研究》	2017 年	《海河水利》2017 年第 2 期

续表

成果类别		获得人	成果获得人所在单位（部门）	成果名称	获得时间	获奖或发表情况
论文	8	魏荣玲	漳卫南局水文处	《流域水环境保护研究现状及展望》	2017年	《城市地理》2017年第4期
	9	魏荣玲	漳卫南局水文处	《如何提高水质监测质量的对策研究》	2017年	《城市建设理论研究》2017年第11期
	10	吴晓楷	漳卫南局水文处	岳城水库“7·19”洪水分析	2017年	《海河水利》2017年第5期
	11	吴晓楷	漳卫南局水文处	汤河口水文测站选址论证	2017年	《水资源保护》2017年第33卷增刊1
	12	刘继红	漳卫南局综合事业处	关于辛集闸收费站应用“互联网+移动支付”技术的探讨	2017年	《工程技术》2017年第6期
	13	刘继红	漳卫南局综合事业处	浅谈漳卫南运河工程运行管理与建设的有机结合	2017年	《魅力中国》2017年5月
	14	许秀娟	漳卫南局综合事业处	橡胶坝地基处理中应注意的问题与对策	2017年	《经营管理者》2017年6月
	15	蔡学军	漳卫南局综合事业处	漳卫河系军地防汛抢险保障机制探析	2017年	《青年时代》2017年6月上半月刊
	16	李　红	漳卫南局信息中心	工程施工质量管理及文明施工保障工作探析	2017年	《投资与创业》2017年第3期
	17	吴金星	漳卫南局后勤服务中心	事业单位后勤服务管理质量提升策略分析	2017年	《办公室业务》2017年6月
	18	吴金星	漳卫南局后勤服务中心	事业单位后勤服务体系改革效果探讨	2017年	《办公室业务》2017年8月
	19	任立新	卫河河务局	基于河长制加强流域机构水管单位水行政执法的探讨	2017年	《科技信息》2017年第8期（总第504期）
	20	任立新	卫河河务局	实施最严格水资源管理制度的实践与思考	2017年	《科技信息》2017年第9期（总第505期）
	21	阮仕斌	卫河河务局	推进卫河水利工程现代化管理的思考	2017年	《2016年水利建设与管理优秀论文集》2017年2月
	22	刘洪亮	卫河河务局	河道堤防工程施工的质量管理及其施工技术	2017年	《工程技术》2017年第8期
	23	刘洪亮	卫河河务局	关于水利工程中河道堤防施工技术分析	2017年	《自然科学》2017年8月
	24	吕海涛	邯郸河务局	经济管理在水利工程的有效对策分析	2017年	《社会科学》2017年5月
	25	李雅芳	邯郸河务局	浅谈红旗渠工程取水许可	2017年	《水能经济》2018年9月
	26	柴广慧	沧州河务局	浅谈新形势下如何做好女工工作——以沧州局为例	2017年	《西江文艺》2017年6月
	27	曹文杰	岳城水库管理局	数字化测绘技术在水利工程测量中的应用	2017年	《基层建设》2017年6月

续表

成果类别		获得人	成果获得人所在单位（部门）	成果名称	获得时间	获奖或发表情况
论文	28	郭恒茂	岳城水库管理局	河长制下跨省区河湖水域岸线管理与保护探讨——以海河流域岳城水库为例	2017年	《中国水利》2018年第16期、漳卫南局第十五届水利经济暨工程管理学术交流优秀论文
	29	郭恒茂	岳城水库管理局	岳城水库污染源分析及防控措施探讨	2017年	《海河水利》2017年第1期
	30	张耀丹	岳城水库管理局	新时期做好事业单位职工思想政治工作的思路	2017年	《社会科学》2017年12月第3卷
	31	郭恒茂	岳城水库管理局	民国时期裕华水利股份有限公司的探索实践及其社会启示	2017年	《海河水利》2017年第6期
	32	翟秀平	水闸管理局	新形势下水利财务会计管理制度更新的思考	2017年	《防护工程》2017年第31期
	33	翟秀平	水闸管理局	加强会计内部控制，为水利工程管理单位持续发展提供保障	2017年	《建筑学研究前沿》2017年第32期
	34	王雪松	水闸管理局	水利管理单位水费征收管理中的问题及解决措施研究	2017年	《防护工程》2017年第31期
	35	王雪松	水闸管理局	新时期水利事业单位会计内部控制工作路径优化探讨	2017年	《建筑学研究前沿》2017年第32期
	36	刘恩杰	漳卫南局防汛机动抢险队	从漳河管理谈河道管理理念的转变	2017年	《海河水利》2017年第3期
	37	刘秀明	漳卫南局防汛机动抢险队	水利工程建设中关于软土地基处理新技术的探讨	2017年	《工程技术》2017年第2期
	38	刘秀明	漳卫南局防汛机动抢险队	抗滑桩在堤坝加固工程中的技术要点探讨	2017年	《工程技术》2017年第3期
	39	马莉莉	漳卫南局防汛机动抢险队	水利经济如何建立良性循环机制	2017年	《新商务周刊》2017年第11期
	40	马莉莉	漳卫南局防汛机动抢险队	财务管理在水利经济发展中的重要性	2017年	《信息记录材料》2017年第10期
	41	宋雅美	漳卫南局防汛机动抢险队	论水利施工技术创新及混凝土施工技术	2017年	《工程技术》2017年第6期
	42	王泽祥	漳卫南局防汛机动抢险队	水利工程中深基坑施工要点及注意措施分析	2017年	《工程技术》2017年第2期
	43	魏　杰	漳卫南局防汛机动抢险队	倒虹吸工程安全生产管理浅谈	2017年	《海河水利》2017年增刊
	44	张森林	漳卫南局防汛机动抢险队	水利工程施工安全隐患及预防管理分析	2017年	《工程技术》（全文版）2017年第3期
	45	张森林	漳卫南局防汛机动抢险队	河道无序采砂的危害及生态环境对策应对	2017年	《工程技术》（文摘版）2017年第13卷第3期
	46	董　燕	漳卫南局防汛机动抢险队	浅谈思想政治工作存在的问题与解决对策	2017年	《科学与财富》2017年12月

续表

成果类别		获得人	成果获得人所在单位（部门）	成果名称	获得时间	获奖或发表情况
论文	47	崔磊磊	漳卫南局防汛机动抢险队	维修养护经费使用管理问题及其应对策略探讨	2017年	《防护工程》2017年第34期
	48	刘志军	漳卫南局德州水利水电工程集团有限公司	大型输水渡槽工程检测评估及缺陷处理技术简介	2017年	《海河水利》2017年第5期
	49	刘桂英	漳卫南局德州水利水电工程集团有限公司	论水利工程项目施工精细化管理的实施对策	2017年	《基层建设》2017年9月
	50	王世帅	漳卫南局德州水利水电工程集团有限公司	水利工程建设质量控制	2017年	《建筑科技》2017年第10期
	51	王世帅	漳卫南局德州水利水电工程集团有限公司	水利工程维修养护的问题及对策	2017年	《防护工程》2017年6月
	52	王婷婷	漳卫南局德州水利水电工程集团有限公司	试析水利工程施工质量管理与控制措施	2017年	《建筑工程技术与设计》2017年9月
	53	于成洲	漳卫南局德州水利水电工程集团有限公司	水利工程中防渗技术的应用	2017年	《建筑科技》2017年第10期
	54	于成洲	漳卫南局德州水利水电工程集团有限公司	水利工程施工中导流施工技术的应用	2017年	《防护工程》2017年6月
	55	靳德营	漳卫南局德州水利水电工程集团有限公司	浅议水利工程招投标管理方面存在的主要问题	2017年	《防护工程》2017年第33期
	56	靳德营	漳卫南局德州水利水电工程集团有限公司	对水利施工中软土地基的处理技术分析	2017年	《防护工程》2017年第34期
	57	万　军	漳卫南局德州水利水电工程集团有限公司	试述水利工程施工建设对生态环境的影响	2017年	《工程技术》2017年第18期
	58	戴永翔、刘继红	漳卫南局水政水资源处	浅论岳城水库融入雄安新区水资源配置体系的可行性	2017年	漳卫南局第十五届水利经济暨工程管理学术交流优秀论文
	59	张　军	漳卫南局建设与管理处	关于水利工程维修养护几个问题的思考	2017年	漳卫南局第十五届水利经济暨工程管理学术交流优秀论文
	60	李志林	漳卫南局水文处	高效固化微生物技术对磷降解性能的研究	2017年	漳卫南局第十五届水利经济暨工程管理学术交流优秀论文
	61	李志林、高　翔	漳卫南局水文处	关于构建漳卫南运河供水水量水质模型的思考与分析	2017年	漳卫南局第十五届水利经济暨工程管理学术交流优秀论文
	62	魏凌芳	漳卫南局水文处	中央气象台24小时降雨预报在漳河流域的检验分析	2017年	漳卫南局第十五届水利经济暨工程管理学术交流优秀论文
	63	张　淼、吕笑婧	漳卫南局水文处	卫河流域健康评估和生态修复对策	2017年	漳卫南局第十五届水利经济暨工程管理学术交流优秀论文

续表

成果类别		获得人	成果获得人所在单位（部门）	成果名称	获得时间	获奖或发表情况
论文	64	张伟华	漳卫南局综合事业处	民用无人机技术在漳卫南运河流域的具体应用及前景分析	2017年	漳卫南局第十五届水利经济暨工程管理学术交流优秀论文
	65	任希梅	卫河河务局	卫河流域洪水资源利用浅析	2017年	漳卫南局第十五届水利经济暨工程管理学术交流优秀论文
	66	白俊良	邯郸河务局	关于“96·8”洪水后漳河下游河道演变现状的探讨	2017年	2017年海河水利委员会优秀科技论文
	67	蔡秀峰	岳城水库管理局	岳城水库大坝水平位移观测恢复与数据初步对比	2017年	漳卫南局第十五届水利经济暨工程管理学术交流优秀论文
	68	纪情情	水闸管理局庆云闸管理所	水闸闸门启闭自动控制系统改进实例	2017年	漳卫南局第十五届水利经济暨工程管理学术交流优秀论文
	69	魏　杰	海河水利委员会漳卫南局防汛机动抢险队	简析CFG桩复合地基技术在水利工程中的应用	2017年	天津市水利学会2017年学术年会优秀论文
专著	1	于伟东、刘晓光等	漳卫南局机关	漳卫南运河水资源监控能力建设	2017年	ISBN978-7-5170-6235-6，中国水利水电出版社，2017年12月出版
	2	刘志军、徐明明等	漳卫南局德州水利水电工程集团有限公司	水利工程施工技术与管理	2017年	ISBN978-7-5369-7127-1，陕西科学技术出版社，2017年12月出版
职业技能竞赛	1	朱　俊	卫河河务局	代表海河水利委员会参加2017年全国河道修防工职业技能竞赛决赛并获奖	2017年	优胜奖
	2	张轶天	沧州河务局	代表漳卫南局参加2018年海河水利委员会河道修防工职业技能竞赛决赛并获奖	2017年	优胜奖

（吕红花）

【安全生产】

1. 责任制落实

2018年年初对本年度的安全生产责任书进行了修订、完善。漳卫南局同局属各单位、机关各部门负责人签订《安全生产责任书》，印发了《安全生产工作要点》，进一步落实安全生产责任，明确安全生产工作重点。召开全局安全生产工作会和季度局安全生产领导小组例会，及时对全局安全生产形势进行分析研判，发现问题消除隐患。按照部委有关要求编制印发了《漳卫南局贯彻落实〈中共中央国务院关于推进安全生产领域改革发展的意见〉实施方案》，新制定印发了《漳卫南局安全生产目标管理制度》等9项制度。局属各单位层层签订安全生产责任书，落实安全生产责任，召开各类会议，安排安全生产工作。

2. 标准化建设

按照《水利部办公厅关于进一步推进部直属单位水利安全生产标准化建设工作的通知》的要求，协调推进局属各单位开展标准化自评创建工作。结合各单位实际，在责任书中明确各单位安全生产标准化创建节点；邀请海河水利委员会专家组在局机关同局属各创建达标单位进行面对面座谈把脉，对照评审标准逐条解读答疑；印发《关于健全完善安全生产管理制度的通知》，要求从2018年4月1日至5月31日，集中两个月健全完善局属各单位安全生产管理制度，并随文明确《漳卫南局局属单位安全生产管理制度参考清单》；结合安全生产月举办安全生产标准化培训班，邀请水利部机电研究所专家对新修订的《水利工程管理单位安全生产标准化评审标准》进行解读。

3. 宣传教育

印发了《漳卫南局2018年“安全生产月”活动实施方案的通知》，局属各单位结合本单位实际制订实施方案，明确安全活动月期间活动重点内容；通过制作宣传展板、张贴宣传画、组织观看安全生产宣传教育片等方式积极宣传“生命至上，安全发展”理念，营造良好的安全文化氛围。据统计，活动月期间，全局共开展安全宣讲12场次，专题讲座33场次；应急演练22场次，参与演练300余人；开展警示专题教育25场次，受教育职工800余人；在全国安全宣传咨询日活动中，发放宣传资料1900余份；同时还出动隐患排查治理检查组22组次，发现立查立改隐患近30处，并及时进行整改。

4. 隐患治理管控

在全局范围内认真开展全面的隐患排查治理活动，查清各单位安全隐患，对发现的隐患和安全风险采取有效措施加强管控。年内，沧州河务局筹措资金重点完成了盐山河务局化工废料和盐山河务局办公楼阳台塌落隐患的治理销号工作。同时按照局党委的要求，重点关注部重点挂牌督办隐患，尤其是辛集闸交通桥的安全，及时开展相关检查工作，进一步完善隐患“五落实”和各类检查表，向海河水利委员会提交了《漳卫南局关于辛集闸交通桥安全管理工作情况的报告》，及时开展辛集闸交通桥承载能力评估工作并研究制定《辛集闸交通桥安全运行方案》，相关单位在做好日常运行安全管理的基础上，认真开展观测、分析、研判工作，发现桥柱空鼓和桥梁裂缝等问题，及时研究制订处理方案并组织实施，及时消除发现的隐患，保证运行安全。四女寺节制闸交通桥，多次对桥梁裂缝进行检查，并召开专题会议研究分析，制订安全管控措施，管理单位做好落实工作，确保安全。

5. 安全生产检查

对照水利部《水利工程生产安全重大事故隐患判定标准（试行）》，在全局范围内开展水利工程运行管理生产安全事故隐患判定工作。针对局机关、抢险队办公楼电梯和岳城水库泄洪洞电梯开展了专项安全检查。按照水利部《关于加强水利工程建设复工期安全生产工作的通知》的要求，对全局在建工程和维修养护项目开展建设复工期安全生产专项检查。印发《关于切实做好汛期水利安全防范工作的通知》，对做好汛期安全生产工作，有效防范和坚决遏制重特大事故发生进行了专题部署。继续做好水利行业危化品安全综合治理和水利行业电气火灾综合治理有关工作，开展节假日等重要时段对重大隐患等重点部位的监督检查。

6. 安全生产应急预案演练

德州河务局组织开展了牛角峪退水闸防汛应急演练，模拟了水闸防汛两路供电切换和工作闸门突发故障情况下使用检修闸门拦截上游来水并对工作闸门进行紧急维修。防汛机动抢险队在三十里铺抢险设备基地，模拟开展了抢险基地东侧 3km 处大堤出险，需紧急运送物料等抢险课题，对新增抢险设备运用进行了有效检验。应急演练均达到预期目标，收到良好效果。

2018 年 12 月 4—14 日，漳卫南局组织对局直属各单位、德州水电集团公司安全生产监督管理工作进行考核，抽查部分机关院落和管理现场，查阅了安全生产监督管理相关资料，对检查中发现的问题向各单位进行了反馈。通过考核，研究决定，授予岳城水库管理局、卫河河务局、四女寺枢纽管理局“2018 年度漳卫南局安全生产工作先进单位”荣誉称号。

（吕红花）

工程建设

【前期工作】

1. 四女寺枢纽北进洪闸除险加固工程

2018年1月，水利部水规总院对《漳卫南运河四女寺枢纽北进洪闸除险加固工程初步设计报告》进行审查。3月，水利部对报送国家发展改革委四女寺北进洪闸除险加固工程的初步设计概算投资进行核定。4月，国家发展改革委对漳卫南运河四女寺枢纽北进洪闸除险加固工程初步设计概算评审。6月，国家发展改革委完成了初步设计概算投资核定，核定投资9940万元。水利部以水规计〔2018〕157号文批复初步设计报告，批复投资9940万元。至此，四女寺枢纽北进洪闸除险加固工程前期工作全部完成，共完成项目要件11个。

2. 卫河干流（淇门—徐万仓）治理工程

卫河干流治理范围为卫河自淇共汇合口（含淇共汇合口以下淇河约1.19km）至徐万仓处，河道长约183km，以及淇共汇合口以下的共产主义渠44.2km。治理内容包括河道清淤、加高加固堤防、险工险段整治、穿堤建筑物加固、河道和坡洼控制工程。

2018年2月，河南省住房与城乡建设厅对卫河干流治理工程河南段建设项目选址论证审查，并核发了建设项目选址意见书。3月，中水北方勘测设计研究有限责任公司完成《卫河干流（淇门—徐万仓）治理工程可行性研究报告》优化修改工作，并完成滑县建设用地初审意见。4月，完成内黄、汤阴、浚县建设用地初审意见。5月，完成山东省住建厅对建设项目选址意见书延期核发工作。6—7月，组织完成河南省新乡市、鹤壁市和安阳市国土部门初审意见办理。7月，先后组织完成河南省国土厅初审意见办理，河南省新乡卫辉市社会稳定风险评估意见书和河南省移民办卫河治理工程移民安置规划审核意见。11月，卫河干流治理工程土地预审获自然资源部批复。至此，项目11个前期要件已全部完成，项目总投资13.4亿元。

（吕笑婧）

【在建项目】

1. 卫运河治理工程

2014年8月21日，水利部以《关于卫运河治理工程初步设计报告的批复》（水总〔2014〕284号）批准卫运河治理工程建设，批复工程总投资41399万元，施工总工期36个月。工程治理范围为徐万仓至四女寺，河道全长157km。防洪标准为50年一遇，设计行洪流量4000m^3/s；3年一遇排涝标准，排涝流量900m^3/s。

工程于2014年10月开工，根据投资计划安排，2014年已完成投资8000万元，2015年已完成投资13000万元，2016年完成投资13000万元。2017年到位资金为7399万元，截至2017年年底，工程预算资金41399万元已全部到位，累计完成工程投资41299万元，工程投资完成率为99.76%。

2018年5月，卫运河治理工程主体全部完成；截至10月底，所有单位工程都已通过投入使用验收，标志着卫运河治理工程已经按照初步设计批复的建设项目全部完成并已投入使用、发挥效益。12月，完成水土保持专项验收和档案专项验收。

2. 防汛机动抢险队建设

2015年11月，水利部批复防汛机动抢险队建设的项目建议书。12月海河水利委员会批复《防汛机动抢险队初步设计报告》，批复工期13个月，批复工程总投资1414万元。主要建设内容为购置挖掘机、装载机等防汛抢险设备设施58台（套），购置帐篷、折叠床、应急工具箱、救生衣等生活保障设施等250件（张）；建设设备存储库400m²，维修车间280.5m²，消防水池、大门、围墙、路面硬化、监控等配套设施。工程于2016年5月开工建设，2017年10月工程全部完工。2016年完成投资800万元，2017年完成投资614万元。

2018年8月6日，防汛机动抢险队建设通过竣工验收。

3. 防汛物资仓库建设

2017年1月，海河水利委员会批复《漳卫南局防汛物资仓库建设初步设计报告》，批复总投资651万元，总工期2年。

漳卫南局防汛物资仓库主要建设内容分为新建卫河防汛物资仓库、视频监控系统、新购装卸设备三部分，主要包括卫河防汛物资仓库1490m²，管理用房、柴油发电机房、消防泵房、井泵房等建筑面积146m²，共计1636m²；漳卫南局机关、岳城水库、卫河、馆陶、南皮等5处防汛物资仓库安全监控系统各1套，购置叉车10台、手动液压车15台；建设卫河、漳卫南局机关、武城局防汛物资仓库室外配套设施，包括室外供电、照明、给排水、围墙、道路等。

2017年2月成立漳卫南局防汛物资仓库建设管理办公室，全面负责本项目建设管理工作。3月发布项目招标公告，4月完成招标工作，5月开工建设，截至2017年年底，累计完成投资300万元。2018年6月20日工程全部完工。

4. 基层单位供暖设施改造工程

2017年11月21日，水利部批复漳卫南局基层单位供暖设施改造可行性研究报告；12月27日，海河水利委员会批复《漳卫南局基层单位供暖设施改造初步设计报告》，批复总工期为两年，批复工程总投资825万元。本次改造按照国家对环境保护的相关要求，采用符合国家要求的清洁能源，对邢衡河务局等17个基层单位的供暖系统进行升级改造，改造面积共计21674m²，解决了307名职工的供暖问题。

2018年3月，基层单位供暖设施改造工程开工建设，11月工程全部完成。

（吕笑婧）

防汛抗旱

【汛前准备】

1. 落实防汛抗旱责任制

2018年5月中旬，漳卫南局根据人员变动情况调整了防汛抗旱组织机构，对局防汛抗旱工作领导小组、河系（水库）组、职能组、专家组、顾问组进行了相关调整，明确局领导防汛工作职责、包河包库分工和各单位（部门）的职责。局属各单位也实行领导包河，职工包堤段、包险工等责任制，层层压实了责任。漳卫南局系统各单位配合地方各级防指落实以地方行政首长负责制为核心的各项责任制，确保防汛抗旱工作人人有责。

按照海河防总有关落实直管工程防汛责任人的要求，漳卫南局对直管水库、河道、堤防、水闸等防洪工程，水文、通信网络、设备物资防汛三个责任人（行政责任人、技术责任人、巡查责任人），地方市、县两级防汛行政责任人进行统计、汇总，梳理细化了水文预测预报、工程运行调度、预案完善等措施，并将落实完成情况上报海河水利委员会。

2. 汛前检查

3月5日，漳卫南局向局属各单位发出《关于做好防汛抗旱准备工作的通知》，就抗旱输水线路排查、汛前检查、防汛责任制落实、防汛培训演练、涉河工程监管、河道清障、防洪预案编报等工作提出了具体要求。

根据《海河水利委员会关于开展防汛抗旱有关准备工作的通知》（海河防总办电〔2018〕4号）的要求，漳卫南局及时安排局属各单位做好防汛检查，落实雨毁修复及应急工程建设责任，督促其开展各项防汛抗旱准备工作。对照漳卫南局承担的防汛职责和工作任务，结合漳卫南局所辖工程现状情况，查找薄弱环节，3月底向海河水利委员会上报自查报告和海河水利委员会防指成员推荐名单。

3月下旬至5月上旬，漳卫南局局属各单位分别开展汛前检查工作，重点检查了堤防隐患、险工险段、穿堤建筑物、阻水障碍、常备物料、通信设备、防洪预案编制情况等，针对检查中发现的问题明确整改责任人、整改措施和整改时限，跟踪抓好整改落实，消除防汛隐患。漳卫南局向冀鲁豫三省防指报送了防汛存在问题的函，各二级局及时向有关县、市防指报送了汛前检查报告。

3. 防汛抗旱工作会

5月28日，漳卫南局召开2018年防汛抗旱工作会议，会议传达了全国水库安全度汛工作视频会议、水利部防汛工作部长专题办公会、2018年海河防总工作会和海河水利委员会系统防汛抗旱工作会议精神，指出了当前工作中存在的问题，对下一步全局防汛抗旱工作进行了安排部署。会后，局属各单位相继召开本单位防汛抗旱工作会，对各自防汛任务进行重点安排。

4. 防洪预案完善

根据《海河防总防汛抗旱应急响应预案》及漳卫南局防汛工作实际，对《漳卫南局防汛应急响应工作规程》的部分内容进行了补充修订。局属各单位及时修订完善所辖工程的防洪预案、抢险预案，在修订中明确防洪抢险措施和防汛应急响应流程，同时防汛人员强化对各种预案的学习，部分单位举办预案培训班，切实加强防汛制度体系建设。

5. 度汛应急、雨毁工程修复及防汛业务费管理工作

3月，漳卫南局筛选上报2018年度汛应急项目，同月该实施方案通过了海河水利委员会的审查，2018 年度度汛应急项目包括漳河右堤曹村至三宗庙段防汛抢险道路应急改造、漳河郭枣林险工 22～25 号坝应急加固两个工程，批复经费 363.96 万元。漳河右堤曹村至三宗庙段防汛抢险道路应急改造工程于 5 月 20 日开工，7 月 15 日正式完工。漳河郭枣林险工 22～25 号坝应急加固工程于 3 月 27 日开工，4 月 14 日正式完工。

6 月底，组织完成了对全局 2017 年雨毁工程的验收工作。10 月，局防办联合财务处完成了 2018 年度雨毁工程修复项目申报工作。11 月 17 日，漳卫南局批复 2018 年雨毁修复项目总经费 311.4 万元，涉及卫河局、聊城局、邯郸局、邢衡局、德州局、沧州局和水闸局 7 个单位。截至 12 月底，所有工程均已完工。

根据海河水利委员会和局财务处相关通知，防办完成了 2019—2021 年度局机关防汛业务费项目申报书、实施方案等文本的编制，指导局属单位完成了该项目的编报工作。

6. 防汛培训、演练

漳卫南局汛前均组织防汛抢险人员进行抢险技能培训，部分单位进行了实战演练。2018 年度，局系统各单位共开展 14 次培训演练，累计培训 590 人次。卫河、岳城局举办防汛抢险技术培训班，抢险队进行防汛抢险演习，卫河、聊城、邢衡结合地方进行防汛强项应急演练等。

4 月下旬，派出 10 名青年职工参加海河水利委员会举办的抢险技能操作培训班，听取抢险案例讲解，学习抢险现场急救知识，实际操作冲锋舟。11 月初，漳卫南局派员参加海河水利委员会举办的防洪调度知识培训班。

6 月 6 日，根据国家防总及海河水利委员会要求，漳卫南局对漳卫河调度方案进行了梳理研讨，分析河系调度难点、重点，熟悉调度情况，提高预判能力。7 月 20 日，漳卫南局开展洪水调度和抗洪抢险演练。洪水调度演练模拟在 8 月上旬至 9 月上旬发生了洪水，以“96·8”暴雨洪水为起点，放大演变到漳河、卫河同时发生 50 年一遇洪水。演练采用视频会商形式，海河水利委员会设主会场，岳城局、邯郸局、四女寺局、水闸局、抢险队设分会场，两个主会场之间采取防汛视频会商形式演练，各分会场通过视频会商系统观摩及配合。漳河抢险模拟漳河河道右堤出现险情，漳卫南局派出防汛机动抢险队配合邯郸河务局及地方防指进行抢险。

9 月下旬，组织举办漳卫南局防汛业务知识培训班，总结 2018 年雨情、汛情和防汛工作特点，结合具体案例深入讲解台风基本知识、监测预报预警现状、台风防御措施和当前存在的问题。

7. 物资准备

2018 年年内，委托水利部漳卫南局德州水利水电工程集团有限公司（以下简称“德州水电集团公司”）管护漳卫南局防汛物资仓库，并完成 1200m^3 防汛木料到库。汛前，漳卫南局对局属各单位防汛物资储备情况进行检查。

8. 基础技术工作

对 2017 年印发的《漳卫南局防汛应急响应工作规程》进行修订完善，对部分内容进行了补充修订，增加了应急响应启动条件，突出规程预见性。委托德州市润水水文水资源咨询服务中心进行漳卫南运河 2012—2016 年水文历史数据资料收集、整理；摘录 2012—2016 年洪水水文要素摘录数据、历史降水量摘录数据；升级改造漳卫南流域水信息系统，更新地图，整理该系统在历年使用中遇到的问题，修改各个模块中原有的漏洞，进行防汛信息数据库系统升级改造，维修漳卫南局机关防汛会商室设备，对视频会议电路系统进行检修，并对意外高压造成损毁的设备进行维修，恢复了系统功能和视频会商功能。修订印制漳卫南运河防汛抗旱资料汇编。调剂防汛费支持卫河局开展漳卫南运河卫河水利工程移动智能管理系统软件项目，试点防汛工作电子化。

（尹　璞）

【汛期工作】

2018年汛期，漳卫河流域经历多场降雨，先后有三个台风影响漳卫河流域。各段河道水势平稳，未发生汛情险情。岳城水库汛期均未超出汛限水位。2018年汛期，漳卫南局加强汛期值守，及时与海河水利委员会进行会商，对防范降雨进行安排部署，有效应对第10号台风“安比”、第14号台风“摩羯”、第18号台风“温比亚”和多场强降雨。

7月22日，海河水利委员会召开防汛视频会商会研究部署防台工作。漳卫南局两次以明传电报形式向各单位、各河系组、职能组发出通知，要求切实做好防御台风带来的强降雨和各项防汛抗洪工作；8月14日，海河水利委员会连线漳卫南局和岳城水库管理局，王文生主任主持召开防汛会商视频会议，重点对漳卫河系、岳城水库防汛工作进行安排部署。期间海河水利委员会共启动6次Ⅳ级应急响应，2次Ⅲ级应急响应。漳卫南局于8月13日16时起启动防汛Ⅲ级应急响应，8月15日10时解除防汛Ⅲ级应急响应。受海河防总办委托，4月20日、8月14日、8月18日，王永军副局长三次率国家防总工作组赶赴河北、河南两省指导“摩羯”“温比亚”强降雨防范工作，督促局属各单位及地方防指做好大洪水的防御工作，工作组实时掌握降雨和工程情况，圆满完成了相关任务。

（尹　璞）

【岳城水库爆破2号小副坝部队调整】

岳城水库遇超2000年一遇洪水，需采取爆破2号小副坝措施。因原承担爆破部队任务转换，6月27日，漳卫南局以漳汛字〔2018〕21号文报请海河水利委员会协调落实爆破部队。经海河水利委员会协调，安排中部战区某部负责爆坝任务。7月12日，部队派工兵连到岳城水库实地查勘，与岳城水库管理局确认了爆坝具体任务及联系方式，7月25日，中部战区联合参谋部作战局函复海河防总办，由中部战区某部抽组162人爆破专业队，担负岳城水库2号小副坝分洪爆破任务。

（尹　璞）

【供水工作】

1.“引岳济衡”供水

2018年春季，岳城水库蓄水充裕，漳卫南局积极联系地方用水需求。3月7日，衡水市水务局致函漳卫南局，提出从岳城水库引水5000万m^3的计划申请；沧州市也向漳卫南局提出引水意向，计划引水2000万m^3。根据衡水、沧州两市用水需求，结合改善漳卫南运河生态环境需求，漳卫南局编制了《岳城水库2018年引岳济衡、引岳济沧调水方案》，计划从岳城水库通过卫运河和平闸经卫千干渠线路为衡水湖补水。3月19日，方案上报海河水利委员会；4月4日，海河水利委员会批复；4月9日，岳城水库管理局与衡水市水务局签订供水协议，成功实施了“引岳济衡”生态及抗旱供水工作。

（1）岳城水库调度。岳城水库于4月13日至5月16日下泄水量1.45亿m^3，为衡水市供水5063万m^3，调水范围涉及下游的南运河及漳卫新河，有效改善了河道水生态状况。4月13日9时，岳城水库开始放水，引岳济衡应急供水工作正式启动，初始下泄流量100m^3/s，以期快速通过漳河，减少水量损失；4月19日10时10分，水头出漳河与卫河来水汇合，进入卫运河；4月21日17时，卫运河和平引水闸开闸引水计量；5月11日15时30分停止引水，衡水市累计引水5063万m^3。和平引水闸引水结束后，岳城水库小流量持续放水5天，以保证河道生态水量。5月16日14时，岳城水库关闭闸门，放水历时34天，累计出库水量1.45亿m^3。调水期间，根据和平闸引水能力、卫河来水量以及卫运河水质等情况对岳城水库出库流量进行多次调度，以保障供水水质达标。

（2）祝官屯枢纽调度。岳城水库来水进入卫运河后，4月20日，祝官屯枢纽节制闸提2孔各0.3m，将先期低于Ⅲ类水质的水量全部下泄。水质达标后，4月21日16时40分全部关闭，按照闸上水位26.0～26.5m开始调蓄。4月26日，为配合和平闸引水能力，多次调控，水位控制在25.5m，下泄水量300万m^3。5月11日，和平闸引水量达到预定目标后，不再控制祝官屯上游水位，5月11日16时将闸门全部提出水面，5月15日全部关闭。此次调水期间，祝官屯枢纽共计下泄水量2076.88万m^3。

（3）四女寺枢纽调度。为改善漳卫新河河流生态，5月12日9时，四女寺枢纽南闸开启，15日9时关闭，下泄水量829.44万m^3。为支持南运河冲污，兼顾景县农业供水，四女寺节制闸于5月11日17点开启，19日9时关闭，累计下泄水量581.9万m^3。

（4）漳卫新河中下游拦河闸调度。由于沧州市没有按计划引水，漳卫新河中下游拦河闸仍维持原启闭状态，未进行调度。

调水期间，漳卫南局供水工作领导小组全面负责组织领导，各职能部门按照职责分工开展各项工作，局水文处负责水质水量监测，岳城局、四女寺局、水闸局负责水库、水闸枢纽工程运行监测及管理，相关河务局负责所辖河段巡查，各方通力合作，多次联查，做好沿途取水口及排污口的监督管理工作，减少水量损失，保障水质达标，保障调水工作的顺利实施。

2. 其他输水工作

为支持沧州市第二届旅游产业发展大会南运河生态用水需求，四女寺枢纽通过节制闸分别于9月上旬和下旬两次向南运河放水，共计向沧州吴桥县供生态用水500万m^3。位山线路引黄输水3次，穿卫枢纽总过水量4.19亿m^3。4月11日至5月5日第一次输水，穿卫枢纽过水量0.96亿m^3；10月15日至12月11日第二次输水，穿卫枢纽过水量2.05亿m^3；12月12日至2019年2月5日第三次输水，穿卫枢纽过水量1.18亿m^3。

（尹　璞）

水政水资源管理

【普法及依法治理】

根据部委“七五”普法规划，结合实际，制订2018年度普法及依法治理工作计划，按照法制宣传教育规划的要求，开展法制宣传教育。2018年9月，结合执法巡查，开展了“七五”普法中期督查。

在第26届“世界水日”和第31届“中国水周”之际，漳卫南局围绕“实施国家节水行动，建设节水型社会”宣传主题，组织机关干部和职工学习水利部部长陈雷、海河水利委员会主任王文生、漳卫南局局长张永明纪念署名文章，张贴主题宣传画，组织职工观看公益广告及宣传片、参加部委组织的网络答题。局属各单位也开展了形式多样的宣传教育活动。活动期间，全局共出动执法宣传车20辆，悬挂横幅、张贴标语及宣传画450份，发放主题宣传材料36000余份，设置法制宣传咨询台7个，制作专题宣传展板9块，微信转发水法规宣传4000余条，借助广播、电视、网络、腾讯QQ、微信公众号和朋友圈等媒介丰富宣传内容，在漳卫南运河管理局网站设置“世界水日、中国水周”专栏，及时报道宣传活动开展情况，另外部分基层单位创新宣传形式，开展专项执法、组织青年职工骑行、开展“护水、节水使者”签名活动等，部分地方电视台对宣传现场进行了采访和报道。

9月18日，漳卫南局局长、党委书记张永明以“加强宪法学习，强化使命担当”为题，讲授宪法专题党课。“12·4”国家宪法日期间，在全局范围内开展了宣传活动，参加水利部2018年宪法知识网络答题活动。宣传活动期间全局设立宣传站、咨询站5个，出动宣传车辆10次，悬挂横幅标语16条，发放宣传材料11000余份，张贴标语、宣传画160余条（张），设宣传专栏10个，发放法律书籍简本2500本。

（马国宾）

【水政监察队伍建设】

2018年7月，按照水利部和海河水利委员会要求，制订专职水政监察队伍设置方案报委。7月10—13日，举办2018年水行政执法暨水资源管理培训班，邀请有关专家对《行政处罚法》《行政许可法》等行政法规以及河长制与水行政执法、水资源管理等业务知识进行讲解，70余名执法人员参加培训。局属各单位结合年度工作重点，以举办培训班、工作座谈、案例讲解、模拟办案等形式开展水行政执法人员培训工作，共组织10期。

按照海河水利委员会2018年水政监察队伍考核要求，12月开展年度水政监察队伍考核，考核内容包括本年度水法规宣传、水行政执法、队伍管理和执法保障工作开展情况等，同时对各支队推荐的优秀水政监察大队进行复核。根据考核结果，邯郸支队、聊城支队为2018年优秀水政监察支队，推荐汤阴大队、清河大队、庆云大队、海兴大队和无棣大队等5支水政监察队伍为2018年度优秀水政监察大队。

（马国宾）

【水行政执法】

1. 执法巡查

2018年，全局各级队伍累计出动执法人员5705人次，执法巡查堤防长度50503.91km，出动执法船只13次，巡查水库湖泊及河道滩区1026.2km^2。

2. 河湖执法检查

根据部、委河湖执法工作部署，以河湖“清四乱”专项行动、年中执法检查、联合执法为重点工作，以河道全面检查、水事违法案件查处、强化整改落实、建立长效机制为主要任务，制定印发了《漳卫南局2018年河湖执法工作计划》，积极组织开展2018年河湖执法检查活动。1—11月，现场处理案件16起，立案3起（卫河局2起、邢衡局1起），3起案件均为河湖案，其中河道取土1起、河道利用2起（违章建房、建设取水口），至12月底已结案1起，其余案件正在处理中。

（马国宾）

【涉河建设项目管理】

对南乐县梁村乡卫河学生渡口改桥工程、德州实华化工有限公司东线蒸汽管道跨越岔河等10余项在建项目进行监督管理；受海河水利委员会委托，组织滑县北调节渠、卫运河临清段水生态治理项目水规划同意书论证报告审查工作；对多个涉河建设项目进行了协调。7—8月，按照海河水利委员会要求，组织开展了涉河建设项目专项自查。对新增国道342浚县黎阳产业集聚区至国道107段公路改建工程跨共渠桥，针对S222大海线滑浚界至上曹段改建工程跨越卫河、共渠两处经海河水利委员会行政许可的涉河建设项目存在的未按批复要求复堤和修建防汛抢险通道、未落实防治与补救措施等问题，会同海河水利委员会检查组召开了专项整改落实会，要求建设单位按照批准的建设方案进行整改，针对整改设计中存在的问题提出了修改意见。

（马国宾）

【漳河河道采砂管理】

按照海河水利委员会关于河道管理范围内全面禁采的要求，继续开展依法惩处漳河非法采砂行为。

2018年4月，邯郸局联合磁县人民政府开展严厉打击漳河非法采砂联合执法行动，涉及水利、公安、环保等10余个部门，出动执法车辆40辆、铲车3辆、运输车6辆，取缔沿河违法企业8家，暂扣大型采砂加工设备3台套，行政拘留非法采砂人员30人。

7月至8月上旬，根据《水利部办公厅关于开展全国河湖采砂专项整治行动的通知》要求，漳卫南局对管辖范围内漳河非法采砂重点区域进行了专项检查。8月29日，邯郸局牵头组织由殷都区、临漳县、磁县、漳河经济开发区参加的打击治理漳河非法采砂工作座谈会。10月，魏县局与魏县水利局、魏县水利派出所组成联合执法队，依法对漳河车往镇段5处砂场进行了集中清理整治。

6—9月，安阳市殷都区落实河南省河道采砂综合治理会议精神，制订了河道禁采方案，联合邯郸局对漳河河道非法采砂行为进行了治理。

（马国宾）

【违章建筑及阻水障碍清理】

2018年6月，聊城局联合地方政府对河道堤防存在的问题进行排查清理，共排查各类违法活动195处，其中冠县115处、临清80处，问题涵盖滩地河槽片林、违章建筑、畜禽养殖和生活垃圾等，清除树障、违建、畜禽养殖等115处，主槽树木基本清除；清河局结合河长制对管辖范围内违建进行了清理，其中清除朱唐口违建 2 处、渡口驿 1 处，面积共计 273.5m^2；内黄局联合县防指，组织沿河各乡镇清理河道树障 4 万棵。另外，通过经常性的宣传教育和执法巡查，全局管辖范围内垃圾倾倒现象得到有效遏制，堤防环境面貌得到明显改善。

（马国宾）

【规范浮桥管理】

2018 年 11 月，漳卫南局制定印发了《漳卫南运河浮桥管理暂行办法》，实现对浮桥的制度化管理。组织各单位对管辖范围内现有浮桥进行全面统计，并督促建设方按照规定办理审批手续，对不符合要求的一律拆除。

（马国宾）

【漳卫新河河口管理】

2018 年年初，沧州局组织东光局、南皮局、海兴局组成联合执法队伍，对海兴河口段砂场进行联合执法，对 9 处砂场进行集中整治。海兴局借力河长制，积极与海兴县政府沟通协调，成立了由河务、环保、交通、税务等 10 个相关单位组成的联合执法小组，共清理砂石料 3000 余 m^3，拆除违章临建 600 余 m^2、地磅两台，对所有砂场出入道路进行挖沟断交。10 月，海兴局联合沿河张会亭、辛集、香坊三个乡镇及环保、公安、水务等多个部门，对沿河虾池依法进行清理，依法下达 13 份《责令改正水事违法行为通知书》，出动执法人员 20 余人、挖掘机 4 台，清理虾池 500 余亩。

9 月 5 日，水闸局主持召开了漳卫新河河口管理第三次联席会议，通报了漳卫新河河口治理规划及推进河长制工作进展情况，就河口治理、管理、推进河长制以及存在的问题进行了座谈讨论，探索建立执法合作机制，进一步强化了两岸联合执法力度。

（马国宾）

【岳城水库库区管理】

针对岳城水库库区旅游，岳城局联合磁县政府多次开展联合执法，成立联合治理巡逻队，对库区、坝前零星旅游点进行清理。2018 年 5—6 月，实施了大规模清理工作，共清理主坝违章餐饮、摊点 15 处，拆除临时建筑 15 间，关停、拆除旅游点 3 处，清理库区采砂场 9 处，治理了蚂蚁沟（六合煤矿）和黄沙河（峰峰煤矿）两处入库排污口，协调地方政府清理了山海农庄在水源地保护区内的违法建筑。继续加强对岳城水库库区及周边地区采煤的监督管理，组织开展汛前监督检查，督促相关煤矿企业采取各种技术、管理措施，严格按照上级批复的范围、方式生产。

（马国宾）

【水资源管理工作】

1. 落实取水许可制度

2017 年年底，及早下发通知，督促取水户报送年度取水总结和下一年度取水计划。2018 年年初，依据《取水许可和水资源费征收管理条例》《取水许可管理办法》等有关法律法规，在取水户上报取水计划基础上，根据来水预测，结合取水许可水量以及取水户近三年取水情况，对取水计划进行核定，并上报海河水利委员会批复，及时转发给局属各单位及各取水户。

受海河水利委员会委托，按照有关程序和技术要求，完成两批次 85 处取水口取水许可证有效期延续技术审查，进一步规范了取水许可证有效期延续管理工作。

2. 水资源管理制度建设

为落实最严格水资源管理制度，加强取水总量控制与计划用水管理，制定印发《漳卫南运河取水总量控制和计划用水管理办法（试行）》（漳政资〔2018〕1 号），进一步完善了漳卫南局水资源管理制度。

3. 水资源调度管理

将岳城水库、祝官屯枢纽纳入水资源调度管理，编制年度水资源调度计划，明确水资源调度责任单位，强化监督管理，以《漳卫南局关于 2018 年度直管工程水资源调度计划的请示》（漳政资〔2018〕8 号）报海河水利委员会批复。

4. “引岳济衡”应急供水

2018 年 4 月 13 日 9 时，岳城水库放水，应急调水正式实施。5 月 16 日 14 时，岳城水库关闭闸门，放水历时 34 天。调水期间，加强沿途取水口监督管理，加强取水统计，将供水情况每周一汇总上报海河水利委员会，引水结束后，及时进行总结，并以《漳卫南局关于报送岳城水库为河北省衡水市应急供水调度工作总结的报告》（漳政资〔2018〕11 号）上报海河水利委员会。

5. 水资源基础技术工作

2018 年拨款 20 万元，对祝官屯枢纽闸上蓄水曲线进行复核，对漳卫新河水资源调查及重要取水口取水量校核进行监测。全年共编制月报 10 期，并及时上网公布。配合海河水利委员会开展水资源管理项目研究、提供技术资料及编制《水资源管理年报》等工作。

（马国宾）

水文工作

【雨情水情】

1. 雨情

2018 年汛期（6 月 1 日至 9 月 30 日），漳卫南运河流域面平均降雨量为 437.5mm。其中，6 月为 83.3mm；7 月为 174.9mm；8 月为 126.0mm；9 月为 57.7mm。

2. 水情

2018 年汛期，漳河观台水文站最大流量出现在 7 月 15 日 8 时，为 47.8m^3/s；卫河元村水文站最大流量出现在 6 月 27 日 20 时，为 71.3m^3/s；卫运河临清水文站最大流量出现在 4 月 26 日 8 时，为 65.2m^3/s。

汛期，岳城水库无弃水，最高水位出现在 6 月 1 日 8 时，为 134.95m，最低水位出现在 7 月 12 日 8 时，为 132.00m。

2018 年 1 月 1 日至 12 月 31 日，岳城水库年最高水位出现于 1 月 16 日 8 时，为 141.94m，相应蓄水量 4.28 亿 m^3；年最低水位出现于 7 月 12 日 8 时，为 132.00m，相应蓄水量 1.51 亿 m^3。

（安艳艳）

【汛前准备】

按照上级汛前检查的有关要求，2018 年 3—5 月，漳卫南局直属水文测站对水文测验质量、水文设施设备、水情报汛通信设施、水文巡测断面、水尺断面、安全生产等情况进行了全面检查，及时完成水文设备设施、水文巡测断面的维修维护，对巡测设备进行保养和鉴定，保证水文测验质量，确保设施设备汛期高效、安全运行；漳卫南局水文处对测站自查情况进行了重点抽查。汛前，对水文应用系统、数据库及相关设施设备进行了检查，进一步更新完善了流域水文预报方案，开展了漳卫南运河气象信息系统建设，实现了流域气象观测资料、卫星云图、雷达图、数值降水预报等的查询功能，建立了气象数值预报系统和洪水预报系统之间的连接，大大增加了洪水预报的预见期。

（安艳艳）

【制度建设】

2018 年 4 月，编制印发《漳卫南运河管理局水文测验质量管理办法（试行）》，细化了测验质量管理措施，进一步提高了水文测验成果的质量。

7 月，结合具体情况，编制印发《漳卫南局水文处专家咨询费和劳务费支出管理办法（试行）》，进一步加强和规范水文处专家咨询费和劳务费支出管理，防控廉政风险。

12 月，编制印发《漳卫南运河水情信息移动查询系统管理办法》，规范漳卫南运河水情信息移动查询系统的使用，保证合理、高效、安全地使用水情数据。

（安艳艳）

【大江大河水文监测系统建设工程前期工作】

全面推进漳卫南局巡测基地和直属水文测站建设，2018 年 2 月，水利部批复《漳卫南局大江大河水文监测系统建设工程（一期）初步设计报告》。工程包括穿卫枢纽水文站改建、西郑庄水位站建设和漳卫南局巡测设备购置 3 个单项工程，总投资 455.00 万元。

计划于2019年开工建设，工期为1年。4月，完成《漳卫南局大江大河水文监测系统建设工程（一期）实施计划》的编制。6月，编写了《漳卫南局水文水资源工程2019年水利投资建议计划报告》。7月，完成《漳卫南局卫河巡测基地建设项目》需求及投资估算编制，估算投资640万元。11月，完成《漳卫南局防汛抗旱水利提升工程实施方案（非工程措施部分）编制》，提交7个项目，总投资4113.80万元。其中，“水旱灾害风险调查和重点隐患排查”1个项目，为漳卫南局直属水文测站基本水准点高程引测；“水文监测能力提升工程”6个项目，分别是岳城水库国家基本水文站能力提升、漳卫南局邯郸水文应急巡测队建设、漳卫南局聊城水文应急巡测队建设、辛集潮位（流）站建设、漳卫南局河道水位自动测报建设以及漳卫南局取水口在线监测系统建设。

（安艳艳）

【站网管理】

2018年9月，完成祝官屯、牛角峪水位观测设备维修维护和祝官屯闸、吴桥闸、王营盘闸水位计支架维修，确保流域遥测报汛系统正常运行，并将其信息传输系统及控制系统纳入漳卫南局水文遥测信息平台。

（安艳艳）

【水文测验】

2018年7月，针对“16·7”洪水过程中卫运河出现的异常洪水位，利用RTK CORS技术对穿漳以下、临漳以上异常洪水位断面进行沉降观测与水痕断面校测。

10月，开展水文巡测断面巡查，并部署了巡测断面维修维护及测量工作。包含：卫河龙王庙、金滩镇，漳河小七里店，卫运河南陶、王庄扬水站、班庄扬水站、乜村扬水站、西常庄，漳卫新河张集、刁李贵、沟店铺、埕口等水文监测断面维护工作，重点完成了各断面标志桩、水准点的埋设，水尺刻画及大断面测量。

（安艳艳）

【水质监测】

按照海河流域水环境监测中心《2018年水质监测任务书》要求，每月完成局辖范围21个省界断面、11个水功能区断面、2个水源地断面和2个富营养化断面的水质监测工作，取得各类监测数据共8000多个。

完成“2018年海河流域入河排污口监测项目”400个口门的监督性监测及40个口门的常规监测，完成“2018年重点取水口、排污口水量水质监测评价项目”中排污口水量水质监测评价部分。

（安艳艳）

【水资源监测】

1. 引岳济衡

2018年4月13日9时至5月16日14时，漳卫南局实施引岳济衡应急输水。岳城水库累计放水1.452亿m^3；和平引水闸自4月21日17时至5月11日15时30分，累计引水5063万m^3。调水期间，开展水文巡测、水情信息处理和传输以及水质监测工作。根据地理位置、河道、水流条件，选取郸城镇大桥、蔡小庄桥下游 2.5km、南陶水文站附近、临清水文站附近、和平引水闸进行巡测，并将巡测结果和邻近水文站监测结果进行比对和校核。在组织局属水文测站开展水情信息报送工作的同时，与沿途地方水文工作主管部门及水文测站加强联系，及时收集水文监测信息，并根据需要适时发布水情信息。输水期间，累计传输和处理岳城水库、南陶、临清、和平闸、四女寺水情信息 200 余份。供水期间，共监测 26 个断面，取得 2592 个水质检测数据；布设 2 个现场检测实验室，共监测 14 个断面，取得 100 个数据。

2. 引黄济冀

2018 年，引黄济冀位山线路应急调水实施三期。

第一期调水自 4 月 11 日 16 时开始，至 5 月 5 日 22 时结束，历时 25 天。穿卫枢纽累计过水 0.961 亿 m^3，实测最大流量 62.1m^3/s，累计发报 27 次。水质监测断面为穿卫枢纽，监测项目为“地表水环境质量标准基本项目”24 项，取得监测数据 384 个。

第二期调水自 2018 年 10 月 16 日 18 时开始，至 2018 年 12 月 12 日 8 时结束，历时 58 天。穿卫枢纽累计过水 2.05 亿 m^3，实测最大流量 65.2m^3/s，累计发报 59 次。水质监测断面为穿卫枢纽，监测项目为“地表水环境质量标准基本项目”24 项，取得监测数据 840 个。

第三期调水自 2018 年 12 月 12 日 8 时开始，至 2019 年 2 月 5 日 18 时结束，历时 56 天。穿卫枢纽累计过水 1.18 亿 m^3，实测最大流量 34.3m^3/s，累计发报 56 次。水质监测断面为穿卫枢纽，监测项目为“地表水环境质量标准基本项目”24 项，取得监测数据 360 个。

（安艳艳）

【水文情报预报】

1. 水情报汛

直属测站严格按照《海河水利委员会办公室关于下达 2018 年报汛任务的通知》（办水文〔2018〕2 号）要求开展报汛工作。汛期，中央报汛站岳城水库、穿卫枢纽到报率 100%。截至 2018 年 12 月 31 日，向部委报送 2 个国家基本水文站水情信息 4668 份，30min 内信息到达率 100%，无错报、漏报。

2. 水文预报

汛期，密切监视漳卫河系雨情、水情，关注台风信息，及时开展水情预报和洪水预报，完成水文作业预报 60 次，共发布《漳卫南运河水雨情简报》123 期、《洪水预报》60 余期、《岳城水库纳雨能力分析》3 期，为漳卫南局防汛决策提供技术支撑。

（安艳艳）

【资料整编】

2018 年 3 月，组织开展漳卫南局直属水文测站 2017 年度水文资料整编及审查工作，对发现的问题及时进行修正，向海河水利委员会提交了漳卫南国家基本水文站水文资料整编成果。3 月中旬，按照海河水利委员会水文资料整编工作整体安排，参加了 2017 年度海河水利委员会水文资料整编成果审查。

3月，完成漳卫南运河流域主要控制站历史水文资料的整理和录入工作。主要包括：漳卫南运河流域水文资料整编报告框架编制，水位、水文站一览表编制，降雨量站一览表编制，1951—1955年、1970—2013年的水位、流量、降雨量资料整理，完成1968—1970年、1976—1980年、1982—1991年、2006—2013年水文资料录入。

5月，根据《水环境监测规范》（SL 219—2013）的相关规定，按照流域中心年度工作组织安排，以及流域中心对水质资料整编的要求，完成2017年水质资料在站整编工作。

9月，完成2012—2016年漳卫南运河流域水文历史数据收集整理，设计开发相关软件用于识别、筛选和核对水文数据，并将数据全部录入“标准化历史水文数据库”。

（安艳艳）

【水文项目管理】

2018年1月，对2017年度水质监测项目、水文测报项目、水资源管理系统运行维护项目进行自查和全面总结，通过了海河水利委员会组织的中央级预算项目验收和试点项目绩效评价。

（安艳艳）

【水文统计】

截至2018年12月31日，核实统计水文固定资产总额1604.05万元，在职人员18人，离退休人员5人，主管部门核拨事业费468.04万元。

（安艳艳）

【水文队伍建设】

积极开展水文和应急监测工作，调整漳卫南局水文巡测中心组织机构和成员，组建5支水文巡测组，整合资源，分区协作。4月，组织召开漳卫南运河流域水文工作座谈会。漳卫南运河流域内12个地市水文局、海河水利委员会水文局及上游局水文水环境中心的技术骨干参加会议，共同交流水文相关工作。5月，在岳城水库开展突发水污染事件应急监测演练，结合突发水污染事件应急监测有关案例，模拟应急监测作业流程。6月，在漳卫新河老减河段袁桥闸开展了水文应急监测实地演练，检验水文队伍水文应急监测的能力和水平。7月，开展水文预报调度演练，模拟当前流域条件下，发生“96·8”暴雨洪水和50年一遇暴雨洪水各控制节点洪水过程，并根据防办调度意见，模拟洪水向下游演进过程。举办漳卫南局水文测报新技术新设备应用培训班，实地考察了黄河泺口水文站，并与黄河水利委员会山东水文局、泺口水文站技术人员进行了业务交流。召开海河流域水环境监测中心漳卫南运河分中心质量体系内部审核会议及管理评审会议，并按照审查意见进行整改；海河流域水环境监测中心漳卫南运河分中心通过认监委组织的CNCA－18－A08能力验证和2018年水利系统水质监测能力验证，检测结果为合格。

（安艳艳）

水资源保护

【水功能区监督管理】

坚持贯彻落实《漳卫南运河管理局水功能区管理办法（试行）》，完成 2018 年度漳卫南局管辖范围水功能区的监督检查任务。向鹤壁市、安阳市、濮阳市、邯郸市等沿河十市政府和有关部门发布《漳卫南运河水功能区水质状况通报》12 期。编制《漳卫南局水资源保护学习手册》。配合海河水保局开展水功能区及省界缓冲区的监督检查工作。举办一期水资源保护业务培训班，会期为两天，培训人数达 45 人。

（谭林山）

【入河排污口监督管理】

完成 2018 年度漳卫南局管辖范围入河排污口的监督检查任务。配合海河水保局开展局辖范围入河排污口调查和重要入河排污口日常监测工作。按照《水利部关于开展入河排污口调查摸底和规范整治专项行动的通知》要求，对直管河道（水库）92 个入河排污口（含 27 个排涝口）进行全面复核和登记，深入掌握了局辖范围入河排污口基本信息、设置单位、监测等基本情况。完成《漳卫南局管辖范围入河排污口现状、问题及对策研究报告》，成果通过验收。

（谭林山）

【岳城水库饮用水水源地保护】

完成 2018 年度岳城水库饮用水水源地的监督检查任务。编制完成 2017 年度和 2018 年度岳城水库水源地安全保障达标自评报告，自评内容包括岳城水库水源地基本情况、水量达标建设情况、水质达标建设情况、安全监控体系达标建设情况、管理体系达标建设情况等，全面、准确地反映了岳城水库饮用水水源地的安全状况。编制完成《岳城水库饮用水水源地保护管理对策研究报告》，厘清了岳城水库饮用水水源地管理与保护方面存在的主要问题，研究提出相应的对策措施。

（谭林山）

【突发水污染事件应急防范】

严格预防突发水污染事件各方面要求，严格执行突发水污染事件月报及重大活动、节假日期间零报告制度。参加海河水利委员会组织的突发水污染座谈会及应急演练，举办突发性水污染事件应对演练培训班。

（谭林山）

【落实河长制工作】

1. 组织体系建设

组织召开全局贯彻落实河长制工作推进会、河长办工作会议，对全局 2018 年河长制工作进行系统安排。研究并建立漳卫南局“三级巡河”机制，制定并印发《漳卫南局河长工作办法》《漳卫南局 2018 年推进河长制工作要点》，规范河长工作对接、巡河督导、问题处理等内容，全年各级河长共巡河 40 余次，发现、处理、协调问题 80 余个。

2. “一河一策”编制和“清四乱”专项行动

2018 年 3 月初，《漳卫南运河山东段 2017—2020 年综合整治方案》由山东省政府正式印发实施。组织河北岸、河南岸各单位积极开展问题调查工作，对直管河库及水利工程基本情况进行全面梳理并行函报两省河长办，为沿河各地建立河长制信息系统提供了基础资料，并对沿河三省“一河一策”“一河一档”的编制提出意见和建议。

组织召开漳卫南局“清四乱”专项行动部署会，督促有关单位对管辖范围再次展开地毯式排查，有关部门依法依规严格把关，全面查清“四乱”问题，建立问题清单（共整理统计乱占、乱堆、乱建等问题1456个），并分别报送海河水利委员会及沿河地方河长制办公室。

通过积极督促和协调，2018年沿河共清理违建3000m^2，清除鱼塘虾池1000m^2，清除河槽及滩地树木、养殖场、种植大棚、垃圾场等100余处，2017—2018年合计清理整治局辖范围“四乱”问题600余处。

3. 河长制工作监督、考核

按照上级部署，全年共组织开展5次暗访检查，先后派出40余名工作人员，实地查勘近万千米，抽查河长制公示牌60余块，累计拨打各级河长监督电话100余次，发现大小问题200余个，并将问题以“一省一单”等形式向地方有关部门进行通报。

其中，2018年年初派员参加水利部河长制中期核查工作，对山西省全面建立河长制工作进行客观、公正评价；6月参加了水利部组织的对浙江省、河北省河长制工作的暗访检查，并将暗访成果形成“一省一单”向部领导专题汇报；7—11月组织开展海河水利委员会部署的对直管河道和河北省内“七市一区”的三次暗访监督检查，并在11月的检查中首次使用无人机对河道问题进行航拍，制作三维实景模型。

4. 河长制协作机制

协调组织局属有关单位开展调研，主动与沿河10市地方政府及河长办公室沟通对接，详细了解沿河各地河长制工作动态。与各方初步达成建立漳卫南运河河长制工作平台和联席会议制度的意向，为下一步推动建立漳卫南运河市级河长制联动机制、搭建互促互进交流平台打下基础。

5. 宣传培训

多次参加沿河地方河长制工作会议，参与开展各级河长巡河调研和河长制验收工作，为沿河各地河长作出科学、准确决策提供有效的技术支撑。定期参加水利部河（湖）长制工作视频推进会，全面了解掌握上级政策及安排。派员参加水利部、海河水利委员会及沿河地方有关部门组织的河长制培训学习，编制印发《漳卫南局河长制工作手册》，加强对领导干部、基层人员的培训。在漳卫南运河管理局网站设立“河（湖）长制专题”，广泛宣传推进河长制工作中涌现的新思路、新举措、典型做法、先进经验及取得的成果。

（谭林山）

综合管理

【财务管理】

1. 年度收支

2018年收入决算数为37087.79万元，其中：财政拨款25873.53万元，事业收入10176.84万元，其他收入442.43万元，上年结转594.98万元。

2018年支出决算数为36288.24万元，具体包括：基本支出22242.43万元（人员经费19512.30万元，日常公用经费2730.13万元），项目支出13895.81万元（基本建设项目支出1620.08万元，行政事业类项目支出12275.73万元），上缴上级支出150.00万元。

2. 资产情况

截至2018年12月31日，漳卫南局资产总额409665万元，较上年增长1.41%；负债总额7434万元，较上年增长55.08%；净资产总额402231万元，较上年增长0.76%。

流动资产10173万元，占2.48%；固定资产347066万元，占84.72%；在建工程42804万元，占10.45%；长期投资5502万元，占1.34%；无形资产4120万元，占1.01%。

3. 国有资产收益

有偿使用收益总计186.43万元，其中，出租出借收益176.03万元，对外投资收益10.4万元。资产处置收益0.22万元，其中，本期处置事项收益0.12万元，往期处置事项收益0.09万元。本期已缴收益0.22万元。

4. 预算管理

完成2019—2021年三年滚动项目储备工作，完成2019年部门预算“一上”“二上”的编报及2018年部门预算的批复工作。完成2017年预算项目绩效评价和总体验收工作。

5. 财务决算、资金支付及基础性管理工作

完成漳卫南局2017年各类财务决算、资产报表、企业报表的编制、汇总、上报工作，完成2018年各项经费的日常核算和日常报表工作。2018年全年主要时间节点资金支付达到序时进度要求，2018年年末财政资金支付率100%。先后制定《漳卫南局局机关固定资产管理办法》《漳卫南局机关公用经费支出报销审批流程》，修订《漳卫南局局机关公务用车管理办法》《漳卫南局资金资产管理廉政风险防控手册》。加强国有资产出租出借管理，印发《漳卫南局关于进一步加强国有资产出租出借管理的通知》。

6. 监管信息化

通过水利部财务管理信息系统，常态化监督全局预算单位的资金支付工作，防范资金风险，确保资金使用安全。开展往来款项清理工作，摸清全局往来款项的来龙去脉，指导各单位根据往来款性质分类进行处理，提高了资金使用效益。

7. 财务队伍建设

8月，举办一期财会人员知识更新培训班，培训60余人次。11月举办一期基层单位财务管理培训班，培训59人次。

8. 公务用车改革工作

12月，完成局属各单位公车改革方案批复工作。

（田　伟）

【人事管理】

1. 人事任免

2018 年 2 月，中共漳卫南局党委决定，免去姜荣福水资源保护处监督管理科科长职务、潘云直属机关党委（中国农林水利工会海河水利委员会漳卫南运河管理局委员会）办公室主任科员职务（漳任〔2018〕2 号）。

2018 年 2 月，中共漳卫南局党委决定，任命姜荣福为水资源保护处副调研员（漳任〔2018〕3 号）。

2018 年 2 月，中共漳卫南局党委决定，任命潘云为沧州河务局副调研员（漳任〔2018〕4 号）。

2018 年 1 月，中共漳卫南局党委决定，免去涂纪茂沧州河务局调研员职务，自 2018 年 3 月 31 日起退休（漳任〔2018〕5 号）。

2018 年 7 月，中共漳卫南局党委决定，任命刘群为水保处副处长，免去其财务处副处长职务（漳任〔2018〕8 号）。

2018 年 7 月，经试用期满考核合格，任命何传恩、师家科为四女寺枢纽工程管理局副局长（漳任〔2018〕9 号）。

2018 年 7 月，经试用期满考核合格，任命刘洋为沧州河务局副局长（漳任〔2018〕10 号）。

2018 年 7 月，经试用期满考核合格，任命张斌为德州河务局副局长（漳任〔2018〕11 号）。

2018 年 7 月，经试用期满考核合格，任命倪文战为卫河河务局局长，任命江松基为卫河河务局副局长（漳任〔2018〕12 号）。

2018 年 7 月，经试用期满考核合格，聘任郑萌为防汛机动抢险队副队长（漳任〔2018〕13 号）。

2018 年 7 月，经试用期满考核合格，任命张君为聊城河务局副局长（漳任〔2018〕14 号）。

2018 年 7 月，经试用期满考核合格，任命张如旭同志为中共卫河河务局委员会党委书记（漳党〔2018〕36 号）。

2018 年 8 月，水利部文件（部任〔2018〕65 号）通知，免去李捷漳卫南局副巡视员职务（漳任〔2018〕16 号）。

2018 年 8 月，水利部文件（水人事〔2018〕202 号）通知，根据国家有关干部退休的政策规定，批准李捷退休。

2018 年 9 月，中共漳卫南局党委决定，免去周剑波后勤中心主任职务，自 2018 年 10 月 31 日起退休（漳任〔2018〕17 号）。

2018 年 10 月，经试用期满考核合格，任命查希峰为卫河河务局副局长（漳任〔2018〕19 号）。

2018 年 10 月，经试用期满考核合格，任命刘亚峰为邯郸河务局副局长（漳任〔2018〕20 号）。

2018年10月，中共漳卫南局党委决定，免去耿建国监察（审计）处调研员职务，自2018年11月30日起退休（漳任〔2018〕21号）。

2018年11月，水利部文件（部任〔2018〕80号）通知，任命付贵增为漳卫南局副局长（试用期一年）；任命姜行俭为漳卫南局副巡视员；免去韩瑞光的漳卫南局副局长职务（漳任〔2018〕22号）。

2018年12月，中共漳卫南局党委决定，免去潘云的沧州河务局副调研员职务，自2018年12月31日起退休（漳任〔2018〕24号）。

2018年11月，中共漳卫南局党委决定，任命张军为人事处（离退休职工管理处）处长，免去其建设与管理处处长职务；免去姜行俭的人事处（离退休职工管理处）处长职务；免去王军的人事处（离退休职工管理处）副处长职务（漳任〔2018〕25号）。

2018年11月，中共漳卫南局党委决定，解聘何宗涛的综合事业处处长职务（漳任〔2018〕26号）。

2018年11月，中共漳卫南局党委决定，聘任何宗涛为后勤服务中心主任（漳任〔2018〕27号）

2018年11月，水利部文件（部党任〔2018〕55号）通知，任命王鹏同志为漳卫南局委员会委员、纪委书记（试用期一年）。

2. 机构设置与调整

(1) 2018年1月，漳卫南局印发《漳卫南局关于调整推进河长制工作领导小组的通知》（漳人事〔2018〕3号），对漳卫南局推进河长制工作领导小组（以下简称“领导小组”）进行以下调整。

组　长：张永明

副组长：李瑞江　徐林波　张永顺　韩瑞光　王永军　李　捷

成　员：于伟东　李怀森　李学东　陈继东　张启彬　杨丹山　姜行俭　张　军
张晓杰　刘晓光　杨丽萍　裴杰峰　李孟东　赵厚田　何宗涛　周剑波
张如旭　张安宏　张　华　尹　法　李　勇　饶先进　张同信　王　斌
刘敬玉　段百祥　刘志军

领导小组下设办公室，办公室设在水资源保护处，承担领导小组的日常工作。

办公室主任：韩瑞光

办公室副主任：于伟东　李怀森　李学东　刘晓光（常务）

(2) 2018年1月，漳卫南局印发《漳卫南局关于成立基层单位供暖设施改造工程建设管理办公室的通知》（漳人事〔2018〕5号），成立漳卫南局基层单位供暖设施改造工程建设管理办公室，内设计划部、财务部、技术（安全）部、综合部和项目部。计划部负责工程招标、合同管理、设计及变更、工程进度及统计工作。财务部负责资金支付、会计核算、财务报表及资产管理。技术（安全）部负责项目划分、工程质量、组织验收及安全生产。综合部负责各部协调、后勤保障及行政事务。局属各单位项目部负责建设施工场地协调、补偿、协助各部对本单位供暖改造项目进行管理并参加本单位项目的验收工作。人员组成如下。

主　任：陈继东

副主任：曹　磊

计划部：吕笑婧　陈　哲

财务部：史振华　张艳茹

技术（安全）部：薛善林

综合部：马元杰

局属各单位项目部：

卫河局　　刘彦军　朱　俊

邢衡局　　赵轶群　韩　刚

德州局　　雷冠宝　吕笑昊

沧州局　　陈俊祥　张轶天

岳城局　　赵宏儒　高　峰

四女寺局　何传恩　孟跃晨

水闸局　　石　屹　李兴旺

该办公室为临时机构，人员日常管理及考核奖惩等相关事项由原所在单位负责，项目竣工验收完成后自行撤销。

（3）2018年2月，漳卫南局印发《漳卫南局关于调整水政监察基础设施建设项目建设管理办公室的通知》（漳人事〔2018〕8号），对漳卫南局水政监察基础设施建设项目建设管理办公室（以下简称"建管办"）进行调整。

建管办内设综合部、计划部、财务部和技术（安全）部。综合部负责工程招标、合同管理、各部协调、后勤保障及行政事务。计划部负责设计及变更、工程进度及统计工作。财务部负责资金支付、会计核算、财务报表及资产管理。技术（安全）部负责项目划分、工程质量、组织验收及安全生产。人员组成如下。

主　任：张启彬

副主任：李增强

综合部：马国宾　刘继红　朱宝君

计划部：吕笑婧　张伟华

财务部：刘　群　田　伟

技术（安全）部：戴永翔　李文超

建管办受漳卫南局领导，代局行使项目法人职责，负责局水政监察基础设施建设项目的建设管理。该建管办为临时机构，项目完成后自行撤销。局属各河务局、管理局为建管办成员单位，在建管办统一领导下，配合开展单位水政监察基础设施建设项目的建设管理工作。

（4）2018年3月，漳卫南局印发《漳卫南局关于调整落实最严格水资源管理制度领导小组和办公室成员的通知》（漳人事〔2018〕13号），对局落实最严格水资源管理制度领导小组和办公室成员进行调整如下。

1）领导小组。

组　长：张永明

副组长：李瑞江

成　员：于伟东　李学东　张启彬　杨丹山　刘晓光　张晓杰
　　　　杨丽萍　李孟东　赵厚田　何宗涛

2）领导小组办公室。

主　任：于伟东

副主任：李增强　仇大鹏　田术存

3）综合组。

组　长：刘　群

成　员：张艳茹　王丹丹　张　森　耿晶晶

4）水资源组。

组　长：李增强

副组长：戴永翔

成　员：耿高峰　马国宾　王　颖　苏伟强

5）水资源保护和水文组。

组　长：仇大鹏

副组长：吴晓楷

成　员：谭林山　安艳艳　李志林　魏凌芳　高　翔　赵建勇

6）信息技术组。

组　长：刘　伟　韩朝光

成　员：贾　文　武　震　高　垚　毛贵臻　杨　晶

该机构为临时机构，项目完成后自行撤销。

（5）2018 年 3 月，漳卫南局印发《漳卫南局关于调整〈漳卫南运河年鉴〉编纂委员会的通知》（漳人事〔2018〕14 号），对《漳卫南运河年鉴》编纂委员会成员做以下调整。

主任委员：张永明

副主任委员：李瑞江　徐林波　张永顺　韩瑞光　王永军

委员（以姓氏笔画为序）：王　斌　尹　法　刘志军　刘晓光　刘敬玉　何宗涛
　　　　张　军　张　华　张同信　张如旭　张安宏　张启彬
　　　　张晓杰　李　勇　李孟东　李学东　杨丹山　杨丽萍
　　　　陈继东　周剑波　姜行俭　段百祥　赵厚田　饶先进
　　　　裴杰峰

编委会下设《漳卫南运河年鉴》编辑部，负责年鉴编纂具体工作，人员组成如下。

主　编：李学东

副主编：刘　峥

编　辑：贾　健　张洪泉　王丹丹　朱宝君

特约编辑：吕笑婧　马国宾　田　伟　贺小强　吕红花　尹　璞　谭林山　张华雷
　　　　杨乐乐　安艳艳　李　红　张伟华　荆荣斌　夏宇航　冯文涛　李　飞
　　　　许　琳　鲁晓莹　柴广慧　徐永彬　王丽苹　王　静　田　晶　王海英

（6）2018 年 4 月，漳卫南局印发《漳卫南局关于调整“信访工作领导小组”等临时机构成员的通知》（漳人事〔2018〕23 号），将局“信访工作领导小组”“保密工作领导小组”等22个临时机构成员调整如下。

1）信访工作领导小组。

组　长：张永明

副组长：张永顺

成　员：李学东　陈继东　张启彬　杨丹山　姜行俭　张　军　张晓杰　刘晓光
　　　　杨丽萍　裴杰峰　李孟东　赵厚田　何宗涛　周剑波

信访工作领导小组办公室设在局办公室，负责日常工作的组织开展，主任由李学东兼任。

2）保密工作领导小组。

组　长：张永顺

成　员：李学东　陈继东　姜行俭　张晓杰　杨丽萍　赵厚田

保密工作领导小组办公室设在局办公室，负责日常工作的组织开展，主任由任重琳兼任。

3）计划生育工作领导小组。

组　长：张永明

副组长：张永顺

成　员：李学东　姜行俭　杨丽萍　李　华　刘书兰

计划生育工作领导小组办公室设在局办公室，负责日常工作的组织开展，主任由刘书兰兼任，副主任由张立群担任。

4）档案工作突发事件应急处置领导小组。

总指挥：张永顺

成　员：李学东　姜行俭　杨丹山　周剑波

档案工作突发事件应急处置领导小组办公室设在局办公室，负责局档案工作突发事件处置指导工作。

5）普法工作领导小组。

组　长：李瑞江

成　员：李学东　张启彬　杨丹山　姜行俭　杨丽萍　裴杰峰　何宗涛

普法工作领导小组办公室设在水政水资源处，负责日常工作的组织开展，主任由张启彬兼任。

6）公务用车制度改革领导小组。

组　长：张永明

副组长：李瑞江　王永军

成　员：李学东　杨丹山　姜行俭　杨丽萍　周剑波

7）预算管理领导小组。

组　长：张永明

副组长：李瑞江　李　捷

成　员：李学东　陈继东　张启彬　杨丹山　姜行俭　张　军　张晓杰　刘晓光
　　　　杨丽萍

8）安全生产领导小组。

组　长：张永明

副组长：王永军

成　员：李学东　陈继东　张启彬　杨丹山　姜行俭　张　军　张晓杰　刘晓光
杨丽萍　裴杰峰　李孟东　赵厚田　何宗涛　周剑波

安全生产领导小组办公室设在建设与管理处，负责安全生产领导小组日常工作，办公室主任由张军兼任，办公室副主任由张保昌担任。

9）安全生产标准化建设工作领导小组。

组　长：王永军

副组长：张　军

成　员：张如旭　张安宏　张　华　尹　法　李　勇　饶先进　张同信　王　斌
刘敬玉　段百祥　刘志军　李孟东　赵厚田　何宗涛　周剑波　石评杨
张保昌

安全生产标准化建设工作领导小组下设办公室，作为其工作机构，负责安全生产标准化建设的日常工作。安全生产标准化建设工作领导小组办公室设在局建设与管理处。

10）安全事故应急救援指挥部。

总 指 挥：张永明

副总指挥：李瑞江　徐林波　张永顺　韩瑞光　王永军

应急办公室设在建管处。

11）科学技术进步领导小组。

组　长：张永明

副组长：李瑞江　徐林波　张永顺　韩瑞光　王永军

成　员：于伟东　李怀森　李学东　陈继东　张启彬　杨丹山　姜行俭　张　军
张晓杰　刘晓光　杨丽萍　裴杰峰　李孟东　赵厚田　何宗涛　周剑波
张如旭　张安宏　张　华　尹　法　李　勇　饶先进　张同信　王　斌
刘敬玉　段百祥　刘志军

领导小组下设办公室，办公室设在建设与管理处，具体承担科学技术进步奖和优秀科技论文的评审和奖励等科技管理的日常工作。

12）度汛应急及水毁项目管理领导小组。

组　长：徐林波

成　员：李怀森　李学东　陈继东　杨丹山　张　军　张晓杰　赵厚田

度汛应急及水毁项目管理领导小组办公室设在防汛抗旱办公室，负责度汛应急工程、水雨毁工程、信息化建设、防汛物资储备以及局交办的其他临时性建设项目的管理，主任由张晓杰兼任。

13）供水工作领导小组。

组　长：张永明

副组长：李瑞江　徐林波

成　员：于伟东　李学东　张启彬　杨丹山　张晓杰　刘晓光　李孟东　何宗涛
　　　　张如旭　张安宏　张　华　尹　法　李　勇　饶先进　张同信　王　斌
　　　　刘敬玉

供水工作领导小组办公室设在防汛抗旱办公室，负责局属工程供水有关工作，办公室主任由张晓杰兼任，办公室副主任由何宗涛、李孟东、李增强、仇大鹏、田术存担任。

14）反恐怖工作领导小组。

组　长：张永明

副组长：徐林波

成　员：李学东　陈继东　张启彬　杨丹山　姜行俭　张　军　张晓杰　刘晓光
　　　　杨丽萍　裴杰峰　李孟东　赵厚田　何宗涛　周剑波　张如旭　张安宏
　　　　张　华　尹　法　李　勇　饶先进　张同信　王　斌　刘敬玉　段百祥

反恐怖工作领导小组设在防汛抗旱办公室，负责日常工作的组织开展，主任由张晓杰兼任。

15）精神文明建设工作领导小组。

组　长：张永明

副组长：张永顺

成　员：李学东　陈继东　张启彬　杨丹山　姜行俭　张　军　张晓杰　刘晓光
　　　　杨丽萍　裴杰峰　李孟东　赵厚田　何宗涛　周剑波

精神文明建设工作领导小组办公室设在机关党委，负责日常工作的组织开展，人员组成如下。

主　任：裴杰峰

副主任：王孟月　王　丽　李　华

成　员：张洪泉　吕笑婧　马国宾　田　伟　王　颖　阮荣乾　尹　璞　张明月
　　　　张华雷　杨乐乐　安艳艳　毛贵臻　张伟华　王传云

16）关心下一代工作委员会。

主　任：张永顺

副主任：裴杰峰

成　员：李学东　杨丹山　姜行俭　周秉忠　武步宙　韩君庆

17）水文建设项目管理办公室。

主　任：李孟东

副主任：孙雅菊　韩朝光

成　员：陈　萍　刘跃辉　吴晓楷　唐曙暇　安艳艳　徐　宁　朱志强　张　森
　　　　段信斌　高　翔　范馨雅　刘汝佳　魏凌芳　魏荣玲　李志林　高园园
　　　　杨苗苗　高　迪

18）网络与信息安全工作领导小组。

组　长：徐林波

副组长：李学东　赵厚田

网络与信息安全工作领导小组办公室设在信息中心，负责日常工作的组织开展，人员组成如下。

主　任：赵厚田（兼）

成　员：任重琳　曹　磊　戴永翔　李焊花　李才德　张润昌　王炳和　仇大鹏
孙雅菊　石评杨　张如旭　李永宁　刘长功　赵铁群　魏　强　师家科
肖玉根　石　屹　刘恩杰　陈俊祥　刘　伟　贾　文　辛全民　刘洪武
武　震　毛贵臻

19）水利风景区建设与管理工作领导小组。

组　长：李瑞江

成　员：于伟东　李怀森　李学东　陈继东　张启彬　杨丹山　姜行俭　张　军
张晓杰　刘晓光　杨丽萍　裴杰峰　李孟东　赵厚田　何宗涛　周剑波
张如旭　张安宏　张　华　尹　法　李　勇　饶先进　张同信　王　斌
刘敬玉　段百祥

领导小组办公室设在综合事业处，负责具体工作，主任由何宗涛兼任。

20）社会治安综合治理领导小组。

组　长：张永明

副组长：王永军

成　员：李学东　姜行俭　杨丽萍　裴杰峰　周剑波

社会治安综合治理领导小组办公室设在后勤服务中心，负责日常工作的组织开展，人员组成如下。

主　任：周剑波（兼）

副主任：史纪永

成　员：荆荣斌　王传云　张海宁

21）爱国卫生运动委员会。

主　任：王永军

成　员：李学东　陈继东　张启彬　杨丹山　姜行俭　张　军　张晓杰　刘晓光
杨丽萍　裴杰峰　李孟东　赵厚田　何宗涛　周剑波

爱国卫生运动委员会办公室设在后勤服务中心，负责日常工作的组织开展，人员组成如下。

主　任：周剑波（兼）

副主任：史纪永

成　员：王传云　杨小康　穆自庆

22）节能减排工作领导小组。

组　长：王永军

成　员：李学东　陈继东　杨丹山　姜行俭　刘晓光　杨丽萍　裴杰峰　赵厚田
何宗涛　周剑波

节能减排工作领导小组办公室设在后勤服务中心，负责节能减排监督管理、节能制度和节能措施的组织实施、能耗统计等具体工作。

（7）2018 年 4 月，漳卫南局印发《漳卫南局关于调整 2018 年防汛抗旱组织机构的通知》（漳人事〔2018〕24 号），对 2018 年防汛抗旱组织机构调整如下。

1）局防汛抗旱工作领导小组。

组　长：张永明

副组长：李瑞江　徐林波　张永顺　韩瑞光　王永军　李　捷

成　员：于伟东　李怀森　李学东　陈继东　张启彬　杨丹山　姜行俭　张　军
张晓杰　刘晓光　杨丽萍　裴杰峰　李孟东　赵厚田　何宗涛　周剑波

2）河系（水库）组及职能组。

①河系（水库）组。

• 卫河组

组　长：张　军

副组长：张保昌　张润昌

成　员：主要由建设与管理处人员组成

• 漳河组

组　长：陈继东

副组长：曹　磊

成　员：主要由计划处人员组成

• 卫运河组

组　长：张启彬

副组长：李增强

成　员：主要由水政水资源处人员组成

• 南运河、漳卫新河（含四女寺枢纽）组

组　长：刘晓光

副组长：仇大鹏

成　员：主要由水资源保护处人员组成

• 岳城水库组

组　长：姜行俭

副组长：梁文永　李才德　王德利　王丽君

成　员：主要由人事处、防办人员组成

②职能组。

• 综合调度组

组　长：张晓杰

副组长：祁　锦　王炳和

成　员：主要由防汛抗旱办公室人员组成

• 情报预报组

组　长：李孟东

副组长：孙雅菊　韩朝光

成　员：主要由水文处人员组成

• 通信信息组

组　长：赵厚田

副组长：刘　伟

成　员：主要由信息中心人员组成

• 物资保障组

组　长：杨丹山

副组长：王建辉　刘　群　李焊花　赵爱萍

成　员：主要由财务处人员组成

• 宣传报道组

组　长：李学东

副组长：刘书兰　任重琳　陈　萍

成　员：主要由办公室人员组成

• 防汛动员组

组　长：裴杰峰

副组长：王孟月　王　丽　李　华

成　员：主要由直属机关党委（工会）人员组成

• 督察组

组　长：杨丽萍

副组长：张朝温　耿建国　段忠禄

成　员：主要由监察（审计）处人员组成

• 后勤保障组

组　长：周剑波

副组长：史纪永　杨增禄

成　员：主要由后勤服务中心人员组成

3）专家组。

组　长：徐林波（兼）

副组长：于伟东　李怀森　何宗涛

成　员：主要由综合事业处人员组成

4）顾问组。

组　长：宋德武

副组长：史良如　毛庆玲

成　员：由有经验的退休领导、职工组成

（8）2018年4月，漳卫南局印发《漳卫南局关于调整水政监察基础设施建设项目建设管理办公室的通知》（漳人事〔2018〕26号），对漳卫南局水政监察基础设施建设项目建设管理办公室（以下简称“建管办”）进行调整。

建管办内设综合部、计划部、财务部和技术（安全）部。综合部负责工程招标、合同管理、各部协调、后勤保障及行政事务。计划部负责设计及变更、工程进度及统计工作。财务部负责资金支付、会计核算、财务报表及资产管理。技术（安全）部负责项目划分、工程质量、组织验收及安全生产。人员组成如下。

主　任：张启彬

副主任：李增强

综合部：马国宾　朱宝君

计划部：吕笑婧　张伟华

财务部：刘　群　田　伟

技术（安全）部：戴永翔　李文超

建管办受漳卫南局领导，代局行使项目法人职责，负责我局水政监察基础设施建设项目的建设管理工作。该建管办为临时机构，项目完成后自行撤销。局属各河务局、管理局为建管办成员单位，在建管办统一领导下，配合开展本单位水政监察基础设施建设项目的建设管理工作。

（9）2018年6月，漳卫南局印发《漳卫南局关于调整水文巡测中心组织机构和成员的通知》（漳人事〔2018〕29号），对漳卫南局水文巡测中心组织机构和成员调整如下。

1）漳卫南局水文巡测中心。漳卫南局水文巡测中心负责漳卫南局水文巡测工作组织领导和技术指导，下设水文测验组和水质监测组，具体负责漳卫南局职责范围内水文和水质应急监测以及水文巡测组的技术指导工作。人员组成如下。

主　任：李孟东

副主任：孙雅菊　韩朝光　李永宁　江松基　吴怀礼　贾　卫　何传恩

①水文测验组。

组　长：吴晓楷

成　员：张　森　段信斌　高　翔　朱志强

②水质监测组。

组　长：唐曙暇

成　员：魏荣玲　高园园　李志林　杨苗苗　高　迪

2）漳卫南局水文巡测组。漳卫南局水文巡测中心下设5个水文巡测组，按照职责分工和漳卫南局巡测中心工作安排承担巡测任务。人员组成如下。

①漳河和岳城水库组。

组　长：赵建勇

成　员：孙梧棣　杨　昭　刘　阳

②卫河组。

组　长：邱慧刚

成　员：任立新　任希梅　李佩瑶

③卫运河组。

组　长：迟世庆

成　员：邓　伟　周东明　赵庆阁

④漳卫新河组。

组　长：金松森

成　员：魏　序　王圣涛　朱卫亮

⑤南运河组。

组　长：邱振荣

成　员：孙　磊　徐泽勇　王　玲

（10）2018年8月，漳卫南局印发《漳卫南局关于调整落实最严格水资源管理制度领导小组和办公室成员的通知》（漳人事〔2018〕38号），对局落实最严格水资源管理制度领导小组和办公室成员进行调整如下。

1）领导小组。

组　长：张永明

副组长：李瑞江

成　员：于伟东　李学东　张启彬　杨丹山　刘晓光　张晓杰　杨丽萍　李孟东
赵厚田　何宗涛

2）领导小组办公室。

主　任：于伟东

副主任：李增强　仇大鹏　田术存

①综合组。

组　长：刘　群

成　员：张艳茹　王丹丹　张　淼　耿晶晶

②水资源组。

组　长：李增强

副组长：戴永翔

成　员：耿高峰　马国宾　王　颖　苏伟强

③水资源保护和水文组。

组　长：仇大鹏

成　员：谭林山　安艳艳　李志林　高　翔　赵建勇

④信息技术组。

组　长：刘　伟　韩朝光

成　员：贾　文　武　震　高　垚　毛贵臻　杨　晶

该机构为临时机构，项目完成后自行撤销。

3. 职工培训

2018年，漳卫南局共举办各类培训班24个，其中局机关各部门组织举办16个，局直属各单位举办8个（对各单位相同的培训班进行了归类合并）；全年累计参加培训人数达5000余人次，其中选送220余人次参加水利部、海河水利委员会及地方举办的各类培训班。选派一名局级干部赴瑞典参加智慧城市下的水资源可持续利用技术培训团学习，30名处级干部参加漳卫南局党校2018年秋季处级干部进修班学习等。6名局级干部进入中国网络干部学院学习，全局1033名干部职工参加中国水利教育培训网学习，网络教育达到全覆盖。

4. 人员变动

漳卫南局行政执行人员编制596名。2018年，招录参照公务员法管理的人员18

人，从水利部机关调入 1 人（王鹏），从海河水利委员会所属事业单位调入 1 人（付贵增），接收军转干部 1 人（彭德泰）。退出 21 人，其中退休 14 人（李捷、耿建国、俎素玲、陈蜀萍、崔永玲、陈蜀岷、王忠跃、刘文玲、涂纪茂、潘云、管秀萍、李风华、孟淑凤、姜洪云），调出 3 人（韩瑞光、王军、王琳琳），死亡 3 人（王永军、辛静、张绍钧），辞去公职 1 人（马璐瑶）。截至 2018 年 12 月 31 日，漳卫南局参照公务员法管理人员 445 人。

5. 职称评定

2018 年 10 月，漳卫南局印发《漳卫南局关于公布、认定专业技术职务任职资格的通知》（漳人事〔2018〕45 号）。

经水利部职改办《水利部职称改革领导小组办公室关于批准丁金华等 484 名同志具备相应专业技术职务任职资格的通知》（职改办〔2018〕6 号）批准，吴晓楷具备教授级高级工程师任职资格，刘滋军具备高级会计师任职资格。以上人员专业技术资格取得时间为 2018 年 7 月 24 日。

经海河水利委员会下发的《海河水利委员会关于批准高级工程师、工程师任职资格的通知》（海人事〔2018〕23 号）批准，魏杰、宋雅美、魏荣玲、武震、耿晶晶、刘全胜具备高级工程师任职资格，宋鹏、高雁伟、赵克正、范文勇、祝云飞、曹文杰、王涛、周拥军、刘爽、郑萌、杨晶、宋庆宇、刘伟、王小虎、周良响具备工程师任职资格。以上人员专业技术资格取得时间为 2018 年 6 月 25 日。

经漳卫南局认定，高迪、高翔具备工程师任职资格，杜娇娇、张轶非、康健、孙明阳、王喆、关宇飞、李莹、李永超具备助理工程师任职资格，李丽军、刘汝佳具备助理会计师任职资格。以上人员专业技术资格取得时间为 2018 年 7 月 1 日。

6. 表彰奖励

（1）2018 年 4 月，漳卫南局印发《漳卫南局关于表彰 2017 年度优秀机关工作人员的决定》（漳人事〔2018〕19 号），对以下参照公务员法管理的人员进行奖励（按部门排序）：于伟东、李学东、张洪泉、王建辉、位建华、田伟、姜行俭、王德利、阮荣乾、刘晓光、张明月、杨丽萍、杨照龙 2017 年度考核确定为优秀等次，予以嘉奖。张立群、马元杰、杨乐乐连续三年年度考核优秀，记三等功。

（2）2018 年 4 月，漳卫南局印发《漳卫南局关于公布局属各单位、德州水电集团公司 2017 年度处级考核优秀结果的通知》（漳人事〔2018〕17 号）。张如旭、倪文战、江松基、张安宏、李靖、尹法、李勇、杨百成、陈正山、王斌、何传恩、刘敬玉、杨金贵年度考核确定为优秀等次，根据《公务员奖励规定（试行）》，对上述优秀等次人员嘉奖一次。张华、饶先进、陈俊祥、张同信、张建军连续三年考核被确定为优秀等次，记三等功一次。段百祥、刘恩杰、郑萌、刘志军、万军年度考核确定为优秀等次。

（3）2018 年 4 月，漳卫南局印发《漳卫南局关于公布直属事业单位职工 2017 年度考核优秀结果的通知》（漳人事〔2018〕18 号），漳卫南局直属事业单位职工 2017 年度考核优秀人员公布如下（按单位排序）：李孟东、张淼、杨苗苗、武震、杨晶、何宗涛、谢玲、秦宇伟、刘刚、刘继红、荆荣斌、戚霞、吴金星。

（贺小强）

【供水价格工作】

2018年4月11日至5月5日，漳卫南局引黄济冀穿卫枢纽输水工作完成，累计输水量为9613万m^3。

重新对岳城水库及局属拦河闸供水价格进行核算，核算内容编入《海河水利委员会系统水价情况汇报》材料中进行上报。

承办海河水利委员会水利工程供水价格管理培训班。协助国家发展改革委价格认证中心对漳卫南局水利工程供水价格落实等工作情况开展调研。

（张伟华）

【闸桥管理工作】

2018年6月，聘请山东省公路桥梁检测中心对辛集闸交通桥进行荷载试验，根据检测报告，结合辛集闸桥运行实际，制订《辛集闸交通桥安全运行方案》。加强与地方联席工作机制，杜绝超载超限车辆上桥。及时除险，做好闸桥维修工作。9月和12月，先后两次对辛集闸交通桥重点隐患部位进行应急维修，保障桥梁安全运行。

（张伟华）

【水利风景区工作】

建立完善景区管理体制及申报审核制度，出台《漳卫南运河水利风景区管理实施细则》。制定上报漳卫南运河水利风景区地名词条。8—9月，对漳卫南运河水利风景区进行专项检查，建立台账，形成《漳卫南运河水利风景区自查情况报告》并上报水利部。与故城县政府正式签订协议，完成故城县运河风景区国家级水利风景区挂牌工作。

（张伟华）

【综合信息工作】

对漳卫南局综合信息网进行升级改版，新设多个板块、栏目，重新协商确定了网站各栏目更新维护的权责问题，开展多项活动的专题宣传报道和新闻采编工作。完成《漳卫南运河画册》第一期及第二期的制作发行工作。

（张伟华）

【信息系统运行维护】

对信息系统进行冬季、汛前、汛后三次例行检修，测试并记录各类设备运行指标，检查机房、供电、空调、铁塔、接地等状况，及时排除故障隐患，并形成检修记录存档。实现卫河局及所属的6个基层单位的通信升级，更新改造7台复接器，语音交换设备从程控交换到软交换的升级。完成抢险队、沧州局等站点UPS、整流电源、蓄电池等备用电源设备的更新改造，以及东光、南皮、馆陶三处机房的改造。

（任天翔）

【防汛通信保障】

完成漳卫南局机关卫星地面站的安装调试工作，开展卫星便携站与局机关地面站协同演练。购置无人机，并实现与便携站单兵系统的对接。购置3台手持卫星电话。

（任天翔）

【信息安全建设】

对漳卫南局网络安全管理系统和网络防病毒系统进行年度升级，更新部分老旧的核心交换设备和路由设备。继续完善漳卫南局虚拟化平台，完成漳卫南局电子政务、水闸水文测报、水资源监控平台等应用系统的虚拟化工作。将水文、防办等单位共 7 台服务器迁装至信息中心的标准化网络机房，实行统一管理。完成漳卫南局政务信息系统自查工作并形成报告，上报海河水利委员会。开展重要信息系统信息安全等级保护测评工作。

（任天翔）

【融合前沿技术】

专公结合的通信自动转换技术，利用公网线路，接入网络安全设备后，作为语音交换备份路由，一旦漳卫南局通信专网出现故障，可以自动切换到公网路由；待故障清除后，自动切回漳卫南局通信专网，解决了因通道故障导致通信中断的问题。卫星便携站与单兵系统的融合技术，利用便携卫星站及无线调度系统、单兵系统，实地演练便携卫星站和观台水文站等卫星地面站的通信互通，保障遇恶劣天气下，卫星通信及时替代常规通信，保证联络畅通。

（任天翔）

【党风廉政建设】

1. 责任落实

结合漳卫南局实际，制定印发《2018 年漳卫南局党风廉政建设工作要点》，提出 7 大项 20 条工作任务。深化责任清单管理制度，实施动态化管理，明确漳卫南局党委 59 项责任、局党委书记 30 项责任、局党委委员 24 项责任、局纪检监察部门 32 项责任。结合各单位、各部门工作实际，建立与岗位责任内容紧密相关的党风廉政建设责任书、承诺书。进一步细化量化党风廉政建设考核指标体系，明确局属单位九大项 50 条考核内容。2018 年，漳卫南局班子成员共开展日常廉政约谈 7 次。根据局领导班子调整变化情况，12 月 29 日，印发《中共漳卫南局党委关于漳卫南局党风廉政建设责任分解的通知》（漳党〔2018〕58 号），及时对漳卫南局党风廉政建设责任分解进行调整。

2. 巡视巡察

（1）水利部党组第二巡视组于 2018 年 2 月 28 日至 3 月 30 日对漳卫南局党委开展为期一个月的巡视工作，4 月 19 日对巡察情况进行了反馈，指出漳卫南局党委存在的四大项 16 条问题。局党委于 5 月 18 日向水利部巡视办汇报了巡视整改措施，5 月 24 日上报整改方案报告，共提出整改任务 50 项。6 月 27 日上报巡视反馈意见初步整改落实情况。截至 2018 年年底已完成整改任务 42 项。

以巡视为契机建章立制，建立长效机制。制定印发《中共漳卫南局党委工作规则（试行）》《中共漳卫南局党委关于加强自身建设的意见》《漳卫南局局机关公务出差审批管理办法》《漳卫南运河管理局政务公开暂行规定》《漳卫南运河管理局干部异地交流任职挂职有关待遇的规定（试行）》《漳卫南局局机关公务用车使用管理办法》《漳卫南局局机关固定资产管理办法》等内控制度。制定印发《中共漳卫南局党委党建工作三年规划（2018—2020 年）》《中共漳卫南局党委 2018 年党建工作要点》《中共漳卫南局党委关于进一步严格和规范基层党组织生活的通知》，严肃开展党内政治生活。印发《中共漳卫南局党委关于开展党员发展工作专项核查的通知》，对局属各级党组织发展党员工作特别是入党程序及档案材料逐一进行专项核查。

（2）8 月 15 日，经漳卫南局党委研究，决定成立漳卫南局党委巡察工作领导小组，明确领导小组成员及职责，正式建立巡察工作机制。制定印发《中共漳卫南局党委巡察工作办法（试行）》《中共漳卫南局党委巡察组工作制度（试行）》等文件，明确巡察职责、巡察对象、巡察方式、巡察程序等内容。编印《漳卫南局党委巡察工作手册（试行）》，细化巡察工作内容、步骤。

11 月 9 日，召开 2018 年首轮巡察工作动员会，正式启动首轮巡察工作。成立三个巡察组，抽调局机关及局属单位共 15 人参与巡察工作，分别对邯郸河务局党委、沧州河务局党委和水文处党支部开展政治巡察。

首轮巡察共发现党的政治建设、思想建设、组织建设、作风建设、反腐败斗争等方面问题共 15 条，收到问题线索 8 件，提出整改意见 35 条。

3. 作风建设

深入开展不作为不担当问题专项治理。2018 年 5 月 24 日印发《漳卫南局深入开展不作为不担当问题专项治理三年行动实施方案（2018—2020 年）》，成立领导小组和工作机构。5 月 25 日召开部署推动会，学习传达和贯彻落实海河水利委员会全面开展不作为不担当问题专项治理三年行动部署推动会精神，对漳卫南局深入开展不作为不担当问题专项治理行动进行动员部署。

在元旦、春节、“五一”、端午节等重要时间节点，对廉洁自律和厉行节约提出明确要求，转发中央纪委公开曝光的违反中央八项规定精神典型问题，向全局处级以上干部发送廉政短信，成立暗访小组，对违规使用公车等作风问题开展明察暗访 3 次。

严肃处置违反中央八项规定精神问题。2018 年年初对一名违反中央八项规定精神的问题给予处理。加大通报曝光力度，对漳卫南局发生的两起违反中央八项规定精神问题在一定范围内进行通报。

4. 风险防控

对干部人事、工程建设管理、资金资产、水文等领域的廉政风险防控手册进行重新修订完善。在干部选拔任用、职称考试、事业人员招聘、试用期满转正、党员发展对象推荐等重点环节，对工作人员履职履责、廉洁自律等情况进行全过程监督。组织新招录公务员考察工作人员签订承诺书。

5. 廉政教育

2018 年 8 月 3 日，召开漳卫南局 2018 年“廉政警示教育月”活动动员大会，正式启动“坚持问题导向、以案为警为戒、忠诚廉洁担当”廉政警示教育月活动。会上张永明书记就认真开展好警示教育月活动谈了七点意见，全体参会人员集中观看了警示教育专题片《为了政治生态的海晏河清》，并签订廉洁从政承诺书。活动期间分别组织驻德州单位观看《失衡的代价》，组织处级干部参观德州市廉政教育中心，编印《中共党员百条禁令》《违反中央八项规定精神问题清单》廉政口袋书，举办漳卫南局 2018 年廉政讲堂，开展专题大讨论，撰写学习心得并汇编成册，举办廉政答题和格言征集活动。

坚持每月编印一期《廉文荐读》，通过政务网推荐给广大干部职工，截至 2018 年年底共编印 92 期。制作《给形式主义官僚主义画个像》《深入学习贯彻新修订〈中国共产党纪律处分条例〉》专题宣传栏，运用漳卫南运河网廉政建设专栏、微信公众号等信息化手段开展廉政宣传教育。

（张华雷）

【审计工作】

制定印发《漳卫南局 2018 年审计工作要点》，明确全年审计重点任务和保障措施。印发《关于开展漳卫南局 2018 年预算执行审计工作的通知》《漳卫南局 2018 年度预算执行审计工作方案》。按照海河水利委员会要求，规范审计计划、审计内容、审计程序、审计工作底稿、审计整改情况等方面工作。完成了德州河务局等 7 个单位的预算执行审计、防汛机动抢险队领导干部任中经济责任审计、防汛机动抢险队建设项目和邯郸河务局防汛设施应急修复项目竣工决算审计。完成对集团公司所属的天河公司、临西分公司 2017 年财务收支审计和 2018 年财务收支检查。配合水利部审计室完成了对漳卫南局原局长张胜红的离任经济责任审计。全年审计金额 23842 万元，提出审计建议 41 条。

（张华雷）

【机关党建】

2018 年年初，编印下发《党课教育学习材料》《党建知识手册》，每季度制定印发《职工政治理论学习教育计划》，发放《习近平谈治国理政》（第二卷）《习近平总书记重要讲话文章选编》《党的十九大报告学习辅导百问》《宪法》《党章》《红船》等学习材料；组织开展一期机关直属各党组织党务干部培训，组织机关及直属事业单位职工观看教育影片《娜娜》《党员登记表》《厉害了，我的国》；组织参加“清风德州”市直机关辩论赛取得好成绩；在中国建设银行 App 开通党费专用缴费渠道；推荐的水闸局第一党支部被命名为“全市机关首批过硬党支部”。

1—5 月，依托“灯塔—党建在线”平台，开展党的十九大精神学习竞赛。

3 月，对部分不规范的党组织进行规范整改，机关直属党组织部分支部规范了设置和名称；根据德州市委市直工委安排，对“灯塔—党建在线”党员信息进行自查，对 171 条提醒、警告类错误进行逐一整改；对 15 名预备期超过 15 个月的党员，通过查阅入党志愿书、问询党员本人及相关党支部、党员本人和党支部出具书面说明等方式确认党员身份无误；对党员信教情况进行专项摸底排查，机关直属各党组织 532 名党员全部签订《党员不信教承诺书》。

4—5 月，按照德州市委“大学习、大调研、大改进”配档表工作要求，机关党委召开务虚会。

5 月，根据《中共漳卫南局党委关于开展党员发展工作专项核查的通知》（漳党〔2018〕19 号），按照“从严从实、全面规范”的原则，组织对全局党员入党程序及档案材料进行专项核查，重点是近三年发展的党员。

6 月 28 日，为纪念建党 97 周年，举办以“不忘初心、牢记使命”为主题的党日教育活动。

12 月，组织开展生活困难党员、因公牺牲（殉职）党员救助慰问活动，为 11 名困难党员和1名因公牺牲（殉职）党员申请专项救助金67000元。

2018年有5名预备党员转正，新发展党员4名。

（杨乐乐）

【精神文明建设】

2018年1月，开展漳卫南局系统首届“孝老爱亲”模范人物评选活动，评选出10名漳卫南局首届“孝老爱亲”模范人物，5名漳卫南局首届“孝老爱亲”模范人物提名奖；1月与“随手公益德州”联合开展“冬日暖情冬衣捐赠”活动，为宁夏固原市隆德县杨河乡贫困村民募集过冬棉服、裤子、棉鞋、棉被等共计249件过冬衣物；组织编撰《风雨六十年，辉煌一甲子》纪念文集，通过60篇作品展现了漳卫南局60年治水成就、漳卫南运河60年发展变化和漳卫南人60年奋斗精神；组织举办“知我漳卫南、爱我漳卫南、兴我漳卫南”知识竞赛；组织职工参加全国水利系统学习贯彻党的十九大精神主题美术书法作品书画展，刘峥、张军作品分获一、二等奖；全年开展文明城市共建活动，组织职工在文明交通共建路段开展违停行为劝导、党员志愿服务、机关院落杂草清理，停车标示线划定、设立箭头标识、引导标识等工作，在局机关醒目位置制作展版、张贴宣传画等。

截至2018年12月，全局系统中有12个单位保持了省级文明单位荣誉称号，19个单位保持了市级文明单位荣誉称号。在德州市2018年度“文明科室”复查中，漳卫南局办公室宣传科、办公室秘书科、财务处预算管理科、人事处组织干部科、水文处行业管理科、水文处水情科、四女寺局办公室7个文明科室复查合格。

（杨乐乐）

【工会工作】

元旦和春节期间，走访慰问了漳卫南局属各单位和水电集团公司的省部级及以上劳模、困难职工和基层一线职工；“五一”节期间，组织局机关、各直属事业单位举办了跳绳、托球跑及套圈等趣味比赛；3月8日，组织开展“庆祝三八绽放美丽”女职工花艺培训活动；5月，组织完成了局机关女职工专项体检和机关全体职工年度查体工作；5月20日，举办漳卫南局系统第一届职工运动会。来自漳卫南局系统12个代表队的258名运动员参加比赛，四女寺枢纽工程管理局代表队、德州水利水电工程集团有限公司代表队、岳城水库管理局代表队、邯郸河务局代表队、水闸管理局代表队和德州河务局代表队以总分排名分获前六名，其他六支代表队获得优秀组织奖；8月31日，组织开展“情系灾区”募捐活动，支援在第18号台风“温比亚”中受灾严重地区，局机关及驻德州单位共捐款29380元。9月，参加海河水利委员会系统第五届运动会，获得团体第三名，漳卫南局共有33名运动员参加全部30项比赛，取得优异成绩，并打破3个海河水利委员会纪录。其中，李才德获男子甲组100m和200m冠军并平男子甲组200m纪录，宋鹏夺得男子乙组400m和跳远冠军并打破男子乙组400m纪录，潘增翼获得男子乙组1500m冠军并打破纪录，苏向农、王玲分别获得女子甲组200m和女子乙组200m冠军；9月30日，举办漳卫南局第一届职工艺术节。艺术节历时1周，开展包括以纪念改革开放40周年为主题，举办“图说漳卫南运河”书画摄影作品展、微电影展播、红色观影、文艺展演等4项内容。

（杨乐乐）

【团委工作】

2018 年 3 月 20 日，组织开展“学读《习近平的七年知青岁月》 传承漳卫南运河 60 年奋斗精神”青年读书研讨会。

在“我们的节日——清明节”前夕，组织漳卫南局机关及直属事业单位青年职工到德州市革命烈士陵园开展“清明祭奠 缅怀先烈”活动。

4 月，组织开展第十二届“读书月”活动，以“放下手机，暂别网络，回归深度阅读”为主题，为职工推荐并购置了部分阅读书籍。

“五四”青年节，以“凝聚青春智慧，立足岗位建功”为主题，组织举办局机关第二届青年论坛。

机关团委组织成立局机关青年兴趣研讨小组，设立了水利科技组和综合管理组，每个小组分别确立了中短期研究课题，机关 39 名青年立足于兴趣和本职外延参加了相关活动。

6 月，为庆祝中国共产党建党 97 周年，局机关青年开展“庆七一，忆局史，献爱心”志愿服务活动。

7 月，举办一期道德讲堂活动，邀请漳卫南局第一届“孝老爱亲”模范人物王召柱、王振华作专题报告，并观看全国第六届道德模范颁奖影片。

（杨乐乐）

【机关建设与后勤管理】

2018 年 5 月，对漳卫南局机关公务派车制度进行了改进，实行公务用车审批制度，做到台账管理、一车一单，并对车辆使用情况进行公示。7 月，配合德州市和局精神文明办公室做好“德州市全国卫生城市复审和国家精神文明城市创建工作”。10 月，通过市场调研，建立食堂管理员运营模式。国庆节期间对食堂进行设施设备更新改造，并办理了“食品经营许可证”。12 月，在局大门口位置设立快递柜服务。

（荆荣斌）

局属各单位

卫 河 河 务 局

【工程建设与管理】

1. 维修养护管理

完成堤防维修养护355km，堤顶养护土方5.92万m^3、堤坡养护4.07万m^3、上堤路口养护1500m^3，草皮养护563.67万m^2、草皮补植21.13万m^2，标志牌维护716个、护堤地边埂整修2750工日。

2. 堤防绿化

召开绿化工作专题会议，下发《关于进一步做好春季绿化管理工作的通知》（卫工〔2018〕21号），安排部署春季绿化工作。3月14—15日，检查卫河、共产主义渠堤防绿化情况。2018年春，共完成绿化种植49392余棵，其中杨树1550棵，白蜡1792棵，柳树150棵，法桐45900棵。

（夏宇航）

【维修养护工区化管理模式】

维修养护工区化管理，即打破各县局地域分割模式，优化和整合日常养护管理资源，科学谋划养护作业组织方式，工区内实行维修养护小型机械化和人工手段相结合的方式。2018年，以内黄河务局为试点，开展实质性工区化管理工作。建立领导小组，细化工作方案，开展维修养护市场化试点招投标工作，召开维修养护市场化试点和工区化试点座谈会，统筹推进工区化工作。配套研发"卫河水利工程移动智能管理系统"，制作工程地图软件，通过手机端软件实现维修养护任务、人员轨迹、养护效果等实时移动管理。德州水电集团公司协助优化项目部成员，建立正副工区长等组织架构，购买配备维修养护工具车等。

（夏宇航）

【卫河水利工程移动智能管理系统】

"卫河水利工程移动智能管理系统"是集工程地图、工程数据库、防汛、工程管理、维修养护管理等多功能于一体的一款智能管理应用软件，分为电脑客户端和手机App两种应用程序，可以实现电脑和手机交互使用。具体内容包括：工程资料的移动查看和同步查看；手机GPS定位功能和数据采集；工程位置定位、现状和手机导航现场检查；标示险工险段、涵闸（管）出险位置，方便防汛抢险物料的调运规划和抢险路线安排；工程管理检查、巡查任务发布、接收和报告；工程检查路线轨迹显示和检查信息（文字、图片）上传；工程检查和维修养护工程量统计；水管单位向维修养护单位下达月度维修养护计划；养护公司内部安排、分配养护任务及维修养护任务的接受、执行和请验、验收；维修养护公司内部验收、水管单位的月考核、主管单位的季考核、项目验收以及在线交流功能等11项功能。该系统自2018年5月开始测试；8月中旬完成软件验收、使用管理办法等制度配套；8月27日进行发布和推广应用，覆盖水管单位、主管单位和维修养护单位的大部分业务，具有同行业领先的优势。

（夏宇航）

【绿化经营“所有林”模式试点】

绿化经营“所有林”模式试点工作自2015年开始。2018年，回收共渠左岸弃土3.5km，巩固建成共渠左岸弃土8.7km绿色廊道；拆除浚县城区西街堤段违章建筑逾300m^2，收回堤防弃土1.1km，以此探索“所有林”模式。截至2018年年底，全产权所有林已建成24km，拥有全产权林木白蜡5.7万棵、法桐4.5万棵、杨树1.3万棵、柳树0.15万棵。

（夏宇航）

【防汛抗旱】

开展汛前检查，及时上报汛前检查报告。成立防汛领导组织，全面落实防汛责任制，明确防汛成员部门的责任分工和相应职责。修订编印《卫河水利工程节点图册》《卫河防汛口袋书》。5月31日，组织召开2018年防汛抗旱工作会议。6月1日上午8时开始，进行全天24小时防汛值班和领导带班。6月，完成《2018年卫河、共产主义渠防洪预案》《抢险预案》的修订工作。8月13日，为防御第14号台风“摩羯”启动防汛Ⅲ级应急响应。

（夏宇航）

【水政工作】

1. 水法规宣传

“世界水日”“中国水周”期间，通过悬挂标语、张贴宣传画、散发印制有宣传活动主题的无纺布手提袋等形式，组织开展系列宣传活动。

3月22日，参加濮阳市“我爱龙乡的绿水青山首届春季健康跑”活动。4月27日，组织干部职工开展“普法节水”健步走活动。

2. 水政队伍管理

3月20日、9月19—20日，先后举办两期水行政执法和普法教育培训班。积极派员参加上级组织的各项会议、座谈、培训、演练等。编制印发《卫河局水行政执法实用手册》，为全体水政人员续签人身保险，完成法律顾问的聘用合同续签。

3. 水行政执法

认真落实《卫河河务局水政执法巡查制度》，全年共开展水政巡查12次，涉河建设项目巡查4次，现场处理违法事件8起、立案2起、结案1起。

4. 涉河建设项目管理

重点做好“郑济高铁”项目开工前相关协议的起草和商谈工作，协调内黄高堤桥防护工程、滑县北调节渠闸重建、南乐渡口改桥、汤阴五陵湿地建设、鹤壁至浚县供热管道穿越卫河共渠工程等项目的监管落实及前期立项审批工作。利用海河水利委员会涉河项目专项检查和地方新项目报批的有利时机，促成海河水利委员会业务部门对业主单位直接监管，浚县S222等3座跨河桥梁防护工程因此重新进行设计审查，有效破解涉河项目防护工程“不落实”和“不按照批复落实”的难题。

开展汛前在建涉河项目巡查，印发《关于加强汛期涉河建设项目管理的通知》，履行监管职责、理清管理责任。

5. 河道防溺水安全管理专项活动

3月，开展“河道防溺水安全管理专项活动”。对河道内存在溺水隐患的险坑、险坡、危桥等进行拉网式排查，建立统计台账，并在隐患附近设置醒目标识。共排查河道溺水隐患93处，设置各类警示提醒标识330个。

（夏宇航）

【水资源管理与保护】

每月月初，按时完成管理范围内水功能区控制断面水样采集。5月8日，通过海河水利委员会的水质采样工作现场监督检查。先后两次承办“漳卫南局取水许可证延续技术审查会”。组织做好漳卫南局引岳供水期间的水样采集报送、水污染情况检查和信息上报。协助漳卫南局最严格水资源管理项目办落实2018年项目建设计划。完成年度取水总结、取水计划和《入河排污口排查表》编制上报工作。

（夏宇航）

【河长制工作】

制定印发《关于设立局辖河道河长的通知》《卫河河务局河长工作办法》和《2018年河长制工作要点》，开展内部河长的巡河工作。

3月，组织开展实地调查，汇总上报《直管河道问题排查表》。在查清所辖河道及所属各类水利工程基本情况的基础上，重点排查河道在水资源保护、水域岸线管理保护、水污染防治、水环境治理、水生态修复、执法监管等方面存在的各类问题，共获得有效数据1056项。

自8月起，重点开展“清四乱”活动。经过排查统计，共汇总出388项“‘清四乱’问题清单”。

参加各级河长巡河行动和“清四乱”专项活动，加大涉河违法行为监督检查，在河道岸线保护、堤防违章清除、违法活动整治等方面发挥作用，督促沿河县乡清除河道内阻水树木31.08万棵，清理垃圾1.79万m^3，清理污泥231m^3，拆除违章建筑2856m^2、滩地内养殖场12处5370m^2。

密切配合鹤壁、安阳、濮阳三市河长制的推进工作，努力构建卫河各级河长制联动平台。协助省、市级河长明确治理目标、任务、措施、责任，配合沿河三市完成“一河一策”“一河一档”编制。5月29日，组织召开濮阳市、邯郸市卫河流域河长制工作座谈会，打造跨省际河长联动平台。

（夏宇航）

【经济工作】

“卫河堤防绿化数据库应用系统”投入使用，实现资源共享及实时更新，提高堤防绿化管理信息化程度，为工程绿化部署、经营创收指标、领导经济决策等提供数据支持。

在绿化经营“所有林”项目中，2018年销售苗木收入9.78万元。

在打造“水政经济”工作中，收取浚县、滑县拖欠3年的橡胶坝调度费，将滑县调度费纳入财政预算。首次收取内黄省道S502项目“占用水利设施补偿费”和全额防护工程保证金，收取汤阴地方砂石料场“占用水利设施补偿费”并签订长年缴费协议，将新增“防护工程后期观测及养护费”“截流期间河道工程管理费”等纳入前期设计。

在2018年工作会议上，对每个基层管理单位下达创收指标。指标中细分出堤防绿化收入、水政必收项目、创新收费项目等不同权重，明确年底兑付奖惩。6月14日，召开年中工作（第二次局务）会议暨经济工作推进会议，重点对推进经济工作进行安排部署，并从7月开始兑现奖惩。

（夏宇航）

【人事管理】

1. 人员变动

招录参公人员3人（刘军、呼雄、直万里）、事业人员1人（卢国帅），退休4人（陈蜀岷、崔永玲、俎素玲、陈蜀萍）。

截至2018年12月31日，全局在职人员84人，其中参公人员51人，事业人员33人；离退休人员54人，离休1人，退休53人。

2. 人事任免

（1）处级干部任免。7月16日，经试用期满考核合格，漳卫南局党委任命张如旭为中共卫河河务局委员会党委书记（漳党〔2018〕36号）。

7月16日，经试用期满考核合格，漳卫南局任命倪文战为卫河河务局局长，江松基为卫河河务局副局长（漳任〔2018〕12号）。

10月11日，经试用期满考核合格，漳卫南局任命查希峰为卫河河务局副局长（漳任〔2018〕19号）。

（2）科级干部任免。12月26日，经试用期满考核合格，任命鲁广林为卫河河务局办公室（党委办公室）主任；聘任姜卫华为综合事业管理中心（信息中心）副主任（主持工作），邱慧刚为综合事业管理中心（信息中心）副主任，张卫平为后勤服务中心副主任。

（3）其他人员任免。经试用期满考核合格，7月11日任命白冰洋为卫河河务局财务科科员。

3. 干部交流

制定《卫河河务局借调人员暂行管理办法》，印发《卫河河务局党委会干部交流会议纪要》，推进和完成4名事业人员到参公部门跨条块跨部门交流和新招录招聘人员试用期满交流。

4. 职称评定和工人技术等级考核

《漳卫南局关于公布、认定专业技术职务任职资格的通知》（漳人事〔2018〕45号）认定，杜娇娇具备助理工程师任职资格，专业技术职务任职资格取得时间为2018年7月1日。

7月11日，卫河局印发《关于杜娇娇专业技术岗位聘任的通知》（卫人〔2018〕61

号)，聘任杜娇娇为专业技术十二级，聘任时间自2018年7月起，聘期三年。

5. 机构设置及调整

(1) 3月2日，印发《卫河局关于成立水利工程维修养护市场化试点工作领导小组的通知》(卫人〔2018〕25号)，成立卫河局水利工程维修养护市场化试点工作领导小组。小组职责和组成人员如下。

1) 主要职责。贯彻落实水利部海河水利委员会、漳卫南局深化水利工程管理体制改革精神，作为试点单位上级主管单位，行使水利工程维修养护市场化试点工作的组织、指导与监督职责。

2) 组成人员。

组　长：江松基

成　员：张仲收　杨利江　孙洪涛　关海宾　张　北　刘　佳

领导小组内设综合组、工程技术组和财务监察组，分别负责相关的业务工作。

①综合组。

成　员：杨利江　孙洪涛

②工程技术组。

成　员：张　北　刘　佳

③账务监察组。

成　员：张仲收　关海宾

(2) 3月8日，印发《卫河局关于成立往来款项清理工作领导小组的通知》(卫人〔2018〕33号)，成立卫河局往来款项清理小组。成员如下。

组　长：张如旭

副组长：倪文战　江松基　查希峰

成　员：张仲收　段　峰　李安文

领导小组下设办公室，负责日常具体工作，办公室主任由张仲收兼任，成员有石瑞霞、陈蜀芳。

(3) 4月27日，印发《卫河局关于成立水利工程维修养护工区化试点工作领导小组的通知》(卫人〔2018〕36号)，成立卫河局水利工程维修养护工区化试点工作领导小组，具体负责维修养护工区化建设方案、管理模式和维修养护实施的监督、协调等管理工作。具体人员组成如下。

组　长：江松基

成　员：杨利江　孙洪涛　李根生　张　北　段立峰

维修养护单位结合维修养护任务和单位实际，成立自己的工区化管理组织，负责卫河水利工程维修养护工区化管理的实施。

(4) 5月11日，印发《中共卫河局党委关于成立党员发展工作专项核查组的通知》(卫党〔2018〕28号)，成立党员发展工作专项核查组。人员组成如下。

组　长：张如旭

副组长：任俊卿

成　员：杜立峰　鲁广林　关海宾　邱会艳

核查组办公室设在人事科，具体负责专项核查工作，办公室主任由杜立峰兼任。

（5）5 月 15 日，印发《卫河局关于成立 2018 年防汛抗旱组织机构的通知》（卫人〔2018〕39 号），成立卫河局 2018 年防汛抗旱组织机构。人员组成如下。

1）局防汛抗旱工作领导小组。

组　长：张如旭

副组长：倪文战　任俊卿　江松基　查希峰

成　员：鲁广林　段　峰　张仲收　杜立峰　关海宾　杨利江　阮仕斌　关海宾
　　　　李安文　张　北

2）防汛抗旱办公室。

主　任：江松基

副主任：杨利江　张　北

3）防汛职能组。

①水情工情组。

组　长：杨利江

成　员：主要由工程管理科（防办）人员组成

②物资保障组。

组　长：张仲收

成　员：主要由财务科人员组成

③宣传报道组。

组　长：鲁广林

成　员：主要由办公室人员组成

④法律保障组。

组　长：段　峰

成　员：主要由水政科人员组成

⑤防汛教育组。

组　长：杜立峰

成　员：主要由人事科及其他人员组成

⑥防汛动员组。

组　长：阮仕斌

成　员：主要由工会及其他人员组成

⑦防汛督查组。

组　长：关海宾

成　员：主要由监察审计科及其他人员组成

⑧通信信息组。

组　长：姜卫华

成　员：主要由事业中心及其他人员组成

⑨后勤保障组。

组　长：李安文

成　员：主要由后勤中心人员组成

⑩顾问组。

组　长：施　梓

成　员：由退休的专家领导组成

(6) 5月15日，印发《卫河局关于成立安全事故应急管理领导小组的通知》（卫人〔2018〕41号），成立卫河局安全事故应急管理领导小组。现将设置情况及职责通知如下。

1）安全事故应急管理领导小组。

组　长：张如旭

副组长：倪文战　任俊卿　江松基　查希峰

成　员：鲁广林　段　峰　张仲收　杜立峰　杨利江　阮仕斌　关海宾　姜卫华
　　　　李安文　张新国　刘彦军　杨利明　李根生　孙洪涛　耿建伟　焦松山

安全事故应急管理领导小组下设办公室，设在工管科，承办领导小组的具体工作，主任由杨利江兼任。

2）安全事故应急管理领导小组职责。

负责突发事件应急处置的决策、指挥、协调和领导工作；负责突发事件应急处置人员、设备、物资等资源调配；负责局属各单位（部门）参加突发事件应急处置的协调；按照有关规定及时向上级主管部门（或地方政府）报告突发事件及处置情况；突发事件超出卫河局处置能力时，及时向上级主管部门（或地方政府）请求支援；突发事件超出处置权限时，依规定及时向上级主管部门或地方政府报告。

3）安全事故应急管理领导小组办公室职责。

执行安全事故应急管理领导小组的决定，统一组织、协调、监督、指导全局突发事件应急救援处置工作，发挥运转枢纽作用；组织制订和修订综合应急救援预案，指导专项应急救援预案的制订和修订，检查、督促各专项预案的完善和落实，督促检查预案演习工作；组织有关应对突发事件的宣传教育和培训工作；组织分析总结年度突发事件应急救援处置工作；完成应急安全事故应急管理领导小组交办的其他工作。

(7) 5月29日，印发《中共卫河局党委关于成立深入开展不作为不担当问题专项治理三年行动领导小组的通知》（卫党〔2018〕31号），成立卫河局专项治理三年行动领导小组和工作机构。人员组成如下。

1）卫河局专项治理三年行动领导小组。

组　长：张如旭

副组长：倪文战　任俊卿　江松基　查希峰

成　员：鲁广林　张仲收　杜立峰　关海宾

2）卫河局专项治理三年行动领导小组工作机构。

卫河局专项治理三年行动领导小组下设办公室，办公室主任由倪文战兼任。办公室下设综合组、线索组和督查组。

综合组组长由局办公室主任担任，负责综合协调工作和办公室日常事务。

线索组组长由局监察（审计）科负责人担任，负责收集各单位（部门）和督查组发现的问题线索，并按干部管理权限及规定程序移交相关纪检部门。

督查组组长由局财务科科长担任，负责对各单位（部门）督导检查，通过群众信访、专项检查、明察暗访、上级反馈等形式及时发现问题线索，重点盯住群众反映强烈、社会影响恶劣的突出问题开展工作。

（8）6月13日，印发《卫河局关于成立网络与信息安全工作领导小组的通知》（卫人〔2018〕54号），成立卫河局网络与信息安全工作领导小组。人员组成如下。

1）领导小组成员。

组　长：张如旭

副组长：倪文战　查希峰

成　员：鲁广林　姜卫华　刘彦军　杨利明　李根生　孙洪涛　耿建伟　焦松山　张新国

2）领导小组职责。

负责贯彻落实上级网络与信息安全工作的部署和要求，依据“谁使用、谁主管、谁负责”的原则，加强网络与信息安全工作的领导，落实工作责任。研究制定网络与信息安全管理制度，落实相关措施，确保网络与信息安全。负责开展网络与信息安全的工作检查。负责统筹、协调本单位的网络与信息安全事件应急工作，配合上级主管部门和当地网信部门做好网络与信息安全相关应急处置工作。

领导小组办公室设在局综合事业管理中心（信息中心），具体负责领导小组日常事务和信息网络安全综合协调工作，主任由姜卫华兼任。

（9）8月13日，印发《关于成立宣传思想文化工作领导小组的通知》（卫党〔2018〕41号），成立卫河河务局宣传思想文化工作领导小组，领导小组下设宣传思想文化办公室。人员组成如下。

1）宣传思想文化工作领导小组。

组　长：张如旭

副组长：倪文战　任俊卿　江松基　查希峰

成　员：鲁广林　段　峰　张仲收　杜立峰　关海宾　杨利江　阮仕斌　姜卫华　李安文　耿建民　刘彦军　孙洪涛　耿建伟

2）宣传思想文化办公室。

主　任：鲁广林

副主任：杜立峰　阮仕斌　李安文

成　员：刘凌志　邱会艳　关海宾　邱慧刚　张卫平　张卫敏　夏宇航

（10）11月20日，印发《卫河局关于成立防洪工程雨毁修复项目建设管理领导小组的通知》（卫人〔2018〕80号），成立卫河局防洪工程雨毁修复项目建设管理领导小组，负责防洪工程雨毁修复项目工程建设管理。

组　长：江松基

成　员：杨利江　张仲收　关海宾　张　北

领导小组下设工程技术与安全、财务与监察审计两个职能部门，人员组成如下。

工程技术与安全部成员：杨利江　张　北

财务与监察审计部成员：张仲收　关海宾

6. 考核及奖惩

卫河河务局机关2018年继续保持“河南省文明单位”“河南省卫生先进单位”称号，并被濮阳市授予“2017年度平安建设先进单位”称号。

2017年12月29日，海河水利委员会办公室印发《关于2017年度水政监察工作考核结果的通报》，卫河水政监察支队被评为优秀等次。

2018年1月17日，漳卫南局印发《关于表彰2017年度工程管理先进单位的决定》（漳建管〔2018〕3号），授予南乐河务局“2017年度工程管理先进水管单位”荣誉称号。

1月18日，按照《卫河河务局工程管理考核办法》规定和2017年工程管理考核结果，南乐河务局、汤阴河务局被评为“2017年度水利工程管理先进单位”。

1月25日，根据综合考评和民主评议，经局长办公会研究，浚县河务局、刘庄闸管理所被评为“卫河河务局2017年度先进单位”；办公室、工管科被评为“卫河河务局2017年度先进集体”。

2月5日，经民主评议和考核委员会审定，2017年度参照公务员法管理优秀等次人员：张如旭、倪文战、江松基、杨利明、张新国、关海宾、张卫敏、任立新、石瑞霞、白红亮、潘科，不定等次人员：白冰洋（试用期内，根据有关规定不定等次），其他参加考核的人员均为称职。事业人员优秀等次：李安文、张倩倩、刘东升、刘阳、王卫东，不定等次人员：杜娇娇（见习期内，根据有关规定不定等次），其他参加考核的人员均为合格。

3月12日，中共濮阳市委市直属机关工委印发《关于表彰2017年度先进基层党组织的决定》（濮直工〔2018〕14号），表彰卫河河务局党委为“2017年度先进党委”，卫河河务局第三党支部为“2017年度先进党支部”。

3月27日，濮阳市慈善总会印发《关于表彰2017年度慈善捐赠先进单位和先进个人的决定》，表彰卫河河务局为“2017年度慈善捐赠先进单位”。

4月4日，漳卫南局印发《关于公布局属各单位、德州水电集团公司2017年度处级考核优秀结果的通知》（漳人事〔2018〕17号），张如旭、倪文战、江松基年度考核确定为优秀等次并嘉奖一次。

4月10日，漳卫南局印发《关于表彰2017年度优秀公文、宣传信息工作先进单位和先进个人的通报》（漳办〔2018〕5号），表彰卫河河务局为“2017年度宣传信息工作先进单位”。

6月22日，经党建考核、民主评议和支部推荐，报卫河局党委研究批准，卫河河务局第三党支部被评为“2017年度先进党支部”，夏宇航、阮仕斌、姜卫华、刘佳、潘科、白洪亮、雷利军等7人被评为“2017年度优秀共产党员”，李佩瑶、杜立峰、李安文、刘彦军、孙洪涛、耿建伟等6人被评为“2017年度优秀党务工作者”。

7. 教育培训

按照有关安排，先后举办党的十九大精神、道德讲堂、文化大讲堂、水政执法、水行政执法及普法教育、新《监察法》学习、新《宪法》学习、廉政大讲堂、安全生产、防汛抢险、工程管理、工程资料整理、健康和应急救护知识、工会知识、网络信息安全、消防知识等20个培训班，培训994人次；参加中国水利教育培训网络选学74人次；组织参加“海河水利委员会2018廉政警示教育月知识答题”“海河水利委员会‘世界水日’‘中国水周’知识答题”“水利部2018年度水法知识大赛”“水利部宪法知识答题”等4次网络学习；各党支部多次组织集体学习，主要内容为习近平总书记在全国“两会”上的讲话精神、政府工作报告、十九大和十九届三中全会精神、回顾党的97年奋斗历程、全国组织会议精神等内容。

8. 老干部工作

重视老干部工作，确保“两项待遇”的落实。春节、重阳节期间对离退休老同志进行走访慰问，为离退休人员订阅《老人春秋》杂志、发放文明奖、补发2017年7月以来的物业补贴。

（夏宇航）

【综合管理】

制定印发《2018年目标管理考核指标体系》，坚持周一例会制度。对各项规章制度进行废、改、立，完成《卫河河务局工作平台》编印。加强财政资金、固定资产、内部会计核算、合同管理，科学完成2018—2020年三年滚动部门预算编制。成立局询价小组，制定管理流程和办法。完成对机关食堂、工会账务的审核完善，加大对水利工程维修养护经费审计力度，强化审计预警功能，构建完善内控体系。

建设卫河动态、水政普法在线、工程管理、卫河职工之家微信公众号、有度即时通网上办公和钉钉手机端办公系统、二维码固定资产管理系统，机关办公楼区域实现WiFi全覆盖。4月，对机关视频监控系统进行升级改造，完成信息化机房不间断电源的更新。

（夏宇航）

【安全生产】

2018年3月16日，召开安全生产工作会议，安排部署2018年安全生产重点工作。细化分解全年安全生产目标，逐级、逐岗层层签订安全生产责任书。做好岁末年初、“五一”、国庆等节日期间安全生产工作，大力开展水利工程隐患排查治理。积极推进安全生产标准化建设，修订完善39项制度及4项应急预案。制定印发《卫河河务局2018年“安全生产月”活动实施方案》，有序推进“安全生产月”活动。6月13日，举办消防安全知识培训班和网络安全知识培训班。

（夏宇航）

【党建工作】

1. 班子建设

制定印发《卫河河务局党委中心组2018年学习计划》，把习近平新时代中国特色社会主义思想作为主要学习内容，每月分专题进行学习，不断增强“四个意识”和“四个自信”，坚决维护以习近平同志为核心的党中央权威和集中统一领导，自觉同党中央保持高度一致。

2. 纪律建设

严格执行中央八项规定及上级党委有关要求，元旦、春节、国庆等重要节日前召开廉政恳谈会，节假日对公车进行封存，每季度至少举办一次廉政警示教育。2018年2月28日，召开党建工作会议，对2018年党建工作进行安排部署。3月5日，召开党风廉政建设工作会议，安排部署2018年党风廉政建设和反腐败工作。3月19日，举办党的十九大精神学习班。4月26日，举办《监察法》专题学习培训班。5月7日，召开2018年“以案促改”专题工作会。5月30日，召开深入开展不作为不担当专项行动部署会，启动三年专项治理行动。8月，开展“廉政警示教育月”，重点开展“十个一”活动，进一步完善惩防体系建设。修订完善水政、财务、工程管理领域《廉政风险防控手册》，其他领域制定《廉政风险防控工作方案》，防控体系建设基本形成；汇编整理《卫河局党员干部廉政教育知识手册》《卫河局廉政格言警句汇编》。为基层党支部配备纪检委员，推动全面从严治党向纵深开展。积极运用督责约谈等“四种形态”，强化制度落实和责任追究。

3. 组织建设

严格执行“三会一课”，认真落实民主集中制、党委民主生活会、支部组织生活会、民主评议党员等制度。建设标准化党员活动室，“党员主题活动日”以制度的形式确定下来，党员组织生活常态化。组织开展“不忘初心、牢记使命”党建知识学习活动，通过覆盖全体党员的闭卷考试、科级以上党员干部现场抽题答题两种形式，对全体党员进行两轮摸底考试。结合庆祝建党97周年开展系列活动：6月14日，举办一期以爱党爱国为主题的道德讲堂；6月20—25日，开展党委班子成员在所在支部讲党课、到联系单位讲党课，支部书记讲党课活动；6月28日，召开全体党员大会，对2017年度先进党支部、优秀党员、优秀党务工作者进行表彰，局党委书记讲示范党课，6名普通党员进行党课展讲；6月29日，组织全体党员到红色教育基地学习教育，途中开展“我最感动的革命故事”展讲活动。

（夏宇航）

【意识形态工作】

1. 意识形态工作责任制

2018年1月26日，在2018年工作会议上对意识形态工作进行部署。认真履行班子集体意识形态工作的主体责任，坚持“一把手”带头，切实当好“第一责任人”，班子成员各负其责，将分析研判意识形态领域情况纳入重要议事日程，完善谈心谈话制度，始终掌握机关干部和企业职工的思想文化动态，针对性引导重大事件、重要情况、重要社情民意中的苗头倾向性问题。把意识形态工作纳入党建工作责任制，纳入目标管理，并将意识形态工作责任制落实情况作为班子成员述职的重要内容。

2. 意识形态阵地管控

加强电子政务网、大厅电子屏、宣传栏等宣传主阵地选题管控和内容监督，建立意识形态内容审核把关机制，确保宣传信息内容始终坚持正确的思想导向。凡上报的信息，均由分管局领导审阅同意后报送，强化内部审核，杜绝违背主流意识形态的内容。积极开拓党建对外宣传阵地，发挥党建宣传舆论引导、统一思想、振奋精神的积极作用。

3. 意识形态七项制度

落实意识形态报告工作责任制，确立由局党委书记和各支部书记担任第一责任人，随时报告重大问题或特殊情况。组织意识形态常规性研判，重点分析研判党的十九大以来重大舆情和重大问题。成立意识形态工作领导阅评小组，及时批驳重大错误思潮和言论。班子成员根据自身工作分工，与分管部门和联系单位的知识分子“结对子”。明确党委负责检查考核各党支部意识形态工作，与年度述学述职述廉相结合，统筹安排部署。落实意识形态工作专项督查制度，5月22—24日，局党委书记到各基层单位进行检查调研，督查意识形态工作开展情况。

（夏宇航）

【精神文明建设】

制定《卫河河务局2018年精神文明建设计划》，明确各部门创建工作职责。2月22日，组织全体干部职工参观“‘三李’精神”展，共同感悟“三李”精神。4月23日，举行“书香卫河”全民读书活动启动仪式。4月27日，举办2018年“普法节水”健步走活动。5月4日，举办以“阅读守护信仰、思想引领方向”为主题的读书会。5月26日，组织开展“爱我家园、共创和谐”系列活动，干部职工及部分职工子女共50多人参加活动。9月21日，举办河长制“清四乱”宣传徒步卫河活动。通过职工生日蛋糕赠送、节假日慰问、贫困职工救助、送温暖谈心、“五四”青年座谈会、“八一”复转军人座谈会等形式，为干部职工送去温暖和关怀。积极参加文明交通、文明入户、清洁家园等社会公益事业，开展献爱心和“慈善一日捐”活动。

对机关大门进行改造，设置自动道闸，门岗房进行改造升级。9月底彻底改制职工食堂，满足职工日常生活和公务接待需求。更新绿化树木、草皮，增添景观石等文化氛围，建成围绕机关办公区和家属楼环路健身塑胶跑道。规范家属区管理，成立业主委员会。2018年，通过省级文明单位复检，继续保持“省级文明单位”称号。

（夏宇航）

邯 郸 河 务 局

【工程管理】

1. 养护管理

调整邯郸河务局（以下简称“邯郸局”）水利工程维修养护工作领导小组，明确小组工作职责，将维修养护检查督导任务分解到个人。

继续落实维修养护工作的三级检查考核，强化各级考核和联查，充分发挥各级考核的作用。

开展维修养护市场化试点工作，明确魏县河务局为试点单位，完成试点招标工作并签订维修养护合同。

馆陶河务局顺利通过海河水利委员会示范单位复核。

2. 制度建设

努力完善工程管理各项规章制度，印发《邯郸河务局水利工程检查管理办法（试行）》《工程管理考核办法》《邯郸河务局水利工程维修养护管理实施细则》《邯郸河务局工程管理事务处置制度》《工程管理学习培训制度》《工程管理大事记制度》等。

3. 堤防绿化

建立绿化示范段，做好绿化工作，全局共新植杨树、柳树等5.7万余棵，培育树苗9.5万余棵。

（郭媛媛）

【防汛工作】

1. 汛前准备

开展汛前检查，加大重点险工险段、跨河穿堤管线建筑和涉河项目重点检查力度，排查隐患，及时整改。召开防汛工作会议，调整防汛组织机构，分解落实防汛任务，明确防汛工作职责。与邯郸市防指召开防汛工作座谈会，就汛前准备、防汛形势、防洪预案、河道清障等问题沟通，修订《邯郸市漳卫河防洪预案》。

2. 防汛值班

防汛值班实行领导带班和职能组人员值班相结合，各职能组值班岗位要保证24小时在岗，保证电话及传真机畅通，按时报告、请示、传达重大汛情及灾情，严禁离岗、脱岗现象。

3. 防汛知识培训

2018年5月30日，邯郸局举办防汛知识培训班，对全局技术干部进行防汛知识培训。

大名局和临漳局联合县防指和武装部，开展了防汛抢险培训和抢险技能演练活动。

4. 雨毁修复

及时修复雨毁工程，2018年汛期因降雨毁坏的堤顶道路逾100km，冲刷堤坡水沟浪窝达2000多条，恢复雨毁损坏工程用土方17779m^3、钢渣1106m^3。

5. 应急度汛工程

2018年，邯郸局共有度汛应急工程两处，郭枣林险工坝头加固工程于供水前完工，漳河右堤防汛抢险道路应急改造工程于7月15日完工。

6. 河道清障

对河道14处违章建筑联合下达违章建筑限期拆除通知书，拆除何庄、张金庄、崔岳庄侵堤建筑，累计清理垃圾245m^3，对卫运河420亩树障进行清除。

（郭媛媛）

【水政水资源管理】

1. 水法规宣传

开展“3·22世界水日”和“中国水周”宣传活动。制作水周宣传展板8块，散发各类宣传材料5000余份，积极开展水法规宣传“六进”主题活动，其所辖临漳河务局、采砂管理大队联合地方政府开展“飓风行动”，对沿河沙场进行严厉打击。开展“12·4”宪法日的宣传活动。通过悬挂宣传条幅、张贴宣传标语、组织全体职工参与水利部宪法知识网络答题等形式开展活动。

2. 水行政执法

2018年4月11—12日，联合磁县人民政府开展严厉打击漳河非法采砂联合执法行动，取缔沿河违法企业 8 家，暂扣大型采砂加工设备 3 台套，行政拘留非法采砂人员 30 人。

8 月 29 日，组织召开由邯郸市临漳县、磁县、漳河经济开发区和安阳市殷都区参加的打击治理漳河非法采砂工作座谈会，明确了落实责任、建立快速联动机制、加强日常监督检查等今后重点工作。

3. 水政执法队伍建设

6 月 21—22 日，邯郸河务局举办水行政执法培训班，提高水行政执法人员理论水平和业务能力。

4. 水资源管理

严格实施取水许可，强化计划用水管理和监控管理，逐步开展水资源管理执法，严肃查处无证取水和超量、超范围取水，严厉打击水资源违法行为，重点做好魏县军留扬水站、馆陶路庄扬水站的取水口监控工作。做好漳卫河入河排污口、取水许可、取水监控系统建设的监督管理工作。

（郭媛媛）

【河长制工作】

及时调整推进河长制工作领导小组，出台河长制工作办法，明确邯郸局自己的“河长”。认真开展“清四乱”专项行动调查摸底工作，对所辖河道进行拉网式排查，并将问题清单报送漳卫南局和地方河长办。加强与地方河长办协作，参与邯郸市漳河、卫河、卫运河河长制实施方案制订。积极协调魏县人民政府，争取到县政府道路维修资金逾 5000 万元，实现了魏县境内漳河堤防堤顶路面全线硬化。

（郭媛媛）

【人事管理】

1. 人员变动

2018 年 3 月，郭元杰、李会保退休；12 月，张新红退休。

2. 干部任免

3 月 6 日，经任职试用期满考核合格，任命：冯文涛为水利部海河水利委员会漳卫南运河邯郸河务局办公室（党委办公室）主任；吕海涛为水利部海河水利委员会漳卫南运河邯郸河务局财务科科长；刘龙龙为水利部海河水利委员会漳卫南运河邯郸河务局办公室（党委办公室）副主任（邯人〔2018〕18 号）。

12 月 10 日，经试用期满考核合格，任命：闫培培为邯郸河务局人事监察（审计）科副科长；王晓卫为邯郸河务局水政水资源科副科长（邯人〔2018〕75 号）。

3. 职称评定

（1）10 月 12 日，漳卫南局印发《漳卫南局关于公布、认定专业技术职务任职资格的通知》（漳人事〔2018〕45 号），经海河水利委员会《海河水利委员会关于批准高级工程师、工程师任职资格的通知》（海人事〔2018〕23 号）批准，宋鹏、高雁伟、赵克正具备工程师任职资格，专业技术资格取得时间为 2018 年 6 月 25 日。

（2）聘任：郭元杰为魏县河务局工勤岗位二级岗位（技师）；徐志科为馆陶河务局工

勤岗位二级岗位（技师）；吕文广为临漳河务局工勤岗位三级岗位（高级工）；段立岳为邯郸河务局后勤服务中心工勤岗四级岗位（中级工）；李雪东为邯郸河务局后勤服务中心工勤岗五级岗位（初级工）；李会保为临漳河务局工勤岗位普通岗位。以上人员聘期从 2017 年 12 月 20 日开始，聘期为三年（邯人〔2018〕号）。

（3）聘任：纪书红、黄启芳为邯郸河务局综合事业管理中心中级八级专业技术职务；阎永强、孟庆黎为邯郸河务局综合事业管理中心中级九级专业技术职务；张焱为邯郸河务局综合事业管理中心中级十级专业技术职务；苗艳、高雁伟为邯郸河务局综合事业管理中心初级十一级专业技术职务；马淑英、王保春为邯郸河务局后勤服务中心初级十一级专业技术职务；郝卫国、张凯为临漳河务局中级十级专业技术职务；王建彬、冀恒华、白连印、佟志国为临漳河务局初级十一级专业技术职务；王继英、郝守信、李方田、陈俊成、赵克正为魏县河务局初级十一级专业技术职务；王聚强、马占河、任彦文、纪书霞、宋鹏为大名河务局初级十一级专业技术职务；王承明、韩运海、王佩华、魏国强、耿琳莹为馆陶河务局初级十一级专业技术职务；曲俊雷为馆陶河务局初级十二级专业技术职务。以上人员聘期从 2017 年 12 月 20 日开始，聘期为三年（邯人〔2018〕9 号）。

（4）聘任钱峥为邯郸河务局后勤服务中心管理岗位七级职务（后勤服务中心主任）。聘期从 2017 年 12 月 20 日开始，聘期为三年（邯人〔2018〕10 号）。

（5）聘任刘晓青为水利部海河水利委员会漳卫南运河临漳河务局初级十二级专业技术职务。聘期从 2018 年 12 月 1 日开始（邯人〔2018〕84 号）。

（6）聘任阎永强为邯郸河务局综合事业中心八级专业技术职务，聘期从 2018 年 12 月 31 日开始，聘期为三年（邯人〔2018〕87 号）。

4. 机构设置及调整

（1）调整防汛抗旱组织机构和防汛抗旱工作分工。

1）防汛抗旱工作领导小组。

组　长：张安宏

副组长：李　靖　刘长功　于延成　刘亚峰

成　员：冯文涛　宋善祥　吕海涛　杨以安　白俊良　温广兴　阎永强　钱　峥
李曙光　郭兴军　孙忠新　李学明

2）防汛抗旱领导分工及包河工作组。

①包河工作组。

• 临漳组

组　长：于延成

副组长：冯文涛

成　员：孟庆黎　刘龙龙

• 魏县组

组　长：刘亚峰

副组长：宋善祥

成　员：王振华　黄启勇

• 大名组

组　长：李　靖

副组长：白俊良

成　员：吕海涛　宋　鹏

• 馆陶组

组　长：刘长功

副组长：杨以安

成　员：阎永强　李雅芳

②职能组。

• 工情水情组

组　长：白俊良

副组长：宋善祥

成　员：王振华　黄启勇　王晓卫　王　丽　宋　鹏　李雅芳　刘淑丽

• 物资保障组

组　长：吕海涛

副组长：汪宏峰

成　员：郭超丽　孙　霞　王兆康

• 宣传动员组

组　长：冯文涛

副组长：温广兴

成　员：韩得生　刘龙龙　董玉芳　郭媛媛

• 通信信息组

组　长：阎永强

副组长：孟庆黎

成　员：纪书红　苗　艳　高雁伟　耿琳莹

• 检查督导组

组　长：杨以安

副组长：闫培培

成　员：张红玉　张　焱　李兆祺

• 后勤保障组

组　长：钱　峥

副组长：黄启芳

成　员：王保春　段立岳　李雪冬　马淑英

（2）成立邯郸河务局防汛设施应急修复项目建设管理办公室。

主　任：李　靖

副主任：白俊良

计财部：白俊良（兼）　吕海涛　李雅芳

质量及安全部：王振华　宋　鹏　刘庆斌　李方田

现场协调部：李曙光　郭兴军　白连印　王继英

防汛设施应急修复项目建设管理办公室为临时机构，人员原待遇不变，工程结束后该机构自行撤销。

（3）成立党建工作领导小组。

组　长：张安宏

副组长：刘长功

成　员：杨以安　冯文涛　闫培培

（4）调整信访工作领导小组。

组　长：张安宏

副组长：于延成

成　员：冯文涛　宋善祥　吕海涛　杨以安　白俊良　温广兴　阎永强　钱　峥

信访工作领导小组办公室设在局办公室，负责日常工作的组织开展，主任由冯文涛兼任。

（5）调整保密工作领导小组。

组　长：于延成

成　员：冯文涛　吕海涛　杨以安　阎永强

保密工作领导小组办公室设在局办公室，负责日常工作的组织开展，主任由冯文涛兼任。

（6）调整计划生育工作领导小组。

组　长：张安宏

副组长：刘长功

成　员：冯文涛　杨以安　闫培培

计划生育工作领导小组办公室设在人事（监察审计）科，负责日常工作的组织开展，主任由闫培培兼任。

（7）调整档案工作突发事件应急处置领导小组。

组　长：于延成

成　员：冯文涛　吕海涛　杨以安　钱　峥

档案工作突发事件应急处置领导小组办公室设在局办公室，负责局档案工作突发事件处置指导工作。

（8）调整普法工作领导小组。

组　长：李　靖

副组长：刘亚峰

成　员：冯文涛　宋善祥　吕海涛　杨以安　阎永强

普法工作领导小组办公室设在水政水资源科，负责日常工作的组织开展，主任由宋善祥兼任。

（9）调整预算管理领导小组。

组　长：张安宏

副组长：李　靖

成　员：冯文涛　宋善祥　吕海涛　杨以安　白俊良

（10）调整安全事故应急救援指挥部。

总 指 挥：张安宏

副总指挥：李　靖　刘长功　于延成　刘亚峰

应急救援指挥部办公室设在工管科。

（11）调整科学技术进步领导小组。

组　长：张安宏

副组长：李　靖　刘长功　于延成　刘亚峰

成　员：冯文涛　宋善祥　吕海涛　杨以安　白俊良　温广兴　阎永强　钱　峥
李曙光　郭兴军　孙忠新　李学明

领导小组办公室设在工管科，具体承担科学技术进步奖和优秀科技论文的评审、奖励、上报等科技管理的日常工作。

（12）调整反恐怖工作领导小组。

组　长：李　靖

副组长：于延成

成　员：冯文涛　宋善祥　吕海涛　杨以安　白俊良　温广兴　阎永强　钱　峥
李曙光　郭兴军　孙忠新　李学明

反恐怖工作领导小组办公室设在工管科，负责日常工作的组织开展，主任由白俊良兼任。

（13）调整精神文明建设工作领导小组。

组　长：张安宏

副组长：于延成

成　员：冯文涛　宋善祥　吕海涛　杨以安　白俊良　温广兴　阎永强　钱　峥

精神文明建设工作领导小组下设办公室，负责日常工作的组织开展，人员组成如下。

主　任：孟庆黎

成　员：刘龙龙　黄启芳　郭媛媛

（14）调整关心下一代工作委员会。

主　任：刘长功

副主任：杨以安

成　员：闫培培　张红玉　李兆祺　张　焱

（15）调整网络与信息安全工作领导小组。

组　长：刘亚峰

副组长：阎永强

网络与信息安全工作领导小组办公室设在综合事业中心，负责日常工作的组织开展，人员组成如下。

主　任：阎永强（兼）

成　员：刘龙龙　王晓卫　汪宏峰　闫培培　王振华　温广兴　孟庆黎　黄启芳
许相勇　王京栋　马建军　王军志　高雁伟　苗　艳　纪书红　耿琳莹

（16）调整水利风景区建设与管理工作领导小组。

组　长：李　靖

副组长：刘亚峰

成　员：冯文涛　宋善祥　吕海涛　杨以安　白俊良　温广兴　阎永强　钱　峥
　　　　李曙光　郭兴军　孙忠新　李学明

领导小组办公室设在综合事业中心，负责具体工作，主任由阎永强兼任。

（17）调整社会治安综合治理领导小组。

组　长：李　靖

副组长：于延成

成　员：冯文涛　杨以安　钱　峥

社会治安综合治理领导小组办公室设在后勤服务中心，负责日常工作的组织开展，主任由钱峥兼任。

（18）调整爱国卫生运动委员会。

主　任：于延成

成　员：冯文涛　宋善祥　吕海涛　杨以安　白俊良　温广兴　阎永强　钱　峥

爱国卫生运动委员会办公室设在后勤服务中心，负责日常工作的组织开展，主任由钱峥兼任。

（19）调整节能减排工作领导小组。

组　长：于延成

成　员：冯文涛　宋善祥　吕海涛　杨以安　白俊良　温广兴　阎永强　钱　峥

节能减排工作领导小组办公室设在后勤服务中心，负责节能减排监督管理、节能制度和节能措施的组织实施、能耗统计等具体工作，主任由钱峥兼任。

（20）调整党风廉政建设责任制领导小组。

组　长：张安宏

成　员：李　靖　刘长功　于延成　刘亚峰

领导小组办公室设在人事监察（审计）科，办公室主任由杨以安兼任，办公室成员有冯文涛、宋善祥、吕海涛、白俊良、温广兴。

（21）成立邯郸局党员发展工作专项核查领导小组。

组　长：刘长功

副组长：杨以安

成　员：张　焱　李兆祺

（22）调整邯郸河务局推进河长制工作领导小组。

组　长：张安宏

副组长：李　靖　刘长功　于延成　刘亚峰

成　员：冯文涛　宋善祥　吕海涛　白俊良　杨以安　温广兴　阎永强　钱　峥
　　　　李曙光　郭兴军　孙忠新　李学明

领导小组下设办公室，办公室设在水政水资源科，承担领导小组的日常工作。成员组成如下。

办公室主任：刘亚峰

办公室副主任：冯文涛　宋善祥　白俊良　阎永强

办公室下设综合组和技术组。

1）综合组。

组　长：冯文涛　宋善祥

成　员：由办公室、财务、人事、水政水资源科相关人员组成

2）技术组。

组　长：白俊良　闫永强

成　员：由工管、综合事业中心相关人员组成

（23）成立邯郸河务局巡察整改工作领导小组。

组　长：张安宏

副组长：李　靖　刘长功　于延成　刘亚峰

成　员：冯文涛　宋善祥　吕海涛　杨以安　白俊良　温广兴　阎永强　钱　峥

领导小组下设办公室，办公室主任由冯文涛兼任。

（24）调整安全生产领导小组。

组　长：张安宏

副组长：李　靖　刘长功　于延成　刘亚峰

成　员：白俊良　冯文涛　宋善祥　吕海涛　杨以安　温广兴　阎永强　钱　峥
　　　　李学明　孙忠新　郭兴军　李曙光

专兼职安全员：王　丽　刘庆斌　张铁非　叶萌佳　曲俊雷

安全生产领导小组办公室设在工管科，具体负责综合协调、安全生产监督检查及日常工作。领导小组办公室主任由白俊良兼任，办公室副主任由冯文涛、钱峥兼任。

（25）调整安全生产标准化建设领导小组。

组　长：张安宏

副组长：李　靖　刘长功　于延成　刘亚峰

成　员：白俊良　冯文涛　宋善祥　吕海涛　杨以安　温广兴　阎永强　钱　峥
　　　　李学明　孙忠新　郭兴军　李曙光

专职安全员：王　丽

兼职安全员：刘庆斌　张铁非　叶萌佳　曲俊雷

安全生产标准化建设领导小组办公室设在工管科，具体负责安全生产标准化建设的日常工作。领导小组办公室主任由王振华兼任，办公室副主任由冯文涛、钱峥兼任。

（26）调整应急组织机构，组建安全事故应急救援指挥部。

总 指 挥：张安宏

副总指挥：李　靖　刘长功　于延成　刘亚峰

应急办公室：工管科、办公室

成员单位：工管科、办公室、水政科、财务科、人事（监察审计）科、工会、综合事业中心、后勤服务中心，临漳河务局、魏县河务局、大名河务局、馆陶河务局

指挥部下设综合协调组、安全保卫组、新闻报道组、灾害救援组、医疗救护组、后勤

保障组、事故调查组、技术组、善后处理组 9 个专业处置组，具体承担事故救援和处置工作。

(27) 成立消防安全领导小组。

组　长：于延成

副组长：钱　峥

成　员：冯文涛　杨以安　白俊良　宋善祥　温广兴　吕海涛　阎永强

下设消防安全办公室，主任由钱峥兼任，副主任由黄启芳兼任，王宝春、段立岳、李雪东、马淑英负责日常工作。

(28) 成立安全保卫领导小组。

组　长：于延成

副组长：钱　峥

成　员：冯文涛　杨以安　白俊良　宋善祥　温广兴　吕海涛　阎永强

下设安全保卫办公室，主任由钱峥兼任，副主任由黄启芳兼任，王宝春、段立岳、李雪东、马淑英负责日常工作。

(29) 成立应急救援小组。

组　长：刘长功

副组长：温广兴　钱　峥

成　员：韩得生　黄启芳　刘龙龙　黄启勇　汪洪峰　王振华　闫培培　孟庆黎

5. 考核与奖惩

2018 年 1 月 9 日，漳卫南局印发《漳卫南局关于表彰首届“孝老爱亲”模范人物的通报》(漳文明〔2018〕1 号)，授予王振华漳卫南局首届“孝老爱亲”模范人物称号；授予苗艳漳卫南局首届“孝老爱亲”模范人物提名奖。

1 月 17 日，漳卫南局印发《漳卫南局关于表彰 2017 年度先进单位、先进集体的决定》(漳办〔2018〕2 号)，授予邯郸河务局“漳卫南局 2017 年度先进单位”荣誉称号。

1 月 17 日，漳卫南局印发《漳卫南局关于表彰 2017 年度工程管理先进单位的通知》(漳建管〔2018〕3 号)，授予馆陶河务局“2017 年度工程管理先进水管单位”荣誉称号。

4 月 8 日，漳卫南局印发《漳卫南局关于公布局属各单位、德州水电集团公司 2017 年度处级考核优秀结果的通知》(漳人事〔2018〕17 号)，张安宏、李靖年度考核确定为优秀等次。

1 月 25 日，综合目标管理考核的有关情况，经研究决定，授予魏县河务局、馆陶河务局、综合事业中心“2017 年度先进单位”荣誉称号；授予人事科、工管科、办公室“2017 年度先进集体”荣誉称号。

1 月 25 日，确定 2017 年度参公人员优秀等次人员有郭兴军、李学明、孙忠新、刘龙龙、李兆祺、苏伟强；事业编制职工优秀等次人员有张焱、阎永强、王建彬、王继英。

6. 教育培训

2018 年，组织干部职工综合素质提升、公文处理及宣传报道培训班、防汛知识培训班、落实河长制工作等培训班，共培训约 500 人次，同时通过组织干部职工参加上级教育部门或机构组织的答题活动充实教育内容，人均培训时间为 96 学时，达到了教育培训工作的基本目标。

（郭媛媛）

【综合管理】

1. 财务管理

完成2017年部门决算和2018年部门预算“二下”批复的分解及2019年部门预算“一上”编报工作。清理核对机关和四县局的资产账套数据，完成固定资产季度报表，并按规定上报。积极配合税务部门完成税票改革工作。

2. 内部管理

修订完善《请示汇报制度》《固定资产管理办法》《机关公务出差审批管理办法》《宣传信息工作管理办法》等管理制度，把制度的笼子扎得更紧更密。

3. 安全生产

2018年年初，制定《邯郸河务局2018年安全生产工作要点》并印发全局，根据要点工作要求，组织开展了各项安全生产检查工作。围绕“生命至上、安全发展”的活动主题，启动安全生产月宣传活动。6月20日，开展消防安全讲座、举办消防演练。6月下旬，组织观看《生命至上科学救援》《施精准之策固预防之本——构建双重预防管控机制解读》《生死之间》《隐患直击》等警示教育宣传片。推进安全生产及标准化建设达标工作。成立安全生产标准化建设领导小组，完善安全生产制度，组织安全生产培训。

（郭媛媛）

【综合经营】

2018年顺利完成魏县、大名两县水费征收工作。2018年临漳局新增育植树苗13亩。在涉河工程项目占压补偿费收取方面取得新突破。

（郭媛媛）

【精神文明建设】

继续保持“省级文明单位”称号，完成省级文明单位申报及年度工作，积极开展“我们的节日”和志愿服务活动。参加海河水利委员会和漳卫南局运动会，一人次打破海河水利委员会纪录，获得漳卫南局运动会团体第四名的好成绩。参加漳卫南局文化艺术节，参选节目和书法作品均获得奖励。

（郭媛媛）

【党建工作】

2018年2月28日召开党建工作会议，总结2017年党建工作，安排部署2018年党建工作。修订完善学习培训制度，印发了《中共邯郸河务局党委关于印发宣传贯彻党的十九大会议精神计划的通知》，坚持把每个月的第一个星期五作为党员活动日。举办两期学习习近平新时代中国特色社会主义思想、党的十九大精神和新党章学习班，并开展党建知识测试。

（郭媛媛）

【党风廉政建设】

调整党风廉政建设责任制领导小组成员和责任分解，制订邯郸局党风廉政建设工作要点。领导班子成员和科室、县局负责人都肩负起党风廉政建设的责任，层层签订党风廉政建设责任书。3月8日，召开党风廉政建设警示教育会。4月2日，召开廉政风险防控会议，对廉政风险防控工作进行再安排部署。6月27日，召开邯郸局纪检监察工作座谈会暨集体约谈。8月，集中开展以“十个一”为主要内容的“廉政警示教育月”活动，邀请党史专家上党课，参观晋冀鲁豫烈士陵园，举办演讲比赛，组织观看警示教育片，通报全国水利系统违规违纪重点案例，以身边违规违纪案件为警戒，充分发挥反面典型的警示教育功能。11月12—23日漳卫南局党委第一巡察组对邯郸局进行了集中巡查，根据巡察组的巡查反馈意见、建议，成立巡察整改工作领导小组，认真研究制定整改措施，逐项整改。

（郭媛媛）

聊城河务局

【工程建设与管理】

1. 工程管理

落实漳卫南局年度工程管理工作要点，在2018年工作会议上部署年度工程管理工作任务。8月，按照《漳卫南局转发海河水利委员会办公室关于印发漳卫南运河临漳河务局等单位水利工程运行管理督查意见的通知》（漳建管〔2018〕32号）要求进行自查自纠工作，10月9日形成水利工程运行管理督查整改暨自查报告并报送漳卫南局。冠县局被评为“2018年度工程管理先进水管单位”荣誉称号。

2. 工程维修养护

编制完成2019年维修养护部门预算、工程新增项目维修养护部门预算等；做好穿卫枢纽管理所的维修养护工程市场化管理试点工作。11月29日，聊城河务局（以下简称“聊城局”）2018年防洪工程雨毁修复项目开工建设并于12月23日完工。2019年1月，聊城局组建验收组，对冠县、临清河务局和穿卫枢纽管理所三个水管单位2018年日常维修养护工程进行验收。经考核评定，一致认为：三个单位已全部完成2018年水利工程维修养护实施方案规定的项目内容及工作量，相关资料基本齐全，同意通过验收，验收结论为合格。

3. 堤防绿化

召开堤防绿化动员部署会议，按照“四型”工程绿化体系的绿化工作思路，因地制宜，优化堤防种植结构，规范堤顶行道林、护堤林以及防浪林种植。截至绿化结束，累计种植高杆绿林8.3万棵（临清局3800棵、冠县4500棵）。栽、补植或维护堤防生物草皮13.33万m^2，且在苗木品种、苗木质量以及目前的树木成活率、草皮生长态势等诸方面较好。

4. 卫运河治理

完成卫运河治理尾工或遗留项目的申报工作，部分项目如堤防加高堤段的坡道口整修、硬化路面的减速带安装等已建设完成。

（李　飞）

【防汛抗旱】

1. 防汛备汛

落实防汛责任制，3 月 23—24 日开展全面汛前检查，形成检查报告并分别上报漳卫南局和聊城市防指，并与沿河县市签订《防汛责任书》；按照聊城市防指要求，做好防洪预案编制上报工作。开展 2017 年度防汛费项目经费验收与 2019 年防汛项目部门预算。5 月 24—29 日，冠县河务局联合县防指、县人武部在卫河班庄扬水站开展为期 6 天的防汛技能演练，县直有关科局以及 8 个乡镇的民兵分队共计 240 余人参加此次演练。5 月 24 日，调整防汛抗旱组织机构。6 月 1 日 8 时开始上汛，加强值班防守和雨水情测报工作。6 月 5 日，召开 2018 年防汛抗旱工作会议，以“加强领导、强化责任，确保漳卫河度汛安全”为题，阐明 2018 年度漳卫河防汛工作意见，安排部署 2018 年具体工作。6 月 5 日，成立 2018 年防汛抢险专业技术队伍。6 月 14—15 日，开展汛期水利安全大检查并进行汛期水利安全业务培训。6 月 19 日，李瑞江副局长检查聊城局防汛工作，并在冠县召开防汛座谈会。6 月 28—29 日，举办防汛抢险技术培训班。11 月 29 日，防洪工程雨毁修复项目开工建设并于 12 月 23 日完工。

2. 跨流域水资源调度

落实跨流域调水管理责任，完善输水管理和水文测验制度，由专职人员负责落实，确保实施；对穿卫沿线工程、各类监测监控设施、水文测报及应急发电设备等进行全面的安全状况检查，完善安全应急措施，确保输水运行期间不出现任何安全问题；严格测验程序，认真施测，上报水情信息。第一次引黄济冀输水自 4 月 12 日开始，5 月 5 日结束，输水总量 9613 万 m^3；第二次引黄济冀输水自 10 月 17 日开始，12 月 11 日结束，输水总量 20492 万 m^3；第三次输水自 12 月 12 日开始，2019 年 2 月 5 日结束，输水总量 11844 万 m^3。

（李　飞）

【水政水资源管理】

1. 水法规宣传教育

按普法计划安排，在第 26 届“世界水日”、第 31 届“中国水周”期间，围绕“实施国家节水行动，建设节水型社会”主题进行了水法宣传，出动宣传车 5 辆、制挂宣传横条幅 5 条、在沿河及堤防上张贴宣传标语 100 多条、印制散发传单 3000 余张，张贴宣传画 50 余份，并于“3·22”当天在城区设立咨询站一处，分发水法规和节水知识宣传册页 1000 余张，前来咨询的群众达数百人。活动期间组织学习相关纪念文章，参加海河水利委员会组织网络知识答题活动，在办公楼悬挂横幅标语、利用办公楼 LED 显示幕播放水法宣传内容，利用微信群和 QQ 群传播“我的家乡　我的河”等水法规宣传片。12 月 4 日，以“尊崇宪法、学习宪法、遵守宪法、维护宪法、运用宪法”为主题开展国家宪法日系列活动，出动宣传车 2 辆、宣传人员 10 余人，悬挂横幅 1 条，张贴标语 80 余条，发放宣传材料 800 余份。

2. 水行政执法与涉河项目

5 月 25 日、12 月 17 日组织举办水行政执法培训班。2018 年海河水利委员会批准的涉河建设项目共有 2 处，邯郸局严格按照海河水利委员会的许可文件和局具体要求进行监督管理工作。

3. 水资源管理与保护

开展流域水资源调查和统计，加强对各取水口的取水情况巡查，按时上报水资源月报和取水统计报表，督促各取水口进行取水许可证的延续申报和新增申报工作。做好各排污口门监督检查，履行水功能区和入河排污口监测管理职能，加强日常巡查。协助漳卫南局项目办安装取水口视频监控系统。

7 月 2 日，聊城市委副书记、聊城市漳卫河市级河长李春田、聊城市副市长任晓旺对漳卫河冠县段水资源情况进行调研，并对水资源管理工作提出明确要求。

12 月 18 日，组织开展聊城局水资源管理培训班。

（李　飞）

【河长制工作】

按照聊城市河长办的要求，配合沿河县市做好“清河行动”，按时向市河长办和局相关部门报送工作动态；规范设置河长公示牌、宣传标语，在机关更新河长制专题宣传栏，利用 LED 显示屏广泛宣传中央和上级推进河长制工作相关精神以及漳卫河河长制工作进展情况。开展“清四乱”专项行动和“清河行动回头看”活动，组织人员对河道堤防存在的“八乱”问题进行详细拉网式排查，共排查各类违法活动 195 处，其中冠县 115 处、临清 80 处。2018 年共拆除河道浮桥 2 座，目前漳卫南局管辖范围内共 6 座浮桥，同时做好对管理范围内的违章建筑的拆除工作。

6 月 5 日、9 月 25 日、12 月 27 日，聊城市委副书记、聊城市漳卫河市级河长李春田三次对漳卫河河长制工作进行巡察。

（李　飞）

【经济工作】

修订《聊城河务局堤防树木采伐管理办法》。开展临清局、冠县局堤防绿化和地方土地承包情况检查。2018 年水费、绿化、房屋租赁等共计收入 300 余万元。

（李　飞）

【人事管理】

1. 人员变动

2018 年，招录参照公务员法管理人员 2 人（王朔、赵文帅）、事业人员 2 人（韩杉杉、王一竹），退休 3 人（杨爱民、王忠跃、迟瑞雪）。

截至 2018 年 12 月 31 日，全局在职职工 54 人，其中参公人员 28 人、事业人员 26 人；离退休人员 33 人，离休 1 人，退休 32 人。

2. 人事任免

1 月 15 日，任命霍航斌同志为中共临清河务局支部委员会书记；免去张斌同志的中共临清河务局支部委员会书记职务（聊党〔2018〕1 号）。

1 月 15 日，任命韩加茂为临清河务局副局长，免去其冠县河务局副局长职务（聊人〔2018〕2 号）。

1 月 15 日，中共聊城局党委决定，解除徐立彦聊城河务局后勤服务中心副主任职务，聘任徐立彦为聊城河务局综合事业管理中心副主任（聊人〔2018〕4号）。

1月18日，任命：张宝兰为聊城河务局财务科副主任科员，王立云为聊城河务局人事科副主任科员，王春翔为聊城河务局财务科副主任科员，闫倩为冠县河务局副主任科员（聊人〔2018〕7号）。

1月18日，聘任刘德静为聊城河务局后勤服务中心副主任（试用期一年）（聊人〔2018〕8号）。

11月19日，经试用期满考核合格，任命：苏向农为聊城河务局办公室（党委办公室）副主任；杨爱芹为聊城河务局财务科副科长；霍航斌为临清河务局局长（聊人〔2018〕89号）。

3. 考核奖惩

1月16日，漳卫南局印发《关于表彰2017年度工程管理先进单位的通知》（漳建管〔2018〕3号），授予聊城河务局“2017年度工程管理先进单位”荣誉称号，授予冠县、临清河务局“2017年度工程管理先进水管单位”荣誉称号。

4月3日，根据《漳卫南局关于开展2017年度公务员和事业单位职工考核工作的通知》精神，按照述职述廉述学、民主测评和评优比例情况，经局党委研究，确定郝一军、曹祎、迟世庆2017年度考核为优秀等次，予以嘉奖。确定迟瑞雪、徐立彦、许晖、万青同志为“2017年度事业人员优秀职工”。

4月4日，漳卫南局印发《关于公布局属各单位、德州水电集团公司2017年度处级考核优秀结果的通知》（漳人事〔2018〕17号），张华连续3年考核被确定为优秀等次，记三等功一次。

4. 教育培训

按照培训计划共举办培训班4个，参加培训90余人次，人均培训时间为35个学时，培训率为60%。内容涵盖防汛抢险、安全生产、水行政执法、水文技术等。

选派相关人员积极参加上级组织的各类培训班，培训达70余人次，人均培训时间为17个学时，培训率为47%。培训内容涵盖党性教育、纪律审查、防汛抢险、安全生产、河长制、水行政执法、水资源保护、财务管理、保密知识等。

全体职工在中国水利教育培训网站进行网络教育培训处级干部网络学时通过率达到100%，科级及以下干部网络学时通过率达到100%。

全局干部职工参加集体学习700余人次，人均学习时间为58个学时，培训率为100%。

5. 机构设置与调整

（1）2月28日，成立聊城局水利工程维修养护市场化试点工作领导小组，全面行使穿卫枢纽管理所水利工程维修养护市场化试点工作的组织、指导、协调和监督等职责。领导小组成员组成如下。

组　长：张　华

副组长：王玉哲

成　员：郝一军　杨爱芹　孙连根　迟世庆

（2）3月12日，成立聊城河务局往来款项清理工作领导小组，负责领导聊城局往来款管理工作，研究、协调、解决聊城局往来款项清理工作。领导小组成员组成如下。

组　长：张　华

副组长：张　君

成　员：杨爱芹　刘玉俊　郭爱民　霍航斌　曹　祎　迟世庆

领导小组下设办公室，承担领导小组的日常工作。办公室设在财务科，主任由张君兼任，成员有王春翔、杨爱芹、刘玉俊。

(3) 3月12日，调整安全生产工作领导小组，其组成人员如下。

组　长：张　华

副组长：王玉哲

成　员：曹　祎　迟世庆　霍航斌　司秀林　郝一军　迟瑞雪　张春华　杨爱芹

(4) 5月24日，调整防汛抗旱组织机构。

1) 局防汛抗旱领导小组。

组　长：张　华

副组长：魏　强　吴怀礼　王玉哲　彭士奎

成　员：苏向农　张春华　杨爱芹　孙连根　郝一军　郭爱民　迟瑞雪　司秀林
　　　　曹　祎　霍航斌　迟世庆

下置各职能组织如下。

• 工情组

组　长：郝一军

成　员：范宪煜　张　玮

• 水情组

组　长：张春华

成　员：王春祥　张　蕊

• 物资组

组　长：杨爱芹

成　员：张保兰

• 通信组

组　长：迟瑞雪

成　员：徐立彦　梁　红　周艳君

• 宣传组

组　长：苏向农

成　员：李　飞

• 后勤组

组　长：司秀林

成　员：刘德静

• 综合组

组　长：孙连根

成　员：王立云

• 安全组

组　长：郭爱民

成　员：刘德庆

2）成立局防汛办公室。办公地点设在局工程科，处理防汛日常工作。郝一军任主任，张春华、孙连根、郭爱民、杨爱芹、苏向农、司秀林、迟瑞雪为成员。

（5）调整信息宣传工作领导小组，其组成人员如下。

组　长：张　华

副组长：王玉哲

成　员：苏向农　张春华　杨爱芹　孙连根　郝一军　郭爱民　迟瑞雪　司秀林
霍航斌　迟世庆　曹　祎

信息宣传领导小组下设办公室，设在局办公室，具体负责信息宣传日常工作，由苏向农兼任办公室主任。各单位、科室信息宣传员如下。

局机关：李　飞　张春华　杨爱芹　王立云　郝一军　郭爱民　徐立彦　刘德静

冠县河务局：曹　祎

临清河务局：许　晖

穿卫枢纽管理所：万　青

（6）调整安全生产应急领导小组，其组成人员如下。

组　长：张　华

副组长：魏　强　王玉哲

成　员：司秀林　张春华　郭爱民　迟瑞雪　孙连根　徐立彦　郝一军

成立安全生产应急管理办公室并与局工程科合署办公，处理安全生产应急管理日常工作，王玉哲任主任。

（7）调整精神文明建设工作领导小组，其组成人员如下。

组　长：张　华

副组长：魏　强　王玉哲

成　员：苏向农　张春华　杨爱芹　孙连根　刘玉俊　郝一军　郭爱民　司秀林
迟瑞雪　霍航斌　曹　祎　迟世庆

领导小组下设办公室，设在局办公室，负责文明创建日常工作。主任由王玉哲兼任，成员有苏向农、张玮、李飞。

（8）调整“两学一做”学习教育常态化制度化领导小组，其组成人员如下。

组　长：张　华

副组长：魏　强　王玉哲

成　员：苏向农　孙连根　刘玉俊　徐立彦

聊城局“两学一做”学习教育常态化制度化领导小组下设办公室。主任由王玉哲兼任。办公室下设综合协调组、宣传信息组、督导检查组等三个职能工作组。成员如下。

1）综合协调组。

组　长：孙连根

成　员：王立云

2）宣传信息组。

组　长：苏向农

成　员：张　玮　李　飞

3）督导检查组。

组　长：刘玉俊

成　员：徐立彦

（9）调整信访工作领导小组，其组成人员如下。

组　长：张　华

副组长：魏　强　王玉哲

成　员：苏向农　张春华　杨爱芹　孙连根　郭爱民　司秀林　曹　祎　迟世庆　霍航斌

领导小组下设办公室，设在局办公室，由苏向农同志兼任办公室主任。

（10）调整保密工作领导小组，其组成人员如下。

组　长：张　华

副组长：王玉哲

成　员：苏向农　张春华　杨爱芹　孙连根　郝一军　刘玉俊　曹　祎　霍航斌　迟世庆

（11）调整计划生育领导小组，其组成人员如下。

组　长：张　华

副组长：王玉哲

成　员：苏向农　孙连根　刘玉俊

局计划生育工作领导小组下设办公室，具体负责日常工作的组织开展，由苏向农兼任主任。

（12）调整档案管理工作领导小组，其组成人员如下。

组　长：王玉哲

成　员：苏向农　杨爱芹　孙连根　郝一军

（13）调整普法工作领导小组，其组成人员如下。

组　长：张　华

副组长：吴怀礼

成　员：张春华　苏向农　杨爱芹　孙连根　郝一军　郭爱民　迟瑞雪　司秀林

局普法工作领导小组办公室设在水政水资源科，具体负责日常工作的组织开展，由张春华兼任主任。

（14）调整网络与信息安全管理领导小组，其组成人员如下。

组　长：王玉哲

成　员：迟瑞雪　霍航斌　曹　祎　迟世庆　徐立彦

（15）调整社会治安综合治理工作领导小组，其组成人员如下。

组　长：魏　强

成　员：司秀林　苏向农　张春华　杨爱芹　孙连根　郝一军　郭爱民　迟瑞雪

社会治安综合治理工作领导小组下设办公室，具体负责日常工作的组织开展，人员组成如下。

主　任：司秀林（兼任）

副主任：刘德静

成　员：范宪煜

（16）调整爱国卫生运动委员会，其组成人员如下。

主　任：魏　强

成　员：司秀林　苏向农　张春华　杨爱芹　孙连根　郝一军　郭爱民　迟瑞雪

爱国卫生运动委员会下设办公室，具体负责日常工作的组织开展。爱委会办公室主任由司秀林兼任，徐立彦任副主任。

（17）调整节能减排工作领导小组，其组成人员如下。

组　长：魏　强

成　员：苏向农　张春华　杨爱芹　孙连根　郝一军　郭爱民　迟瑞雪　司秀林

聊城局节能减排工作领导小组下设办公室。办公室设在后勤服务中心，负责聊城局节能减排监督管理、节能制度和节能措施的组织实施、能耗统计等具体工作。

（18）成立聊城局专项治理三年行动领导小组和工作机构，人员名单如下。

1）聊城局专项治理三年行动领导小组。

组　长：张　华

副组长：魏　强　王玉哲

成　员：苏向农　杨爱芹　孙连根　刘玉俊

2）聊城局专项治理三年行动领导小组工作机构。聊城局专项治理三年行动领导小组下设办公室，办公室主任由王玉哲兼任，小组成员负责综合协调工作，通过群众信访、专项检查、明察暗访、政治巡察、上级反馈等形式及时发现问题线索，重点盯住群众反映强烈、社会影响恶劣的突出问题开展工作，并按干部管理权限及规定程序移交相关部门。

（19）成立聊城河务局询价小组，小组成员如下。

组　长：吴怀礼

成　员：杨爱芹　刘玉俊　苏向农　郝一军　司秀林

（20）调整聊城局内部控制建设领导小组，负责领导聊城局内部控制的管理工作，研究、协调、解决聊城局内部控制基础性评价、制度建设、内控体系运行等工作中的重大问题，负责聊城局内部控制风险评估工作。领导小组成员如下。

组　长：张　华

成　员：苏向农　杨爱芹　孙连根　郝一军　刘玉俊

领导小组下设办公室，承担领导小组的日常工作。办公室设在财务科，主任由张华兼任，副主任由杨爱芹兼任，成员有苏向农、刘玉俊、王立云、王春翔。

（李　飞）

【财务管理】

2018 年 9 月 25 日，根据财政部《中央和国家机关差旅费管理办法》（财行〔2013〕

531 号）及漳卫南局相关规定，制定《聊城局差旅费管理办法》；规范账户管理、账户年检工作，完成五级单位账户开立工作。

（李　飞）

【审计监督】

2018 年 3 月，制定《水利行业廉政风险防控手册（综合事业部分）》，加强对堤防绿化、土地租赁、合同签订等项工作的监督与管理。4 月 25 日，制订年度审计工作要点，落实审计工作制度。6 月，协助漳卫南局审计小组对聊城局预算执行情况进行审计，并做好整改落实。10 月下旬，完成聊城局所属三级局预算执行情况的审计工作；11 月中旬，完成聊城局 2017 年水利工程维修养护经费使用与管理的审计，推进维修养护经费审计工作。11 月下旬，完成冠县河务局局长曹祎的经济责任任中审计，促进领导干部依法作为、主动作为、有效作为，切实发挥审计在廉政风险防控体系中的作用。

（李　飞）

【综合管理】

认真贯彻落实上级决策部署，及时召开工作会议、党风廉政建设工作会议等，传达上级精神，落实工作部署，确保上级各项决策落到实处。细化《目标管理指标体系》，12 月上旬，组织完成对局属各科室、各单位年终考核工作。精心做好公文处理工作，全年共传阅上级来文 156 件，印发行政类文件 100 件、党委类 20 件。加强信息宣传工作，分解量化信息报送任务，全局在漳卫南局网站上稿 27 篇。加强档案管理，及时收集各类文件档案资料，精心整理、严格立卷，按规定执行借阅制度，完成了 2017 年档案资料的整理归档工作。做好“两会”期间信访维稳工作，大力开展职工来信来访处理和矛盾排查化解工作，2018 年未发生重大信访事件。

（李　飞）

【安全生产】

2018 年 2 月 8 日，开展水利工程运行管理生产安全事故隐患判定工作并形成报告。制订 2018 年安全生产工作要点和聊城局 2018 年安全生产工作计划，明确全年工作任务。5 月 30 日，印发“安全生产月”活动实施方案，并按方案内容及要求开展活动。有针对性地实施安全生产大检查，开展水利工程管理单位安全生产标准化建设活动，制定 30 多项涉及安全生产领域的管理运作制度，并初步形成比较完善的安全生产管理制度体系。2018 年安全生产无任何责任事故。12 月 3 日，开展 2018 年度安全生产目标管理考核，形成自查报告。

（李　飞）

【党群工作与精神文明建设】

1. 党群工作

制定《聊城局“大学习、大调研、大改进”工作实施方案》，做好“支部结队共建 1+1”工作，与联系村支部共同开展“大学习、大调研、大改进”“建党 97 周年”“扫黑除恶”等活动，有效推进与地方党支部党建工作齐头并进；继续推进“两学一做”学习教育常态化制度化，以党委中心组、三会一课为平台，做好十九大精神的学习贯彻，参与山东省委组织部组织的“灯塔—党建在线”十九大知识竞赛。

2. 精神文明建设

深入推进精神文明建设，制订年度工作要点，按照临清市文明办的要求，以“身边好人”“临清好人”推荐为抓手，倡导文明向上的精神面貌，按时完成月推荐任务，聊城局职工入选第二期“临清好人”敬业奉献模范。举办四期道德讲堂知识讲座。11 月初，认真做好市级文明单位复查资料整编，于 11 月 10 日顺利通过市级文明单位复查验收。在“三八”妇女节、清明节、“五一”劳动节以及“五四”青年节等节日期间，开展形式多样、丰富多彩的文体活动，组织参加漳卫南局第一届职工运动会和漳卫南局第一届艺术节，并取得优异成绩。

（李　飞）

【党风廉政建设】

1. 党风廉政责任体系建设

分别于 3 月、7 月召开党风廉政建设工作会议和第二次纪检监察专题会议。3 月，制定印发《党风廉政建设考核指标体系》和《党风廉政建设工作要点》，制订了局党委、党委成员党风廉政建设责任清单；签订《党风廉政建设责任书》《党风廉政建设承诺书》以及《岗位廉政建设承诺书》；3 月 30 日，党委书记与各单位、各科室主要负责人进行集体常规约谈。7 月 5 日，调整党风廉政建设责任制领导小组，明确党风廉政建设责任分工。11 月 30 日和 12 月 4 日组成党风廉政建设考核小组，对所属单位、机关科室党风廉政建设及领导干部廉洁自律情况进行检查考核。经考核，2018 年局属单位和机关各科室党风廉政建设执行情况良好，未发生违反党风廉政责任制行为。

2. 风险防控机制建设

3 月 20 日，完成《水利行业廉政风险防控手册》的修订工作，增加综合事业部分和水文监测部分。

3. 廉政警示教育

利用理论学习、宣传栏、LED 显示屏大力开展廉洁从政学习教育与宣传活动，组织党员干部观看《辉煌中国》系列专题片、《永远在路上》《蜕变的人生》《隐患直击》等警示教育片，提高了党员干部的廉洁从政意识。8 月，开展了以“十个一”活动为主要内容的廉政警示教育月活动。

（李　飞）

邢台衡水河务局

【工程管理】

1. 堤防绿化

邢台衡水河务局（以下简称“邢衡局”）按照《海河水利委员会直属水利工程绿化管

理办法》和维修养护标准的要求进行春季绿化，通过“五统一”种植模式，确保种植树木的规范化、科学化和效益化；加大绿化监管力度，督促基层局对堤坡植树进行逐步清除，保障绿化布局的合理性，确保绿化承包合同签订与执行过程规范化。2018 年春，全局共植树 3 万余棵，集中清理堤坡违规植树 1600 余棵，并采用人工剪网、机械喷药、飞机撒药等多种形式对树木病虫害进行有效防治，巩固了堤防绿化成果，维护了河道生态安全。2018 年共实现绿化收入 4.46 万元。

2. 日常维修养护

邢衡局根据 2018 年工程管理工作要点，扎实推进日常维修养护各项工作：以海河水利委员会重点督查为契机，对所辖堤防工程进行了全面整修，对内业资料进行了系统整理，编写《邢台衡水河务局河道堤防运行管理监管情况汇报》；制定《邢衡局水利工程维修养护管理廉政风险防控责任清单》，建立健全维修养护廉政防控体系；把握河北省大运河文化带建设大好机遇，争取地方资金硬化故城局堤段 7km 堤顶路面，促成了运河公园国家级水利风景区挂牌。以上工作的顺利开展，有效提升了堤防面貌，确保工程完整良好运行。

3. 维修养护政府采购试点工作

2018 年，按照漳卫南局要求，邢衡局积极推进维修养护政府采购试点工作。以清河局为试点单位，面向社会进行公开招投标，各项招投标程序严格按照《中华人民共和国政府采购法》《中华人民共和国招投标法》的相关规定，确保公平、公开、公正。

（许　琳）

【水政水资源】

1. 水法宣传

邢衡局按照“七五”普法规划和上级部署，及时制订了《邢衡局 2018 年水利普法依法治理工作计划》，并有序开展相关工作。为确保“3·22 世界水日”“中国水周”法制宣传活动取得积极成效，邢衡局联系工作实际，紧密结合“实施国家节水行动，建设节水型社会”活动主题，制订了详细的活动计划，通过集体学习、组织网络答题、悬挂横幅标语等多种活动形式，在全局营造了良好的节水氛围；同时，组织全局职工深入沿河集市，张贴“节约用水”主题宣传画，发放宣传材料，设立水法宣传台，以培养沿河群众节水、护水意识。活动共设立宣传台 2 处，悬挂宣传条幅 10 余幅，发放宣传材料 10000 余份，出动宣传车辆 6 台，宣传员 30 余人次。

2. 队伍建设

为抓好水政队伍管理和能力建设，邢衡局 2018 年开展了宪法培训、行政执法培训、水资源管理培训等，以水法、防洪法等法律法规为重点，以水行政执法实施办法为抓手，使每位水政执法人员在执法过程中做到程序合法规范，正确运用法律法规，取得较好的培训效果；配合地方法制办完成全局水政监察人员的执法证件审验及清理工作。

3. 执法巡查与取水监督管理

2018 年，邢衡局严格落实《漳卫南局水污染应急预案》《邢衡局水政水资源管理月报制度》《邢衡局水行政执法巡查制度》，有序开展水政执法巡查工作，加大日常巡查工作力度，及时将违法行为消灭于萌芽状态；同时积极开展取水许可延续工作，加强所辖范围内的取水口监督管理，对取水时间和过程进行跟踪，按时报送水资源管理月报，全年没有发现超计划取水现象。在4月中旬开始的漳卫南局“引岳济衡”“引岳济沧”调水过程中，全局加强输水巡查，积极配合上级输水工作和取水监控设施安装工作，未出现擅自取水排污现象。

4. 河长制工作和“清四乱”专项行动

邢衡局积极落实河长制各项政策要求，密切配合邢台、衡水两市政府扎实推进河长制工作，有效开展“清四乱”专项行动，充分发挥参谋作用。2018年，邢衡局再次组织对河道内的违章建筑、违章种植、违章养殖等问题进行全面摸底调查，掌握第一手资料，并积极与地方河长办的沟通协调，为河北省“一河一档”“一河一策”“清四乱”列出问题清单，有效遏制了堤防垃圾等违章行为；全年结合“清四乱”专项行动，共清理树障30余万m^2，拆除违建房屋183m^2、蔬菜大棚21420m^2。

（许　琳）

【防汛工作】

邢衡局在防汛工作中始终坚持“以防为主，防重于抢”的工作方针，全面落实防汛抗旱工作职责；及时进行汛前检查并编写《邢衡局2018年汛前检查报告》上报漳卫南局及地方防指；修订完善卫运河、南运河的防洪预案，并下发至三县执行；加强与地方政府及相关业务部门的联系与配合，督促地方防指落实以行政首长负责制与配合，督促地方防指落实以行政首长负责制为核心的各项防汛责任制，并联合清河县防指组织开展有200余人参加的防汛演练；严格落实防汛值班制度，重点加强对辖区内浮桥、险工、穿堤涵闸的管理，确保所辖堤防工程安全度汛。汛期内，邢衡局干部职工严格执行防汛值班带班制度，严密观测天气形势，对每日的水雨情及时进行登记，对防汛活动情况进行准确的统计、汇报，做到信息的上传下达及时、准确。

（许　琳）

【人事管理】

1. 人事任免、聘任

2018年1月19日，经任职试用期满考核合格，任命高艳辉为财务科副科长（主持工作）（邢衡人〔2018〕7号）。

2018年2月23日，经中共邢衡局党委研究并报上级同意决定，任命许琳为办公室（党办）主任（试用期一年），免去其办公室（党办）副主任的职务；任命石爱华为人事（监察审计）科科长（试用期一年），免去其人事（监察审计）科副科长的职务（邢衡人〔2018〕12号）。

2018年2月23日，经中共邢衡局党委研究决定，中共邢衡局党委1月26日决定，任命牛亚楠为人事（监察审计）科副主任科员；免去其办公室（党办）科员的职务（邢衡人〔2018〕13号）。

2018年7月11日，经试用期考核合格，任命张亚东为漳卫南运河清河河务局副局长（邢衡人〔2018〕34号）。

2018 年 7 月 11 日，经试用期考核合格，任命郝曾麒为漳卫南运河邢台衡水河务局水政水资源科科员；郜暖为漳卫南运河邢台衡水河务局财务科科员；张华为漳卫南运河邢台衡水河务局工程管理科（防办）科员（邢衡人〔2018〕34 号）。

2018 年 7 月 24 日，根据漳卫南局对我局事业单位岗位设置方案的批复，经局研究聘任康健为专业技术岗位十二级，聘期 3 年（邢衡人〔2018〕36 号）。

2. 机构设置与调整

(1) 2018 年 1 月 9 日，为确保“道德文化讲堂”工作落到实处，成立“道德文化讲堂”领导小组，由办公室统筹计划安排实施（邢衡办〔2018〕2 号）。

组　长：赵铁群

副组长：许　琳

成　员：杨治江　高艳辉　石爱华　韩　刚　夏洪冰　高　峰　张宝华

(2) 2018 年 2 月 8 日，为确保推进河长制工作顺利开展，进一步明确分工和职责，经研究，设立邢衡局局辖河道河长，设立河长制办公室，具体分工和职责如下。

总 河 长：尹　法

副总河长：王海军（负责全局河长制工作，并分管故城局河长制工作）

副总河长：赵铁群（分管临西局河长制工作）

副总河长：王建新（分管清河局河长制工作）

临西局局辖卫运河河长：杨志伟

清河局局辖卫运河河长：姚红梅

故城局局辖卫运河、南运河河长：谢金祥

河长制办公室主任：杨治江

总河长对全局推进河长制工作负总责，对全局推进河长制工作进行总督导、总调度。各副总河长负责指导、协调分管河务局河长制工作，督导下级河长和有关单位、部门履行职责；组织研究河道管理工作措施，协调解决河道管理重大问题。县级局河长负责局辖河道河长制有关工作，承担所辖河道管理工作，协调解决河道管理中出现的问题。河长制办公室设在水政水资源科，负责承办、协调、督导河长制日常工作（邢衡水政〔2018〕10 号）。

(3) 2018 年 3 月 8 日，为了更好地贯彻落实中共中央、国务院《关于实行党风廉政建设责任制的规定》，加强对党风廉政建设责任制的组织领导、工作部署和检查指导，根据局领导班子分工情况，现对我局党风廉政建设责任制领导小组成员及责任分解调整如下。

组　长：尹　法

副组长：王海军　赵铁群　王建新　苏文静

成　员：杨志伟　姚红梅　谢金祥　许　琳　石爱华　韩　刚　杨治江　张宝华
　　　　高　峰　高艳辉　夏洪冰

领导小组下设办公室，办公室设在人事（监察审计）科，承担我局党风廉政建设日常工作。

(4) 2018 年 3 月 9 日，为进一步加强财务管理，解决往来款项长期挂账问题，按照上级要求，根据《事业单位财务规则》《事业单位会计制度》等有关规定，经研究决定成立邢衡局往来款项清理工作领导小组，主要负责邢衡局往来款项清理的具体工作。领导小组组成人员如下。

组　长：尹　法

副组长：苏文静

成　员：高艳辉　杨志伟　姚红梅　谢金祥　郭志达　郜　暖　范宪义　王荣海　马冬梅

领导小组下设办公室，办公室设在财务科，主任由高艳辉兼任。该小组为临时机构，项目完成后自行撤销（邢衡财〔2018〕32号）。

（5）2018年5月2日，邢衡局2017年堤防雨毁修复项目已竣工，并完成竣工财务决算。根据漳卫南局审计处《关于邢衡河务局2017年堤防雨毁修复项目委托审计的通知》（漳审便字〔2018〕2号）文件要求，成立邢衡局2017年堤防雨毁修复项目审计小组，依据《海河水利委员会应急度汛工程资金使用管理规定》《事业单位会计制度》等相关规定对该项目进行审计，成员组成如下。

组　长：赵铁群

副组长：苏文静

成　员：石爱华　牛亚楠　段树民

审计小组负责审计2017年堤防雨毁修复项目，并充分发挥内部审计在规范管理、防范风险、源头监管、完善治理的作用，针对审计过程中存在的问题进行及时反馈和监督（邢衡人〔2018〕22号）。

（6）2018年5月10日，根据《中共漳卫南局党委关于开展党员发展工作专项核查的通知》（漳党〔2018〕19号）文件要求，经邢衡局党委研究决定，在全局开展党员发展工作专项核查，并成立专项核查工作小组（邢衡办〔2018〕33号），人员组成如下。

组　长：尹　法

副组长：王建新

成　员：石爱华　许　琳　牛亚楠

（7）2018年5月23日，调整2018年邢衡局防汛抗旱组织机构如下（邢衡工〔2018〕27号）。

1）防汛抗旱工作领导小组。

组　长：尹　法

副组长：王海军　赵铁群　王建新　苏文静

成　员：韩　刚　许　琳　杨治江　高艳辉　石爱华　夏洪冰　高　峰　张宝华

2）防汛抗旱办公室。

主　任：王海军

副主任：韩　刚

成　员：张　华

（8）2018年6月4日，根据工作需要，邢衡局专项治理三年行动领导小组和工作机构组成人员如下。

组　长：尹　法

副组长：王海军　赵铁群　王建新　苏文静

成　员：许　琳　高艳辉　石爱华　牛亚楠

邢衡局专项治理三年行动领导小组下设办公室，办公室主任由赵铁群兼任。办公室下设综合组、线索组和督查组。综合组组长由办公室主任担任，负责综合协调工作和办公室日常事务；线索组组长由人事（监察审计）科科长担任，负责收集各单位（部门）和督查组发现的问题线索，并按干部管理权限及规定程序移交相关纪检部门。督查组负责对各单位（部门）督导检查，组长由财务科科长担任，通过原始票据、经费开支等财务审查及时发现问题线索；副组长由人事（监察审计）科副主任科员担任，通过群众信访、专项检查、明察暗访、政治巡察、上级反馈等形式及时发现问题线索；重点盯住群众反映强烈、社会影响恶劣的突出问题开展工作（邢衡党〔2018〕16 号）。

（9）2018 年 12 月 24 日，成立工程管理考核及水利工程日常维修养护项目验收小组（邢衡工〔2018〕53 号）。人员组成如下。

组　长：王海军

成　员：韩　刚　杨治江　索荣清　张　华

3. 人员变动

2018 年 7 月，新招录参公人员 2 人（季晓丰、李悦）；事业人员 2 人（魏韬、杨田）。

截至 2018 年 12 月 31 日，全局在职工作人员 55 人，其中参公人员 29 人，事业人员 26 人。

4. 职工培训

2018 年，邢衡局共举办宪法学习、防汛抢险知识、安全生产、水行政执法、河长制、水资源管理、十九大精神学习、网络信息安全知识、公文处理、财务知识等 10 个培训班，培训人数共 308 人次。邢衡局职工参加上级举办的线下培训班 29 个，共计 71 人次。邢衡局制订了《邢衡局 2018 年道德文化讲堂实施方案》。邢衡局共组织道德文化讲堂 39 期（其中机关 16 期、临西局 11 期、清河局 4 期、故城局 8 期），参加 522 人次。邢衡局处级干部网络学时通过率达到 100%，累计参加人事部门认可的教育培训时间平均 254.6 学时；科级及以下干部网络学时通过率达到 100%，累计参加人事部门认可的教育培训时间平均 169.7 学时。

5. 职称评定和工人技术等级考核

（1）2018 年 6 月 25 日，经海河水利委员会评审，范文勇具备工程师任职资格（海人事〔2018〕23 号）。

2018 年 7 月 1 日，经漳卫南局认定，康健具备助理工程师任职资格（漳人事〔2018〕45 号）。

（2）聘任康健为专业技术岗位十二级，聘期三年（2018 年 7 月 24 日至 2021 年 7 月 23 日）（邢衡人〔2018〕36 号）。

聘任解士博为专业技术岗位九级，聘期 3 年（2018 年 12 月 1 日至 2021 年 11 月 30 日）（邢衡人〔2018〕52 号）。

6. 表彰奖励

2018年1月16日，漳卫南局印发《漳卫南局关于表彰2017年度工程管理先进单位的通知》（漳建管〔2018〕3号）授予邢衡局“2017年度工程管理先进单位”荣誉称号；授予清河河务局“2017年度工程管理先进水管单位”荣誉称号。

2018年1月17日，漳卫南局印发《漳卫南局关于表彰2017年度先进单位、先进集体的决定》（漳办〔2018〕2号），授予邢衡局“漳卫南局2017年度先进单位”荣誉称号。

2018年4月4日，漳卫南局印发《漳卫南局关于公布局属各单位、德州水电集团公司2017年度处级考核优秀结果的通知》（漳人事〔2018〕17号），尹法年度考核确定为优秀等次，根据《公务员奖励规定（试行）》，对上述优秀等次人员嘉奖一次。

2018年4月10日，漳卫南局印发《漳卫南局关于表彰2017年度优秀公文、宣传信息工作先进单位和先进个人的通报》（漳办〔2018〕5号），授予许琳“2017年宣传信息工作先进个人”荣誉称号。

2018年1月2日，根据年终目标管理考核结果，经局长办公会研究决定，授予清河局“邢衡局2017年度先进单位”荣誉称号，授予办公室、水政科“邢衡局2017年度先进集体”荣誉称号（邢衡办〔2018〕1号）。

2018年6月28日，为纪念建党97周年，扎实推进党的基层组织和党员队伍建设，充分发挥共产党员的先锋模范作用，结合开展“两学一做”学习教育活动，经过民主选举，各支部推荐，局党委研究，决定表彰6名优秀党员（许琳、牛亚楠、王宁宁、侯尚阳、王亚倩、谢金祥）（邢衡党〔2018〕19号）。

2018年12月26日，根据民主测评，邢衡局党委研究，确定2018年年度职工考核优秀人员为：参公人员（不含处级干部）3人（石爱华、张亚东、段树民）；事业人员3人（高峰、宋长城、王荣海）（邢衡人〔2018〕54号）。

（许　琳）

【财务管理与审计】

邢衡局严格按照财务制度和会计基础工作规范化的要求进行财务工作，合理安排收支，严格预算管理，按序时进度均衡使用资金，确保财经纪律的有效执行；配合漳卫南局审计处完成对邢衡局2017年预算执行情况的审计工作，对发现的问题及时进行整改；专门成立堤防雨毁修复项目审计小组，完成了对2017年堤防雨水毁工程的审计；强化预算执行审计监督，完成了对三个基层单位2017年预算执行情况的审计。

（许　琳）

【党建工作】

邢衡局机关党支部下设三个党小组，分别与基层三个党支部“结对共建”，确保党建工作上下联动、齐头并进。在全局开展弘扬马克思主义学风活动，坚持每周三集体学习。邢衡局2018年召开党委中心组学习（扩大）会议13次，主题党日活动12次，各党支部（党小组）自行组织学习共计90次；机关及局属各单位举办道德文化讲堂共计39期。量变引起质变，有效促进了各项工作的开展。邢衡局党委采取“书记带头讲党课、党员轮流讲党课”的方法，并通过微信、《邢衡局电子月报》《廉文鉴读电子版》以及团委黑板报等各种新载体，不断引导全局党员由做“合格党员”向做“优秀党员”迈进，真正使基层党支部“强”起来、全体党员“动”起来，形成“抓党建就是抓发展、抓发展必须抓党建”的工作理念。2018年，邢衡局基层党支部与地方政府相关部门（乡镇）的党组织开展了“结对共建、携手共进”活动，相互学习借鉴党建工作中好的经验和做法，并以此为平台，对防汛抗旱、水资源管理、河长制推进、“清四乱”等工作进行深入交流，为全局各项工作的开展营造了良好的外部环境，形成党建与业务工作深度融合、内外同频共振的新格局。

（许　琳）

【党风廉政建设工作】

邢衡局按照党要管党、从严治党的总体要求，组织召开2018年党风廉政建设会议，强化“主体责任”和“一岗双责”要求，签订《落实全面从严治党主体责任书》和《党风廉政建设承诺书》，建立一把手负总责、分管领导具体抓、其他领导协助抓的工作机制；结合工作实际，制订《2018年邢衡局党风廉政建设工作要点》，修订完善了《邢衡局2018年党风廉政建设考核指标体系》和《邢衡局关于落实中央八项规定和改进工作作风实施细则》；深入开展不作为不担当问题专项治理行动，坚持采取“四不两直”工作方法，对全局的党风廉政建设和工作作风进行全面督查；认真组织开展“廉政警示教育月”活动，通过专题座谈、集体约谈等方式对全局干部职工进行党风廉政警示教育。

（许　琳）

【安全生产】

邢衡局组织召开了2018年安全生产工作会议，对安全生产责任进行细化分解，与局属各单位、机关各科室及全体职工签订了安全生产管理目标责任书，并重点部署安全生产标准化建设工作；参加漳卫南局安全生产培训，制订《邢衡局安全生产月活动实施方案》，组织开展安全生产知识答题和网络及信息安全培训等各类活动；严格做好安全生产宣传和检查工作，将可能影响安全的薄弱环节和隐患分门别类登记造册，有重点地抓好车辆运行、防火防盗、工程施工等关键环节的管理，将安全隐患消灭在萌芽状态，确保全年安全生产零事故。

（许　琳）

【精神文明建设】

邢衡局不断加强省级文明单位动态管理工作和继续推进档案目标5A级管理。以道德文化讲堂为主要抓手，以国学经典为基础，以培育践行社会主义核心价值观为主线，以忠诚、干净、担当为标杆，切实加强“四德”建设，进一步提升全局干部职工的精神文明素质，营造风清气正的工作环境。邢衡局为进一步树立良好的单位形象，用积极向上、健康文明的系列活动激发干部职工的工作热情，营造和谐的工作氛围。积极组织职工参加漳卫南局首届运动会和艺术节，加强新闻报道宣传，开展“评先树优”活动，组织收看《榜样3》《马克思是对的》等专题片；开展“三八”妇女节踏青活动、“3·12”义务植树活动、“五四”青年节参观临清“六馆”等活动，不断树立健康理念，增强单位凝聚力；组织职工参加“服务进社区，文明进万家”活动，争做文明创建的参与者、宣传者和维护者，持续推进文明单位创建与保持工作。

（许　琳）

【综合管理】

邢衡局认真贯彻落实上级决策部署，及时召开2018年工作会议、党风廉政建设工作会议等，传达上级精神，确保上级各项决策落到实处。2018年共召开党委会27次，局务会议16次，大力推动党务、政务公开。细化《目标管理指标体系》，12月17—19日组成考核小组对各单位、科室目标管理工作进行检查考核。严格按照河北省机关档案5A级相关标准和要求做好资料申报及电子档案录入工作；严格要求文件接收传送流程，做到传送及时、办报准确、保密安全；根据工作需要和形势的发展不断创新督查方法，深入沿河各村了解群众关心的热点、难点问题，排查摸底，提前介入，超前处理，实现全年零信访。截至12月31日，传阅上级来文168件，印发行政类文件59件，党群类文件29件，在漳卫南运河网发表报道77篇。

（许　琳）

【经济创收】

为充分发挥水资源的社会效益和市场效益，邢衡局全年加强水资源监管，积极同沿河地方政府磋商，通过不懈努力，三个基层局均实现了同地方水务部门签订供水协议，共为沿河提供农业用水逾6000万m^3，水费征收从2017年的10万元提升至2018年的124万元，实现了“从无到有，从少到多”的新突破，为单位可持续发展提供了良好的经济保障。

（许　琳）

德州河务局

【工程管理】

1. 日常维修养护

各水管单位及时下达周期性养护项目和集中性养护项目的任务书，组织人员进行单元质量评定和水管单位验收；每月25—28日，组织人员对经常性养护项目进行月度考核并通报。

德州河务局（以下简称“德州局”）组织人员对维修养护项目进行不定期检查，每季度对水管单位维修养护工作进行考核。

2018年，全线清理杂草杂树两遍，堤顶整修2～3遍，堤防整修15.6km，黏土包胶21.9km，堤肩整修18km，硬化路面维修35.7km，控导工程翻修110m，獾洞处理6处，堤防隐患探测22.35km，补设界桩356个，增设标志牌37个，堤防绿化6.3万棵，戗台畦田埂、护堤地界埂整修，堤肩行道林全部涂白，标志牌（碑）字迹醒目。

12月17—20日，完成德州局2018年水利工程维修养护验收和工程管理年终考核工作。

夏津河务局、宁津河务局被漳卫南局授予“2018年度工程管理先进水管单位”荣誉称号。

2. 维修养护市场化试点推进

为保障试点工作顺利开展，2月28日，德州局成立了由局长担任组长的水利工程维修养护市场化试点工作领导小组，负责水利工程维修养护市场化试点工作的组织、指导、监督。3月13日，夏津河务局、宁津河务局选择具有甲级资质的天勤工程咨询有限公司作为招标代理机构，负责招标工作；3月19日，在中国招标投标服务平台、中国政府采购网、海河水利网上发布招标公告；4月9日，召开开标评标会。4月18日，夏津河务局、宁津河务局与中标的德州鬲津水利有限公司签订2018年水利工程维修养护合同，标志着德州局水利工程维修养护市场化试点招标工作圆满完成。

4月27日，《德州局水利工程维修养护市场化试点招标工作总结》上报漳卫南局。

加强对夏津河务局、宁津河务局维修养护市场化试点项目实施过程管理，11月28日，《德州局水利工程维修养护市场化试点工作总结》上报漳卫南局。

3. 日常管理

8月15日，下发《德州局关于加强工程管理工作的通知》（德工〔2018〕19号）；8月23日，下发《德州局关于进一步加强维修养护管理工作的通知》（德工〔2018〕23号）；8月17日，转发了《海河水利委员会办公室关于印发漳卫南运河临漳河务局等单位水利工程运行管理督查意见的通知》（办建管〔2018〕10号），并提出具体要求。8月23日，召开德州河务局工程管理推进会，分析工程管理工作中存在的问题，交流工作经验。9月18日，下发《德州局关于水利工程维修养护集中性养护项目进展情况的通报》（德工〔2018〕24号），并印发《德州河务局水利工程维修养护项目管理程序》《德州河务局水利工程维修养护工程资料立卷归档要求的通知》（德工〔2018〕25号）。10月10日，将各单位自查发现问题及整改情况进行汇总上报漳卫南局。《德州局关于做好年终工程管理工作的通知》（德工〔2018〕33号）。10月19—21日，举办工程管理资料整理培训班，集中学习漳卫南局和德州河务局新修订的工程管理相关制度，对工程管理考核标准进行细致讲解，详细介绍工程管理工作流程，对漳卫南局水利工程维修养护廉政风险防控责任清单进行系统学习。2018年共下达通知11份，为工程管理规范化打下坚实基础。

在日常管理中，加大推行痕迹化管理，做到“有工作就有记录”，每次检查、每个电话、每次会议都进行了详细的记录，并利用微信平台及时交流、安排工作。

4. 制度修订

对《德州河务局水利工程维修养护季度考核》《漳卫南运河德州河务局工程管理考核办法》和《德州河务局水利工程维修养护管理办法实施细则》进行修订。10月8日，经局长办公会审定，同意印发。确保制度合规性和可操作性，并在工作中严格按照各项规章制度执行。

5. 结对帮扶

为了做好2018年工程管理工作，以提升水管单位工作质量、圆满完成年度任务为重点，发挥机关部门职能优势，开展结对帮扶活动，制订《德州河务局结对帮扶实施方案》。

机关部门根据工作实际，开展全面帮扶，在重要管理时段，结对科室派人在帮扶单位协助指导工作。8月中旬，开展对各水管单位堤防打草工作完成情况的考评，考评组查看了工程现场，对近期开展的清除堤防杂草杂树工作进行考评打分，及时通报考评情况。

（鲁晓莹）

【防汛抗旱】

1. 防汛准备

2018年3月5日，下发《德州局关于做好防汛抗旱准备工作的通知》，并完成引岳供水线路排查处理情况的上报。3月下旬，组织人员对所辖工程进行全面检查，摸清工程运行情况和度汛隐患，分别向漳卫南局和德州市防指上报汛前检查报告。

4月25日，成立漳卫河防汛抗旱办公室，调整防汛组织机构，落实领导分工包河责任制，明确各职能组的人员组成、岗位职责和工作要求。6月14日，召开德州局防汛抗旱会议，并举办一期防汛抢险技术培训班。6月15日，开展水闸工程防汛抢险应急演练，演练包括备用电源供电模式切换和检修闸门运行操作两科目。7月，督促地方政府落实以行政首长负责制为核心的各项防汛责任制。

2. 预案编制

结合汛前检查情况和漳卫河河道现状行洪能力，对防洪预案做进一步修订，经漳卫南局防办审查，5月17日由德州市人民政府防汛抗旱指挥部批准下发有关县（市）防指执行。

3. 河道清障、涉河建设项目管理

6月19日，以《漳卫河办公室关于迅速拆除堤肩围栏的报告》（德漳汛〔2018〕2号）恳请德州市防指督促相关责任单位立即拆除岔河、减河、南运河堤肩上的多处违规埋设围栏、篱笆，维护良好的管理秩序，确保防洪安全。协调城市防汛主管部门做好河道景区度汛管理，努力把涉河建设项目和景区对河道行洪的不利影响降到最低，同时督促卫运河3座浮桥业主制订了度汛应急预案。

4. 台风防御

为应对2018年第10号台风“安比”的影响，7月22日19时30分，德州河务局召开紧急防汛会商会议，部署安排防汛关键时期的各项工作，并派出工作组进行督导检查。按照防洪预案要求，做好各项落实准备工作，并对台风可能造成的高空坠物等安全隐患进行排查并及时处理。8月13—15日，受台风“摩羯”的影响，德州市出现区域性暴雨过程，其中全市平均降水量达到110.9mm，最大降水量达到234.3mm，本次降雨历时长、强度大、破坏性强，使堤坡、堤身冲沟密布，堤顶多处积水，造成堤防工程多处毁坏。据现场调查统计，发生浪窝663处，需要填筑土方20310m^3。德州河务局及时组织工程技术人员上堤检查，掌握雨毁情况，及时进行统计上报并及时处理。

为确保德州局2018年防洪工程雨毁修复项目的顺利完成，经研究，成立德州局防洪工程雨毁修复项目领导小组（德人〔2018〕18号），人员组成如下。

组　长：杨百成

成　员：崔莹莹　李　梅　唐绪荣　陈卫民　李于强　蔡吉军　柴木林　雷冠宝

张金涛

该小组为临时机构，负责德州局防洪工程雨毁修复项目的组织实施。负责施工质量、进度控制，负责工程档案的整理与管理工作，组织工程验收。工作结束后，该小组自行撤销。

认真贯彻落实漳卫南局对审计工作的部署要求，开展2017年维修养护经费决算审计、所属基层局4个单位的离任审计、对德州局2017年堤防雨毁修复项目竣工决算审计以及所属6个基层局在办公费、会议费、培训费、差旅费、印刷费及车辆维修等方面预算执行情况审计和预算资金使用效果调查。履行审计监督职责，发挥了内审的监督、服务作用，加强单位内控管理，防范风险，强化了审计的免疫功能。

（鲁晓莹）

【水政工作】

1. 水法宣传

在“世界水日”“中国水周”期间组织团员青年等20余名职工沿德州局所辖堤防进行“水法宣传”骑行活动。“世界水日”“中国水周”和“12·4”法制宣传日期间共设立14个宣传站、发动宣传车16次，组织职工发传单8000余份，受教育群众数万人。

2. 水行政执法

根据《德州河务局水政巡查制度》规定，德州局水政监察支队及局属水政检查大队采取定期与不定期相结合的方式进行巡查，对各类水事案件要做到及时发现和及时处理。2018年度无新立案件，2017年遗留案件3起，全部结案。

3. 水政执法队伍建设

2018年，分别于3月25日、7月5日、3月29日开展水政执法监督培训班，邀请漳卫南局有关专家和律师就新形势下行政执法和管理形势，水事违法案件典型案例、水行政法律知识解析等进行讲解，同时赴兄弟单位参观学习，提升干部职工执法水平。

4. 水资源管理

对所辖的76个排取水口进行定期检查。督促取水户按照海河水利委员会要求重新填报取水资料，并录入海河水利委员会取水许可系统，截至2018年年底，已有4处取水口办理许可证（其中夏津河务局3处、武城河务局1处）。武城和德城的3个重要的取水口已安装自动监测设备，进入国家水资源管理平台，届时能够实时监测到实际取水量，提高了管理水平。

5. 水资源保护

按照水资源管理制度，加强德州局所辖范围内水功能区的巡查力度，对利用排涝涵闸管及私设排污管的违法违规行为及时查处并及时上报漳卫南局。配合漳卫南局水保处对所辖区域的水质进行监测，对水质变化明显的口门进行重点监测，提高应急处置能力，预防突发水污染事件发生。加强节假日等时段安排专人盯防重点口门，发现问题及时处置并上报。

（鲁晓莹）

【河长制工作】

2018年2月28日，为推进河长制工作顺利开展，进一步明确分工和职责，设立德州局所辖河道河长，具体分工和职责如下。

总河长：李　勇

卫运河（夏津、武城局所辖范围，含牛角峪退水闸、西郑庄分洪闸）、陈公堤河长：杨百成

岔河、减河、南运河（德城局所辖范围）河长：陈永瑞

漳卫新河（宁津局所辖范围）河长：肖玉根

漳卫新河（乐陵、庆云局所辖范围）河长：张　斌

推进河长制工作领导小组办公室主任（兼任）：陈永瑞

总河长对全局推进河长制工作负总责，对全局推进河长制工作进行总督导、总调度。各河道河长负责指导、协调分管河道河长制有关工作，督导有关单位、部门履行职责；组织研究河道管理工作措施，协调解决河道管理重大问题。推进河长制工作领导小组办公室主任负责协调、督导河长制日常工作（德人〔2018〕5号）。

德州局根据和山东省总河长令第一号有关要求和关于漳卫南局2018年推进河长制工作要点，于4月12日下发《德州局关于做好河长制有关工作的通知》（德水政〔2018〕1号），要求各基层局所辖范围内河长每月巡河1次，认真落实“清河行动”。7月，局领导班子成员按照责任分工，分成若干小组，分别到责任区域开展巡河工作。

4月，德城局拆除减河右岸违章建筑物共750m^2。6月27—28日，宁津河务局清除树木1000余棵；7月，庆云河务局清除漳卫新河滩地高秆农作物500余亩，清理工程管理范围内农作物10余亩；10月28日，宁津局及时破获一起盗伐堤防林木案；11月中旬，卫运河右堤武城县老城镇堤段、鲁权屯镇小堤口及甘泉村堤段等多处历史遗留的违建房屋彻底清除，累计达7300m^2；11月23日，历时一年多的岔河东方红路桥下违建房屋被彻底清除。

（鲁晓莹）

【人事管理】

1. 干部任免

（1）处级干部任免。

2018年7月10日，经试用期满考核合格，漳卫南局任命张斌为德州局副局长（漳任〔2018〕11号）。

（2）科级及以下干部任免。

2018年3月1日，任命刘风坡为漳卫南运河宁津河务局副主任科员，免去刘风坡漳卫南运河乐陵河务局副主任科员职务（德人〔2018〕6号）。

3月1日，免去任晋杰漳卫南运河德州河务局工管科科员职务，任命为漳卫南运河德州局水政水资源科科员（德人〔2018〕7号）。

3月14日，经任职试用期满考核合格，任命蔡吉军为漳卫南运河德城河务局局长，王雪飞为漳卫南运河德城河务局副局长（德人〔2018〕9号）。

7月13日，经试用期满考核合格，任命吕笑昊为乐陵河务局科员（德人〔2018〕13号）。

11 月 19 日，经任职试用期满考核合格，任命上官慧、范张衡为漳卫南运河德州局工管科副科长（德人〔2018〕16 号）。

11 月 26 日，经任职试用期满考核合格，任命蔡丽英为漳卫南运河德州局财务科副科长（德人〔2018〕17 号）。

2. 人员变动

2018 年招录参公人员 2 人（王祺、昝方堂），招录事业人员 2 人（王燕、叶婷）。干部交流结束调回原单位 1 人（李超），退休 2 人（刘文玲、赵淑霞），在职人员去世 1 人（曹华），退休人员去世 2 人（王全臣、刘金钟）。

截至 2018 年 12 月底，共有在职职工 117 人，其中，参公人员 57 人，事业人员 60 人；离退休人员 86 人，其中离休人员 4 人，退休人员 82 人。

3. 职称聘任

聘任综合事业中心祝云飞工程师专业技术职务，聘期三年（2018 年 7 月至 2021 年 6 月）（德人〔2018〕19 号）。

聘任后勤服务中心徐明德高级专业技术岗六级、综合事业中心李燕中级专业技术九级、综合事业中心鲁晓莹初级专业技术岗十一级，聘期三年（德人〔2018〕20 号）。

4. 职工考核

2018 年 12 月对德州局职工进行年度考核，考核结果如下。

参照公务员法管理优秀等次人员：张辉、柴木林、吕笑昊、赵全洪、李永春、杜军、李梅、黄明君。

事业优秀人员：邢兰霞、顾鹏飞、张洪升、崔占民、鲁敬华、罗志宝、侯永刚、程现楠、祝云飞。

连续三年考核优秀人员：邢兰霞。

5. 工资管理

2018 年 5 月 4 日，成立德州局事业单位实施绩效工资工作领导小组（德人〔2018〕11 号）。

组　长：李　勇

副组长：杨百成　陈永瑞　肖玉根　张　斌　李　超

成　员：赵全洪　崔莹莹　李　梅　刘　波　李德武　鲁敬华　刘滋田

2018 年完成年度考核称职（合格）或以上的职工工资的晋级、晋档及岗位调整与调资；完成 2018 年 7 月职工工资调整。完成 4 名新招人员的工资测算、审批、社会保险的新增等手续。

6. 社会保险

完成德州局在职职工与退休职工养老保险制度改革并轨的前期准备工作，完成全局在职职工与离退休职工基本信息的登记与上报工作。

7. 退休管理

完成退休人员 2018 年 1 月基本养老金调整及补发工作。

完成刘文玲与赵淑霞退休及待遇审批等工作。

8. 职工培训

做好培训评估、干部教育培训登记工作和网络录入与审核工作。为干部考核、上岗任用、职务晋升、专业技术职务评聘提供依据。2018年，德州局共举办各类培训班12期，参加培训人数达600余人次，选送80余人次参加海河水利委员会、漳卫南局及地方举办的各类培训班，共117人参加水利部网络教育培训并全部完成学习任务。

9. 法人年审

完成9个事业单位法人年审工作。

（鲁晓莹）

【财务管理与内部审计】

制定印发《德州河务局资金资产廉政风险防控手册》及《德州河务局固定资产管理办法》。为加强财务管理，解决往来款项长期挂账问题，提高资金使用效率，成立往来款项清理小组（德人〔2018〕8号）。

组　长：陈永瑞

副组长：崔莹莹　李　梅

成　员：鲁敬华　李德武　蔡丽英　陈为民　李于强　蔡吉军　柴木林　雷冠宝　张金涛

按照漳卫南局对审计工作的部署要求，开展2017年维修养护经费决算审计、所属基层局4个单位的离任审计、对德州局2017年堤防雨毁修复项目竣工决算审计、所属6个基层局在办公费、会议费、培训费、差旅费、印刷费及车辆维修等方面预算执行情况进行审计和预算资金使用效果调查。

（鲁晓莹）

【安全生产】

1. 工作机制

2018年，德州局以“安全第一、预防为主、综合治理”为方针，完善安全生产制度和应急管理预案体系。年初，及时调整安全生产工作领导小组，制订安全生产工作要点，提出安全生产工作重点和要求。局领导分别与局属各单位、机关各部门签订《安全生产目标管理责任书》，实行安全生产一票否决制，将安全生产列入目标管理考核体系。

结合工作实际，开展对各类安全生产规章制度进行全面梳理，对不适应安全生产工作的规章制度进行清理、废止、修订，对工程及设备运行安全操作规章制度进行更新、修订、补充完善，共计制（修）订47项制度。建成安全生产责任制度、安全生产教育培训制度、安全生产隐患排查治理制度、应急预案、安全生产事故统计及报告处理等方面的安全生产制度体系。

调整安全生产工作领导小组（德人〔2018〕10号），人员组成如下。

组　长：李　勇

副组长：肖玉根

成　员：赵全洪　杜　军　崔莹莹　李　梅　唐绪荣　刘　波　李德武　鲁敬华　陈卫民　李于强　蔡吉军　柴木林　雷冠宝　张金涛

安全生产领导小组办公室设在工管科，负责安全生产领导小组日常工作，办公室主任由唐绪荣兼任，办公室副主任由工管科副科长范张衡担任。

2. 应急管理

制订、修订完善了《德州河务局突发事件应急管理办法》《德州河务局车辆交通安全管理应急预案》等11项应急管理办法和应急预案，并健全行政领导负责制的应急工作体系，成立应急领导小组以及相应工作机构。6月15日，开展水闸工程防汛应急演练，进一步提高防汛抢险专业技术人员应对各类突发险情的处置能力。8月31日，开展现场灭火器演练和疏散应急演练，让广大职工切身参与和体会，掌握基本的消防知识和技能。9月，开展特种作业人员持证上岗培训，3名职工参加了电工培训班，并于10月4日取得由德州市安监局颁发的低压电工作业操作证。

3. 安全生产标准化建设工作

结合实际，制订了德州局加快安全生产标准化建设工作实施方案，在全局范围内推行安全生产标准化管理，积极开展安全生产标准化建设工作。2018年11月23日，德州局已完成水利工程安全生产标准化建设自评及申报工作。

4. 安全生产检查

以水利工程建设、水利工程运行、水文测验、后勤服务等为重点，开展全面的安全检查，对检查项目进行细化，对排查出的安全隐患建立完整的档案记录，针对存在的问题及时进行整改或制订相应的防范措施。加强汛前、汛期、节假日前等关键时期和重要时段的安全生产工作。全年共印发通知6次，组织安全生产检查5次。

5. “安全生产月”活动

印发德州局2018年安全生产月活动实施方案，以“生命至上、安全发展”为主题，开展安全生产大检查活动。6月13日，举办安全生产知识培训班。张贴安全生产宣传画，普及安全知识，传播安全文化；采取多种激励措施组织广大职工参与部、委、漳卫南局主办的各项活动。

6. 日常管理

德州局定期召开安全生产工作例会，严格落实漳卫南局安全生产月报制度，每月对水利工程建设、水利工程运行、综合经营等方面进行隐患排查，发现问题认真处理，并及时统计上报。加强对车辆日常安全管理，安排专人对车辆进行定期检查。严格落实节日值班制度，强调安全生产工作纪律，安排节日值班人员，在节假日期间每天向德州市政府安全生产委员会上报安全生产工作情况。

2018年，德州局完成了《安全生产责任书》所要求的目标与任务，全年无安全事故发生。

（鲁晓莹）

【党建工作】

每月10日党员活动日开展主题活动，先后按上级要求组织党员学习十九届三中全会会议精神、观看宪法宣誓仪式、学习优秀党员代表、开展纪念改革开放40周年学习等。在做好规定动作的同时做好自选动作：5—12月，在党员活动日增加“我是党章宣讲员”

环节，按党小组分别对党章进行宣讲。先后组织党员完成“灯塔党建”十九大精神答题，于网络答题结束后评选出“灯塔学习标兵”；完成机关一支部、机关二支部、武城局支部的换届选举，机关一支部调整机构设置，设书记1名，副书记1名，宣传（青年）委员1名，组织（纪检）委员1名；举办纪念建党97周年暨“我为党的生日献祝福”文艺活动。赵全洪在“德州市市机关党支部书记讲评会”中获奖。

5月10日，成立党员发展工作专项核查领导小组（德人〔2018〕12号），人员组成如下。

组　长：李　勇

副组长：肖玉根　张　斌　李　超

成　员：赵全洪　李　梅　李永春　祝云飞　王辛晴

11月，完成两名预备党员的转正工作。截至2018年12月31日，德州局共有党员107名，其中在职党员67人。

（鲁晓莹）

【廉政建设】

严格执行责任清单制度，认真落实主体责任。按期召开全局党风廉政建设工作会议、纪检监察工作座谈会议，明确重点任务，列出党风廉政建设两个责任清单，明确具体责任，局党委以责任清单为准绳，坚持对党风廉政建设工作常研究、常部署。认真落实党风廉政建设承诺、约谈、报告、年终检查考核和述职述廉制度。加强作风建设，认真贯彻中央八项规定，对落实中央八项规定精神情况实行常态化管理。规范工作机制，强化源头预防。制定并印发了《中共德州局党委关于进一步深化水利廉政风险防控工作的通知》，深入推进廉政风险防控工作。

（鲁晓莹）

【廉政警示教育】

按照海河水利委员会、漳卫南局关于开展廉政警示教育工作的统一部署和要求，德州河务局于8月开展廉政警示教育月活动，通过活动开展，以案示警、以案明纪、以案为鉴。

党委按照上级要求第一时间对廉政警示教育月活动进行部署，形成活动方案。在每项活动开展中，做到“四有”，即有正式通知、有签到记录、有活动记录（包括图片、录像、文字）、有信息报送（包括给局网站报送信息和印发内部信息），并于活动结束后集中至廉政警示教育活动档案留存。

8月8日，召开动员会，党委书记、局长李勇在动员会上发表讲话，机关及基层局全体干部职工现场签订廉政承诺书。

8月10日，组织机关全体干部职工和基层局党员观看警示教育片《巡视利剑》，并于下午开展《监察法》《宪法》的学习讨论。

8月20日，组织干部职工开展廉警示教育答题，并针对“廉政答题”环节中反映的基层局不能登录答题网站的问题提供了解决方案。

8月24日，组织机关全体干部及基层局党员职工参观德州市廉政教育基地，参观完毕，分管副局长、党委委员张斌讲授了题为“遵规守纪，做新时代的好党员”的廉政党课。

在廉政月中，鼓励干部职工原创廉政格言，共收集原创格言60余条，并集中成小册子《爱廉说》以备留存翻阅。

廉政警示教育月的开展，增强了德州局干部职工防腐拒变意识，使德州局从严治党工作得以强化，进一步坚定了广大干部职工对反腐败斗争的信心。

（鲁晓莹）

【精神文明建设和工会工作】

（1）发挥新一届团委的带头作用。3月6日，组织召开2018年青年座谈会；4月25日，举办德州局第一期“青年讲坛”；5月3日，组织青年团员参观孔繁森同志纪念馆；7月31日，召开青年团员思想交流座谈会。

（2）道德建设成果显著。全年开展“我推荐、我评议身边好人”活动；5月，开展“中国梦、劳动美”主题教育活动；8月，干部群众为受洪灾的灾区捐款5690元。

（3）文体生活充实丰富。5月10日，举办健康教育讲座；在5月举办的漳卫南局系统运动会上，德州局代表队取得了第六名的佳绩；9月，积极为漳卫南局第一届职工艺术节推荐文艺节目、书画摄影作品，其中张军的国画作品“荷香清风”画幅荣获书画类一等奖、书法作品荣获书画类二等奖；德州局女职工表演的舞蹈“心上的罗加”荣获文艺展演类三等奖；国庆、中秋前夕，举办“迎双节”跳绳比赛。

（4）职工关怀落实到位。在节日慰问退休职工和困难职工，1月，组织为德州局退休困难职工捐款；11月，完成对2名困难党员救助申请的上报。

（5）积极履行社会责任。继续派驻“第一书记”到武城县四女寺镇东赵馆村开展“第一书记”驻村帮扶工作；6月22日，组织干部职工开展创城志愿清洁活动；6月25日起，组织全体干部职工开展文明交通劝导值勤；9月10日，开展文明交通知识培训，同时在“三包”区域设置文明停车标志，规范停车。

2018年，及时更新德州市文明单位管理平台和山东省精神文明建设平台，德州局继续保持“山东省文明单位”称号。

（鲁晓莹）

【综合管理】

相继完善了《公务接待管理办法》《固定资产管理办法》《收费管理办法》《安全生产责任制度》等各类规章制度63项。

特制定《信息宣传管理办法》（德办〔2018〕4号）鼓励干部职工提炼工作亮点，宣传单位形象，给各部门规定向内部“漳卫河工作信息”简报和漳卫南运河网及以上媒体投稿数量，建立奖惩机制，2018年共印发《漳卫河工作信息》简报83期。

4月28日，成立宣传信息工作领导小组（德人〔2018〕4号），成员组成如下。

组　长：李　勇

副组长：张　斌

成　员：赵全洪　杜　军　崔莹莹　李　梅　唐绪荣　刘　波　李德武　鲁敬华

陈卫民　李于强　蔡吉军　柴木林　雷冠宝　张金涛

领导小组负责全局宣传信息工作的组织领导，研究决定宣传信息工作中的重大事项，推进宣传信息工作的有序开展。

（鲁晓莹）

【经济工作】

2018年，利用堤防开发和承包，签订了袁桥仓库院内租赁协议。制定了《德州河务局轧堤收费办法》，根据岔河堤防车流量大的实际，组建收费员队伍，开展收费业务培训，积极稳妥地推进轧堤收费工作。

（鲁晓莹）

沧州河务局

【防汛工作】

1. 防汛备汛

3月下旬开始，沧州河务局（以下简称“沧州局”）按照《漳卫南局汛前检查办法》的要求，相继对所辖堤防、河道、穿堤建筑物、险工险段等工程设施以及非工程措施进行全面细致的检查，对存在的问题进行系统分析，提出处理意见，并根据检查情况编写《汛前检查报告》，上报漳卫南局和沧州市防指。6月，调整了防汛组织机构，成立防汛工作领导小组，落实局领导分工负责制，明确各科室在防汛工作中的职责。6月15日开始，沧州局严格执行领导带班和24小时防汛值班制度，主汛期安排技术人员值班，无脱岗现象，能及时处理汛情，及时接收传达雨、水信息。6月15日，组织召开2018年防汛工作会议。按照要求启动防汛应急响应，及时组织召开防汛会商，对汛情进行研判，并加强防汛值班。暴雨过后督促各单位及时开展雨毁统计，并编制了雨毁修复实施方案上报漳卫南局防办。

7月19日，开展防汛抢险知识培训，邀请沧州市防汛抗旱指挥部的专家重点讲解了沧州地区防汛基本情况和防汛抢险技术。

2. 预案编制

结合漳卫新河的实际情况，积极征求沧州市防指意见，修订形成2018年防洪预案。2018年6月27日，沧州市防汛抗旱指挥部发布《关于下发漳卫新河防洪预案的通知》（沧汛办字〔2017〕26号）。

3. 市级应急度汛项目

实施了市级应急度汛项目，积极沟通协调，争取市级财政资金，按照市级财政资金的使用要求，经过前期的测量、申报、财政审核、招标投标等一系列建设程序，顺利完成五处獾洞的处理，消除了堤防隐患。

（齐　军）

【工程管理和维修养护工作】

1. 维修养护管理

年初编制完成沧州局2018年维修养护实施方案并拟文上报。对各单位日常维修养护工作进行检查和季度考核。5—8月，先后组织职工学习《工程管理工作要点》《水利工程界桩、标示牌技术标准》。采取强化现场管理、严格验收及影像记录施工过程等手段，确保专项维修养护工程质量。全年共完成沥青混凝土路面维修1800m^2，堤防整修7km。协助指导各单位编制完成2017年维修养护技术实施方案，按照要求在盐山局开展了维修养护市场化试点工作，积极与沧州市公共资源交易中心联系，经沟通协调后同意该项目进入沧州市公共资源交易平台进行招标。

在吴桥、东光、南皮三个单位开展工程管理一体化试点工作。工程管理一体化就是将同一堤段的工程维修养护、堤防绿化经营开发和水行政管理的一些辅助职能进行统筹安排，让堤防绿化承包人具有多方面的工作内容和任务，有效延伸水管单位的工程管理职能。试点堤段长度共5711m。对维修养护工作进行检查和指导，并按季度开展考核。

2. 工程绿化

抓住春、冬季绿化有利时机，积极开展堤防绿化工作，制订切实可行的绿化计划，明确种植位置、树木品种和数量，对种植过程的各个环节层层把关，确保树苗的成活率。全年共完成堤防绿化21km，植树3.6万余棵。

3. 护堤地划界工作

开展了2018年划界工作。今年的划界工作为减河护堤地和岔河测绘，1115根界桩、145块标志牌的制作安装，5月通过邀请招标确定了施工单位，6月签订了施工合同并开始施工。现在界桩界牌的预制埋设已经完毕，测绘工作业已完成。

4. 违章种植专项清理活动

5—7月，在全局范围内开展了违章种植专项清理活动，清除违章农作物20余亩（1.33余hm^2），清理堤坡种树1700多株，收到良好的效果。

（齐　军）

【水政工作】

1. 水法宣传

2018年3月22日，在第26届"世界水日"、第31届"中国水周"期间，紧紧围绕宣传主题，认真组织，采取灵活多样的宣传方式，在全局开展一系列宣传活动。下发《沧州局关于组织开展2018年"世界水日""中国水周"宣传活动的通知》，紧紧围绕"实施国家节水行动，建设节水型社会"这一宣传主题，在往年的基础上，不仅要有所创新，而且要注重实效；在单位门前设立宣传台，通过张贴主题宣传画、悬挂横幅、向广大市民发放宣传资料，开展水法律法规知识咨询，宣传节约用水的相关知识；制作"世界水日知识专题""中国水周主题宣传画""家庭节水常识"三块宣传展板；组织学习海河水利委员会王文生主任在海河水利网登载的"世界水日""中国水周"署名文章；组织学习漳卫南局张永明局长在海河水利网登载纪念"世界水日""中国水周"署名文章。组织职工观看水资源公益宣传片；散发“节约用水、从我做起”节水宣传手册、沧州局致沿河村民的一封信及印有宣传标语的纸杯；组织全体职工进行海河水利委员会系统2018年纪念“世界水日”“中国水周”网络答题；局属各单位围绕宣传主题，结合工作实际，进学校、集贸市场、公园等散发宣传材料，设立水法规咨询台进行现场宣传。

2. 水行政执法

认真落实水政巡查制度，加强河道巡查，对巡查方式、路线、人员进行落实，突击和日常巡查相结合，水政科每月至少一次，各三级局开展经常性巡查，保证每周不少于一次。节假日安排好值班工作，落实专人负责，密切关注管理范围内涉水涉工程活动情况。做到及时发现问题，及时处理。采取零报告制度，积极配合做好漳卫新河（河北段）水政执法视频监控安装基础工作，为及时发现水行政违法行为提供保障，更好地为工程管理保驾护航。

按照漳卫南局河湖专项执法活动方案，通过讨论、有关部门研究，切实制订沧州局2018年河湖专项执法活动方案，要求结合时间节点安排开展一系列工作。

东光、南皮、海兴水政监察大队组成联合执法队伍，对盐山局堤防埋设通信光缆线杆进行集中清理，对埋设线杆进行梳理，分别对中国移动、电信、联通公司下达了《责令限期改正处罚通知书》，要求限期自行拆除；否则将按照水行政执法程序进行清除。

东光、南皮、海兴水政监察大队组成联合执法队伍，对海兴河口段砂场进行联合执法，对9处砂场下达了责令改正违法行为通知书。同时，海兴局积极与海兴县政府沟通协调，取得了海兴县政府的大力支持。海兴县政府制订了《海兴县东部砂场清剿行动方案》，成立了由河务、环保、市场监管、交通、国税、地税、安监、国土、电力、农业等10个相关单位组成的集中清剿行动小组。清剿行动建立分包治理机制，各单位“一把手”为分包小组组长，对非法砂场彻底做到“两断三清”，即断电、断路、清砂石料、清地磅、清建筑物。清剿行动小组由公安、边防、乡镇政府协助组成24小时巡查小组，全天候整治，砂场不清除绝不收兵。共清理砂石料逾3000m^3，地磅5台，违建房屋逾800m^2，对所有砂场出入道路进行挖沟断交，现砂场基本清除完毕，为今年的防汛工作提供安全保障。

聘请河北省铭鉴律师事务所的律师担任沧州河务局法律顾问。

3. 规范队伍建设

6月，在南皮举办水行政执法工作培训班，针对河长制、水行政执法知识及案例、行政处罚法等法律进行解读、培训。完成沧州市法制办2018年度持证行政执法人员年检网络培训和考试工作，完成新增水政人员的统计上报工作。

整理印发了《水行政执法工作手册》《全面推行河长制文件汇编及工作手册》《七五普法法律汇编》三本实用性手册，方便水政监察人员随时查阅、巩固业务知识。

4. 漳卫新河河口管理

9月5日，配合水闸局召开漳卫新河河口第三次联席会议，积极推进河口治理工作，加强与地方政府及相关单位沟通，积极探索联合执法工作机制。加强流域管理与属地管理的对接，形成合力，共享两岸治理成果。

5. 涉河建设项目管理

加大在建涉河建设项目的监督管理力度，开展涉河项目巡查，按时报送涉河建设项目季报。加强对沧州局李家岸倒虹吸引水工程防护工程的监督管理，督促其按照防护设计完成各项工作。加强对京沪高速跨越漳卫新河大桥项目防护工程的监督管理，督促相关防护工程开工建设，现已完工。完成京沪高铁防护工程代建工作。

6. 水资源管理

完成沧州局管辖堤防范围内取水口取水统计上报工作、2017 年度取水总结和 2018 年度取水计划，积极配合漳卫南局最严格水资源办取水口计量设施的安装、验收工作，督促完成沧州局管辖范围内取水口的取水许可证的延续申请换证工作。完成水功能区和入河排污口监督巡查，按时上报水功能区监督检查月报。

7. 水政设备管理

完善设备管理制度，加强执法保障，为保障设备的完整安全，完善沧州局水政设备管理制度，设备的日常管理由专人负责，对设备进行分类、登记、存放，并做好使用记录和借用记录，及时对设备进行维护，保证工作的需要。

（齐　军）

【推进河长制工作】

先后组织职工学习河长制有关文件，并专门将河长制相关知识制作成幻灯片。成立由主要负责人任组长，其他班子成员为副组长，各职能部门、局属各单位主要负责人为成员的推进河长制工作领导小组及由相关部门业务骨干为成员的领导小组办公室，明确了领导小组的工作职责。根据《沧州局全面推进河长制工作方案》，对沧州局所辖河道基本情况、确权划界岸线情况、围绕六大任务工作开展情况进行了梳理、整理，形成沧州局所辖河道问题排查表并上报。主动与沧州市河长办对接，提供河道基础资料，并要求所属单位加强与所在地河长办的沟通，及时上报河长制工作进展情况，对沧州市及沿河所属县、乡河长制工作进展情况及时汇总上报。组织职工参加水利部办公厅举办的“全面推行河长制”知识答题活动。

协调沧州市河长办在漳卫新河堤防上设立了以村为单位的沧州市市级河长信息公示牌，明确了市、县、乡、村级河长信息和职责、目标。各级地方河长已开始进行河道巡查，东光县、南皮县、盐山县对河道、堤防垃圾进行清除治理。组织人员对管辖范围内河道“四乱”问题进行详尽调查、测量、定位、汇总，并于 9 月中旬将“清四乱”问题清单上报漳卫南局和各县河长办。配合地方河长办，吴桥局对河槽内违章种植树木进行清理，对漳卫新河左岸沟店铺桥头 1000m^2 违章建筑进行拆除；东光局完成对漳卫新河左岸孙营盘 1100m^2 养殖场拆除工作；海兴局联合县环保、公安、水务及沿河乡镇政府等部门开展专项联合执法，沿河三个乡镇同步开展清理工作，清理虾池逾 500 亩（33.3hm^2），逐渐恢复了滩地工程原状。

（齐　军）

【水土资源开发经营】

2018 年，沧州局共完成堤防绿化植树 3.6 万余棵。顺利完成承包合同的签订工作，提高了经济收益，其中水管单位经济收益均达到30%以上，堤防绿化承包每亩每年收益达到200元。堤防绿化种植开发收入10余万元，创收总收入20万元。

利用院落内的土地资源，绿化美化，创收增效，同时对闲置资产进行集中重组和优化配置，采取出租、融资等多元化开发方式提高闲置资产的利用率，2018年新签订闲置资产租赁合同8份，房屋出租收入达到10万元。对全局的现存树木及合同全面梳理、审核、规范，整改合同5份，新签定承包合同18份。并对合同上的种植数量及收益现场核实，做到标的与实际相符，保证收益。堤防承包合同打破沿河村界限，掌握主导权，由以往小承包向规模开发转变，承包合同标准长度为2km或以村为单位。逐步清理收益低、难管理的老合同，进一步规范合同文本，建立电子合同档案，实现堤防承包经营集约化、科学化，提高合同执行率。

（齐　军）

【党建工作】

为贯彻落实中央全面从严治党战略，强化对党建各项工作统筹领导、推动落实，成立沧州局党委党建工作领导小组。先后组织开展了基层党支部召开2017年度基层党组织生活会和开展民主评议党员工作，全局党员在河北“12371党教育服务平台”进行党员注册工作，开展“三会一课”制度落实情况检查，发展党员排查，“强组织，学党建知识”主题党员日活动、入党积极分子座谈会，庆建党97周年党委书记讲党课，组织党员参观周恩来邓颖超纪念馆、平津战役纪念馆，各支部召开巡视整改专题组织生活会，中秋、国庆两节及元旦、春节期间走访慰问老党员。

（齐　军）

【人事管理】

1. 机构设置与调整

2018年1月，成立沧州局纠正“四风”和作风纪律专项整治工作领导小组。

组　长：饶先进

副组长：刘铁民　陈俊祥　刘　洋

成　员：刘维艳　齐　军　张　勇　林立新　刘艳海　张广霞　王　刚　乔庆明

2. 人事任免、职级晋升

5月底，南皮局副局长王丙会（主持工作）任职满一年。开展试用期满考核，考核合格任职（沧人〔2018〕67号）。

3. 人员变动

1月，纪情情由水闸局调入，3日盐山局报到。

2月，潘云由漳卫南局调入沧州局任副调研员。

3月，涂纪茂年满60周岁退休。

7月，新录用参公人员东光局范福林、盐山局董传奇报到上班，新招聘事业人员南皮局李超、盐山局郭庆凯报到上班。

11月6日，东光局参公人员马璐瑶辞职。

截至2018年12月，沧州局在职职工63人，其中：参公人员46人，事业人员17人。

离退休人员 47 人，其中，离休人员 1 人、退休人员 46 人。

4. 干部交流

南皮局职工陈哲借调到漳卫南计划处。

5. 退休审批

（1）3 月，沧州局参照公务员法管理人员涂纪茂同志到达法定退休年龄，按要求办理了退休手续。

（2）12 月，沧州局参照公务员法管理人员潘云和管秀萍到达法定退休年龄，按要求办理了退休手续。

6. 社会保险工作

根据沧州局在职职工 2017 年度工资水平，核算机关事业人员养老保险缴费（暂扣）情况，建立 2018 年机关事业人员养老保险暂缴台账；按河北省人力资源和社会保障厅关于中央驻冀机关事业单位 2018 年调整退休人员基本养老金工作安排，完成沧州局事业合同制退休职工统筹内养老金调整工作。截至 2018 年 12 月，沧州局参加医疗保险人数 109 人，其中在职 63 人、退休 46 人，达到全员参保。2018 年 5 月 1 日起，全局参公人员参加工伤保险，每月按时足额缴纳沧州局职工工伤保险。

7. 职工培训

年内，组织各单位（部门）举办职工集中学习 12 次，其中包括以安全生产、消防知识、水政、宪法、防汛抢险知识等专业知识培训 5 次，廉政风险防控、反腐倡廉、提升职工人文素养等理论培训 7 次。组织全局干部职工参加中国水利教育网上培训，并全员达标。

8. 表彰奖励

（1）1 月，关于表彰 2017 年度优秀职工和先进个人的决定（沧人〔2018〕3 号），柴广慧、张勇、刘艳海、张铁天、姜天钊、王德、王刚、霍伟 2017 年度考核确定为优秀等次，予以嘉奖。姜天钊 2015—2017 年连续三年考核被确定为优秀等次，记三等功一次。授予齐军、林立新、赵明、刘维艳、邹立微、王健、张雨、王丙会、吕双强、张宝恒、张俊平 2017 年度“先进个人”荣誉称号。

（2）4 月，饶先进、陈俊祥 2017 年度考核被确定为优秀等次，饶先进、陈俊祥军连续三年考核被确定为优秀等次，记三等功一次（漳人事〔2018〕17 号）。

（3）3 月，2017 年度精准脱贫驻村工作队和村干部考核等次如下：刘铁民同志考核为优秀等次，刘国强、魏浩两位同志考核均为称职等次。按照冀组字〔2017〕3 号文件要求，驻村干部的考核等次记入个人档案，“优秀”等次不占其所在单位指标。

（4）5 月，刘维艳被中共沧州市委直属机关工作委员会授予“优秀共产党员”荣誉称号。

9. 驻村帮扶

（1）1 月，按照沧州市委精准脱贫工作要求，处级干部刘铁民、科员魏浩继续驻村帮扶。

（2）3 月，刘铁民 2017 年度精准脱贫驻村工作和驻村干部考核为优秀等次，嘉奖一次。

（齐　军）

【纪检监察】

制定并印发《沧州河务局纠正“四风”和作风纪律专项整治工作方案》（沧党〔2018〕4号）。成立沧州局纠正“四风”和作风纪律专项整治工作领导小组，饶先进任组长，刘铁民、陈俊祥、刘洋任副组长，刘维艳、齐军、张勇、林立新、刘艳海、张广霞、王刚、乔庆明为成员。领导小组负责对专项整治总体工作进行统筹协调，解决重要问题，指导、推动、督促各项工作落实。2018年2月10日，召开沧州局党风廉政建设工作会议，局党委与局属各单位（部门）签订《党风廉政建设责任书》，局党委负责人与班子成员、班子成员与分管部门及联系单位、各单位（部门）负责人与本单位（部门）职工分别签订《党风廉政建设承诺书》。建立了“一月一学习、一季度一考试、半年一课堂、全年一报告”为主要内容反腐倡廉教育常态化机制，印发《沧州局2017年党风廉政建设考核指标体系》（沧党〔2018〕8号），开展廉政风险防控专项检查，春节、中秋等节日期间，对“四风”问题、公车使用进行了专项提醒并开展了明察暗访。组织召开了沧州局2018年纪检工作会议。

（齐　军）

【审计工作】

完成上年度工程维修养护经费管理使用情况审计。2018年6月8—9日，漳卫南局审计处对沧州河务局各类值班费和津贴补贴发放情况进行专项检查。制订2018年基层单位负责人任中经济责任审计工作方案。对工程建设过程中“两个责任”和工程质量进行了现场督导。

（齐　军）

【安全生产工作】

2018年2月24日，组织召开2018年安全生产工作会议，传达了漳卫南局2018年安全生产工作会议精神，部署了下阶段安全生产工作，明确了今年的安全生产工作目标。印发《全面开展安全生产大检查、深化“打非治违”和深入开展危化品易燃易爆物品安全专项整治工作方案的通知》，在全局范围内开展了打非治违专项行动，按照要求完成了隐患排查和填报工作。按照要求督促各单位开展安全生产检查，对检查出的问题进行通报；完成安全生产信息的统计上报工作。开展安全生产月活动，组织职工观看安全宣传片《坚守安全红线》；张贴安全生产宣传挂图，宣传“以人为本”的安全生产理念，并提醒职工工作生活中的安全注意事项；组织职工参加水利安全生产知识答题活动；组织开展安全疏散演练，提高职工应对突发事件的能力。在全局范围内开展安全隐患排查等。编制了《沧州局2018年安全生产标准化建设工作实施方案》，成立了安全生产标准化建设工作领导小组，对现有制度进行梳理、修订，对缺失的制度根据实际进行补充制定，全局共修订补充制度48个并汇编成册。编制了《安全生产工作相关操作规程》，汇编了《安全生产相关应急预案》。按照评审标准开展了资料的收集和整理。

（齐　军）

岳城水库管理局

【工程建设与管理】

全面做好工程日常管理，确保各类设施运行正常，各项措施科学规范。自筹资金对主供电源相关设施、进水塔启闭机操作系统、漳南渠渠首闸门等进行更换或改造。对视频监控系统大屏幕进行了更新，实现了岳城水库管理局防汛会商系统与邯郸市防汛视频系统的互联互通。对水工建筑物、安全监测设施、闸门启闭设施等进行全面维修养护。

为了能及时发现高压设备运行中的隐患，预防设备的损坏和事故的发生，委托邯郸供电局嘉恒电气安装有限公司对高压配电室 7 面高压开关柜、进水塔 320kVA 变压器、溢洪道 200kVA 变压器、生活区 500kVA 变压器、生活区 10kV 高压电缆、溢洪道 10kV 高压电缆、进水塔 10kV 电缆进行高压预防性试验，试验结果为高压设备均符合供电运行要求。

开展水利工程维修养护物业化管理工作。着力加强监管和制度的落实，确保维修养护工作的规范化。今年的维修养护工作主要有主体工程、启闭机、机电设备、附属设施、物料动力消耗、自动控制设施、电梯、门机、通风机、自备发电机组的维修维护等。全年累计投入维修养护资金 837 万元。

举办大坝安全监测培训班一期，邀请河北工程大学水利水电学院教授宋法斌授课。

按照《海河水利委员会办公室转发水利部建设与管理司关于继续开展水库大坝安全运行管理年度报告编制试点工作的通知》(办建管〔2017〕16 号）要求，组织编制了《岳城水库大坝 2017 年度安全运行管理报告》；根据漳卫南局水利工程维修养护项目工作安排，编制完成《岳城水库管理局 2018 年水利工程维修养护项目实施方案》。对大坝安全鉴定、大坝安全管理应急预案编制落实了项目申报，并通过了财务评审。

（徐永彬）

【水政水资源管理】

成立推进河长制工作领导小组，加强与邯郸、安阳两市河长的沟通联系。配合邯郸、安阳两市河长办开展岳城水库水源地管理保护及巡河、“一河一策”编制、技术性资料提供、河长制公示牌设立、水源地一二级保护范围划定等基础性工作。抓住有利时机，多次与两市河长办沟通协商岳城水库水资源保护有关工作，落实了两市分级河长的责任。安阳市河长办将岳城水库管理局纳入成员单位，有力地促进了河长制工作的开展。

2018 年 6 月 14 日，邯郸市市长王立彤亲自过问岳城水库水源地保护工作，要求邯郸市有关部门、磁县政府和岳城水库管理局严格落实岳城水库水源地保护有关规定。在邯郸、安阳两市市政府组织下，各相关部门迅速行动，及时开展岳城水库水源地集中整治活动。自 5 月中旬至 6 月中旬，按照“先易后难，先一级保护范围后二级保护范围”的原则，实施大规模清理工作，清除了主坝南段违章餐饮零售摊点 15 处、关停拆除较大违建及圈地旅游点3处。清理了库区（观台镇冶子村、都党乡石场村）、尾水渠（岳城村、英烈村）采砂厂9处。治理了河北磁县六和工业有限公司通过蚂蚁河入库排污、冀中能源峰峰集团辛安矿通过黄沙河入库排污等两处入库排污口。对山海农庄在岳城水库水源地保护区内开展餐饮、旅游和违章建筑等进行了整顿清理。

加强执法队伍建设，选派业务能力强、执法水平高的人员充实到水政执法队伍，并配置了照相机、录像机、录音笔等调查取证器材。在“世界水日”和“中国水周”期间，积极组织开展水法规宣传，共发放节水宣传材料1000余份，粉刷宣传标语1200m^2，组织开展库区执法检查20余次。加强水质监测，在入库站观台站和进水塔出水口建立了两个自动水质监测站；每月化验库区内的水质，并进行发布；建立了库区水质生物监测点。

日常测报工作坚持不错报、不迟报、不缺报、不漏报，准确率达100%。进行水文资料整编，保证水文资料的完整和准确。配合漳卫南局完成水文遥测系统的改建，提升了水库防汛调度及水文自动测报系统的信息化水平，保障了河系与河南省防汛通信畅通。举办了水文常规测验培训和水文设施维护培训，邀请海河水利委员会水文局高工李春丽、漳河上游局工程师鲁冠华以及邯郸市水文局的专家授课。

（徐永彬）

【防汛抗旱】

2018年3—5月，对工程及非工程措施进行全面的汛前检查，对检查中发现的问题及时整改，全面消除隐患。重点对大坝主体、供配电设施、闸门及启闭设施、水雨情测报设施、防汛通信、工程安全监测设施及防汛物料、抢险物料、安全度汛措施等进行检查。对机电设施进行运行调试。

6月1日起上汛，严格带班值班制度，汛期每周两名局领导驻水库一线带班，防办、水文、通信、闸门等岗位实行24小时值班。汛期劳动纪律督查小组负责定期、不定期到岗检查，实行签字备案制，严格落实值班纪律。“七下八上”主汛期，全体职工到水库一线上班，节假日不休息，全员24小时驻守。

召开了内部防汛工作会议，明确内部防汛责任制。协调邯郸、安阳两市组织召开岳城水库防汛指挥部工作会议，落实了以行政首长负责制为中心的各项责任制。完善修订了防洪预案、抢险预案。组织开展了2号小副坝非常措施下炸药库开启、溢洪道闸门手动开启应急抢险演练。

严格落实防汛物资储备，强化物资管理，确保防汛储备物资到位，关键时刻调得出、用得上。结合汛前检查，对防汛仓库的编织袋、铁锹、木桩、铅丝、应急灯、救生衣等防汛物资认真登记备案，挂牌存放，明确地点、数量，明确专人看管，保证随调随用。对在峰峰604厂代储备的防汛炸药，岳城水库管理局组织人员到现场查看，落实炸药存储数量，查看运输路线，完善运输措施，制订炸药运输方案。

按照上级批复的取水许可额度，及时了解邯郸、安阳两市农业用水需求，综合分析现有需水量和可能来水量，按照节约优先、资源利用最大化原则，及时与邯郸、安阳两市签订用水合同。2018年，实现邯郸、安阳两市农业供水3.03亿m^3，实现衡水湖调水1.4亿m^3。

在防汛减灾工作上，组织管理到位，各项措施有力，修订完善了各种预案、应急方案。在抗旱增效工作上，岳城水库管理局立足邯郸、安阳两市需求，综合平衡水资源量，按照“生活优先、节约优先”原则，优化调度，综合利用，实现水资源最大效益，有力支持了三农发展和生态文明建设。

举办了防汛抢险技术培训班，邀请了河北工程大学两位教授进行授课。重点对我国水利工程现状、三峡水利工程概况、土石坝基本概况、土石坝安全、土石坝防汛抢险技术以及工程造价等进行了讲解。

（徐永彬）

【供水工作】

严格水资源管理，组织开展了岳城水库取水口的调查，对邯郸、安阳两市取水实施监督管理。开展了2018年度取水审查、审批及取水许可证换发等工作，配合《漳卫南局落实最严格水资源管理制度示范实施方案》项目建设相关工作的开展。加强取水许可日常监督管理，定期开展取水许可的检查工作，做到至少每月1次例行检查，督促取水单位完善取水台账。加强水量及取水统计上报工作，按照有关规定严格核算水库水量，加强取水计量，认真、准确填写各类统计报表，及时上报漳卫南局。

加强水资源优化利用调研，不断强化水资源调度，积极谋划雨洪资源利用，了解下游城市生态用水需求，实施“引岳济衡”生态区域供水，有效缓解了衡水湖生态用水紧张局面。同时也为岳城水库管理局供水经营工作开辟了新途径，弥补了养护经费的不足，有力地促进了岳城水库管理局的经营创收工作。

今年，按照合同完成向邯郸市、安阳市的供水，累计农业供水3.03亿m^3，完成年度水费收入1410万元。

（徐永彬）

【人事管理】

按照程序完成4名中层干部的提拔使用，完成了2名干部的推荐考察。

加强干部考核和职称管理。对干部管理实行年度述职、职工评议制度，加强对干部德、能、勤、绩、廉的考核。结合从严治党，对党员干部开展民主评议。按照分类管理原则，对公务员和事业单位干部职工的年度考核及时部署。按照要求召开党委民主生活会。及时转发专业技术人员职称考试及其他职业资格考试信息，认真按照职称申报开展组织审核上报工作，完成7名人员职称申报评定，获得相应职称人员3名。

加强领导班子和干部队伍建设。制订加强领导班子、中层干部、公务员培训和业务培训计划，采取政策理论培训、专题讲座、实地考察调研，充分利用办班学习和水利教育网学习、自学等对党员干部进行教育培训。并且在经费、时间上给予充分保障，认真开展监督和评估，提升教育培训质量。全年共举办培训班13个，干部线上线下培训完成了学时要求。

2018年1月，任命王小川为工管科（防汛抗旱办公室）科长（试用期一年），免去其工管科（防汛抗旱办公室）副科长职务；任命李军为工管科（防汛抗旱办公室）副科长（正科级），免去其人事科科长职务；任命华明丽、杨岳萍为副主任科员；聘任董兴斌为工程运行监测中心主任（正科级）（聘期三年，含试用期一年），解聘其工程运行监测中心副主任职务。

9月，免去郝丽娟保安中心主任（正科级）职务，退休；免去杨冬助理工程师职务，退休。

11月，免去周素花工程师职务，退休。

（徐永彬）

【党群工作】

2018年年初岳城水库管理局党委成立党建领导小组，党建工作领导小组组成人员如下。

组　长：陈正山

副组长：张同信　张建军　赵宏儒

成　员：庄仲蒙　李　军　谢吉亭　李竹花　冯希斌　侯亚男

党建工作领导小组下设办公室，负责日常工作，办公室设在局办公室（党委办公室），主任由庄仲蒙兼任，副主任由谢吉亭兼任。

年内，制订了党建计划、理论中心组学习计划，调整了党风廉政建设小组，完成支部换届选举，成立了党小组，加强了干部队伍建设。充分利用理论中心组、支部（党小组）学习、专题培训学习、现场教学学习、参观实践、主题党日等开展党的理论、十九大精神、反腐倡廉教育。组织开展十九大知识竞赛、主题观影、赶考日活动、书香机关建设、廉政警示教育、诵读大赛、道德讲堂、春雨行动等各种活动。

（徐永彬）

【精神文明建设】

按照邯郸市委农工委部署，年初制订了创建计划、方案，分解每月度专项工作，采取局党委总抓，文明办协调，各单位部门积极开展活动方式，在志愿服务、道德讲堂、脱贫攻坚帮扶、"邯郸好人"评选、"我们的节日"、公益广告宣传、"文明1+1"平台建设、"善行功德榜"建设等方面，每月按照计划方案结合干部队伍建设、党的建设、弘扬核心价值观开展活动，上传资料，累计积分名列邯郸市农口前列。组织职工参加漳卫南局职工运动会、海河水利委员会运动会和漳卫南局文艺汇演，组织举办唱红歌活动、职工趣味运动会。同时，结合"我们的节日"活动，广泛开展文化体育活动。为掌握广大干部职工健康状况，进一步促进职工健身活动的开展，11月组织全体干部职工进行了健康体检。继续开展第九套广播操教学活动。

完成邯郸市文明单位申报工作，并按照邯郸市文明办部署，继续申报2016—2017年度河北省文明单位。年内，岳城水库管理局被评为2016—2017年度邯郸市农口文明单位、河北省志愿服务先进单位。

（徐永彬）

【党风廉政建设】

2018年4月，印发《2018年岳城局党风廉政建设工作要点》，严明党的纪律，坚定不移将全面从严治党向纵深推进；压实两个责任，巩固齐抓共管工作格局；坚持正风肃纪，构建作风建设长效机制；坚持源头防控，健全权力监督制约机制。建立党风廉政建设考评机制，结合阶段性工作重点，确定考核细则。把督责贯穿日常，变“一时严”为“一直严”，督促各党风廉政责任人紧扣全面从严治党“两个责任”落实，把落实管党治党责任、正风肃纪、严明政治纪律和政治规矩等化为日常性工作加以考核，增强履职尽责的积极性和主动性。坚持对违纪违规行为零容忍，强化对干部的日常监督管理，充分运用监督执纪“四种形态”，加大提醒、约谈力度，对易滋生腐败的关键部位进行全程跟踪监督，如水利工程建设等方面将实施全方位的检查，对工程施工、质量管理、资金拨付、竣工验收以及工程审计等方面进行全程监督，打造优质工程，以保持工程良性运行，以发挥工程最大效益为终极目标，实现监督执纪问责常态化。

召开党风廉政建设工作会议，对全年党风廉政建设工作进行部署。完善落实党风廉政建设主体责任和监督责任清单，量化指标。主要负责人坚持率先垂范、以身作则，严格履行“一岗双责”。严格遵守党的纪律和廉洁从政各项规定，按规定使用“三公经费”和会议费，认真落实公务车辆改革有关工作会议精神。严格落实“三重一大”决策制度，所有重要事项决策、重要干部任免、重要项目安排和大额资金使用等“三重一大”事项全部严格执行集体决策制度。通过组织党员干部观看警示教育片、举办党风廉政教育培训班、上廉政党课等方式开展警示教育，不断提升党员干部政治素养和廉洁意识。通过举办廉政道德讲堂、参观警示教育基地、征集廉政格言等形式，深化廉政警示教育。

加强对资金使用、物资采购、人事任免等方面的监督。针对水利部巡视整改问题清单所列问题进行认真梳理，研究问题存在的症结，制订了整改方案，按时进行整改。

举办党风廉政建设和反腐败教育培训班两期，分别邀请了邯郸市委党校吴平纪教授和河北省委党校冯学功教授授课。

（徐永彬）

四女寺枢纽工程管理局

【工程建设与管理】

1. 维修养护

2018 年 3 月 12 日，漳卫南局印发《漳卫南局关于印发四女寺枢纽工程管理局 2017 年水利工程专项维修养护项目验收意见的通知》（漳建管〔2018〕20 号），四女寺枢纽工程管理局（以下简称“四女寺局”）2017 年水利工程专项维修养护项目通过验收。

2018 年，四女寺局日常维修养护项目投入经费 178.39 万元，对水工建筑物、闸门、启闭机、机电设备及附属设施进行经常化、日常化清洁和维护保养，定期检查、检测。完成养护土方 750m^3，护坡勾缝修补 2500m^2，反滤排水设施维修养护 133m，混凝土修补 340m^2，裂缝处理 386m^2，闸门维修养护 1246m^2，启闭机防腐 1179m^2，机电设备维修养护 1844 工日，启闭机房维修养护 2055m^2，护栏维修养护 1400m，绿化 4900m^2。

2. 节制闸检修（交通）桥安全检测

6月，山东高速工程检测有限公司对四女寺节制闸检修（交通）桥进行安全检测。按《公路桥涵养护规范》（JTG H11—2004），检测评定漳卫南运河四女寺节制闸检修（交通）桥为四类，从桥梁运营的安全性考虑，需要进行加固或改建或重建。8月24日，根据安全检测结果，四女寺局制定《四女寺枢纽节制闸检修（交通桥）突发事故应急预案》（四工管〔2018〕25号）。

3. 四女寺枢纽闸门及启闭机设备等级评定

9月27日，四女寺局组织专家对南进洪闸、北进洪闸和节制闸闸门及启闭机进行设备管理等级评定。专家组综合各评级单元、单项设备等级情况，经讨论，一致认为：南进洪闸闸门和启闭机符合二类设备标准，南进洪闸闸门和启闭机分别评定为二类设备；南进洪闸工程评定为二类单位工程。北进洪闸闸门符合三类设备标准，启闭机符合二类设备标准，北进洪闸闸门评定为三类设备，启闭机评定为二类设备；北进洪闸工程评定为三类单位工程。节制闸闸门和启闭机符合二类设备标准，节制闸闸门和启闭机分别评定为二类设备；节制闸工程评定为二类单位工程。

4. 四女寺枢纽水闸注册登记

9月5日，四女寺局印发《四女寺局关于申请四女寺枢纽水闸注册登记的请示》（四工管〔2018〕26号）上报漳卫南局，内容包括《水闸注册登记表》《管理单位法人登记证复印件》《水闸安全鉴定报告书》《水闸全景照片》，完成水闸注册登记上报工作。

5.《四女寺枢纽技术管理实施细则》

9月7日，四女寺局根据水利部《水闸技术管理规程》（SL 75）、海河水利委员会《海河水利委员会水闸工程技术管理工作标准（试行）》（2016年3月5日发布实施），结合工程管理实际，制定《四女寺枢纽技术管理实施细则》，并报漳卫南局。11月13日，漳卫南局印发《漳卫南局关于四女寺枢纽工程技术管理实施细则（试行）的批复》（漳建管〔2018〕36号），对《四女寺枢纽技术管理实施细则》进行批复。

6. 四女寺枢纽北进洪闸除险加固工程

4月23—25日，国家发展改革委国家投资项目评审中心在德州组织召开会议，对漳卫南运河四女寺枢纽北进洪闸除险加固工程初步设计概算进行审查。经过审议，基本同意该项目初步设计报告书的内容，认为设计方案能较好地解决四女寺枢纽北进洪闸的问题。同时，专家组也要求设计单位根据会议讨论意见对报告进行必要的补充和修改。

7. 四女寺枢纽南进洪闸和节制闸安全鉴定

2016年，四女寺枢纽工程管理局委托山东黄河勘测设计研究院对四女寺枢纽南进洪闸和节制闸进行安全鉴定。2018年4月11—12日，水利部海河水利委员会组织有关专家在山东省德州市召开四女寺南进洪闸、节制闸安全鉴定审查会。专家组一行查看工程现场，听取安全鉴定承担单位的工作汇报，查阅相关资料，进行质询、讨论，按照《水闸安全鉴定管理办法》和《水闸安全评价导则》规定，对两座水闸的安全类别进行评审。11月7日，海河水利委员会印发《海河水利委员会关于印发辛集挡潮蓄水闸、四女寺枢纽南进洪闸和节制闸安全鉴定报告书的通知》（海建管〔2018〕6号），海河水利委员会组织对四女寺枢纽南进洪闸和节制闸安全鉴定报告进行审查，同意四女寺枢纽南进洪闸和节制闸评定为三类闸。

（张　振　孟跃晨）

【防汛抗旱】

1. 汛前准备

汛前，及时调整防汛组织机构，明确各部门工作职责，成立防汛抢险队。重新修订《四女寺枢纽工程防洪抢险预案》。针对四女寺枢纽北进洪闸、南进洪闸、节制闸均评定为三类水闸的情况，制订《四女寺枢纽北进洪闸 2018 年度汛方案》《四女寺枢纽工程 2018 年度汛方案》《四女寺枢纽安全管理应急预案》，上报漳卫南局。成立工程检查小组，2018 年 4 月，对所辖枢纽工程的水工建筑物、闸门、启闭及供电动力设备设施、防汛物料及倒虹吸工程进行全面检查。组织人员对备用柴油发电机进行检修，校验油泵，更换机油，清除机油箱内杂质，清洗空气滤清器，更换油箱，确保在专线断电的紧急情况下能正常发电启闭闸门。

2. 汛期工作

6 月 1 日，召开四女寺局防汛工作会议，总结上一阶段防汛准备工作，对下一步防汛重点工作进行安排部署。7 月 20 日，举办防汛抢险知识培训班。执行防汛值班制度，关注雨情、水情及工程运行情况，做好雨水情的统计和报送工作；加强防汛物资管理，做好防汛物资保障。7 月 24 日，开展备用发电机启闭闸门应急演练。联合德州六和建设工程有限公司，对防汛专线和变电设备等进行全面检查维护，及时清除树障、鸟窝，维修松动的线杆固定拉线，对变压设备进行绝缘测试和接地电阻测试，对高压侧进行清洁，消除安全隐患，确保 35kV 防汛供电专线通畅。

3. 汛后检查

9 月下旬，工程检查小组对所辖枢纽工程（水工建筑物、闸门启闭机、机电设备、附属设施等）、通信设施、供电专用线路、防汛物料等进行全面检查。9 月 26 日、9 月 28 日，分别印发《四女寺局关于 2018 年汛后检查的报告》（四工管〔2018〕28 号）、《四女寺局关于 2018 年防汛工作总结的报告》（四工管〔2018〕30 号），上报漳卫南局。

4. 运行调度

2018 年四女寺枢纽工程全年动闸共计 26 次。其中南进洪闸动闸 5 次，节制闸动闸 21 次，全年三闸下泄水量约 6210.1 万 m^3。

（孟跃晨）

【水文工作】

1. 河北省故城、吴桥、景县、东光输水

（1）故城输水：2018 年为故城输水总计 1005.43 万 m^3。

（2）吴桥输水：2018 年为吴桥输水总计 965.45 万 m^3。

（3）景县输水：2018 年为景县输水总计 1106.08 万 m^3。

（4）东光输水：2018 年为东光输水总计 509.54 万 m^3。

2. 水样采集

每月按时完成四女寺、第三店、王营盘、玉泉庄、田龙庄、袁桥闸 6 个区域水样采集工作，全年共采集水样72次。

3. 补充德州市生态用水

2月24日至3月4日、5月29日至6月2日、11月2—5日，四女寺局应德州市政府要求，先后三次利用倒虹吸工程补充德州市生态用水，过水总量约1289万m^3，使南运河河道内的水质得到明显改善。

（孙　磊）

【水政工作】

1. 普法宣传

2018年3月22日，四女寺局紧紧围绕“实施国家节水行动，建设节水型社会”主题开展纪念第26届“世界水日”和第31届“中国水周”宣传活动。在办公楼大厅流动字幕播放宣传内容，利用微信平台，发送相关宣传口号和内容。同时，组成水法宣传队，到集市发放宣传材料100余份，开展水法律知识咨询，宣传保护水资源相关知识。

开展“12·4”国家宪法日暨全国法制宣传日活动。活动紧紧围绕“尊崇宪法、学习宪法、遵守宪法、维护宪法、运用宪法”主题，着力宣传以宪法为核心的中国特色社会主义法律体系。宣传活动紧密结合工作实际和群众关心的问题，重点宣传宪法修正案、宪法修正案六大核心要义等方面内容。活动期间，共发放法制宣传资料100余份，张贴标语50余张，摆放法制宣传大小展板6块。

2. 水政执法

2018年四女寺局按照《漳卫南运河管理局预防和处理突发水事案件预案》和《漳卫南局水政执法巡查制度》的要求，坚持“预防为主、打防结合”的原则，对枢纽管理区域进行执法巡查。根据四女寺局实际情况制订巡查方案，携带单兵设备开展水政巡查。每周巡查一次，每次巡查都形成电子记录，登记到水行政执法信息系统中。2018年，四女寺局管辖范围内无违法水事案件发生。

3. 联合执法工作

针对四女寺枢纽工程管理局管理区域没有划界确权、未实现封闭管理的现状，开展联合执法。四女寺枢纽船闸保护与展示工程项目完工后，德州市文化广电新闻出版局在四女寺枢纽建立安防管理用房，在船闸周边架设10个监控探头，其采集的视频联入山东省文物局的视频监控系统，全面监控船闸工程。四女寺局与德州市文物局共同设立联合安防管理办公室，制定《四女寺枢纽联合执法制度》，建立联合执法机制，开展文物保护执法与水行政执法相结合的巡查工作，确保枢纽工程安全。

4. 水法教育培训

4月12日，举办水法规知识培训班，邀请漳卫南局专家及四女寺局法律顾问进行授课，围绕依法行政、水利执法以及与职工息息相关的法律知识等问题以案释法，进行详细讲解与讨论。

5. 河长制工作

7月27日，德州市河长办公室印发《德州市河长制办公室关于调整市河长制办公室成员单位的通知》（德河长办〔2018〕14号），将四女寺枢纽工程管理局列为德州市河长制办公室成员单位。9 月 12 日，四女寺局印发《四女寺局河长工作办法》（四水政〔2018〕2 号）。11 月 15 日，四女寺局印发《四女寺局全面推进河长制工作方案》(四水政〔2018〕5 号)。

6. 河湖“清四乱”专项行动

按照《水利部办公厅关于开展全国河湖“清四乱”专项行动的通知》(办建管〔2018〕130 号）及漳卫南局关于“清四乱”专项行动工作部署有关要求，在四女寺枢纽管理区域内开展“清四乱”专项行动。共排查出 4 处乱占问题。其中 2 处问题已经清理完毕。对剩余 2 处问题实行跟踪处理，每月上报清理整改情况，确保“清四乱”专项行动按期完成。

（翟淑金）

【人事管理】

1. 机构设置与调整

(1) 2018 年 3 月 6 日，成立四女寺局党建工作领导小组（四党〔2018〕2 号），人员组成如下。

组　长：王　斌

副组长：何传恩

成　员：上官利　谢　磊　王丽苹　席　英　翟淑金

(2) 3 月 9 日，成立四女寺局工程检查小组（四工管〔2018〕3 号），人员组成如下。

组　长：何传恩

组　员：孟跃晨　杨长柱　张志军　邱振荣　吴志文　王　玲

职　责：工程检查小组主要职责是对四女寺枢纽、倒虹吸工程、防汛仓库、输变电设备设施、备用电源等进行检查，及时完成检查总结。

水闸的检查工作包括日常检查、定期检查、专项检查。日常检查的周期：水闸建成初期，宜每周两次；正常运行期，可减少次数，每月不少于一次；汛期应增加检查次数；水闸在设计水位运行时，每天应至少检查一次。定期检查的周期：每年汛前、汛后、引水前后和冰冻期起始和结束时，应对水闸各部位及各项设施进行全面检查。专项检查的周期：水闸经受地震、风暴潮、台风或其他自然灾害或超过设计水位运行后，发现较大隐患、异常或拟进行技术改造时进行专项检查。工程检查资料应详细记录，并为原始记录，后期不得涂改。定期检查、专项检查结束后，应根据结果写出检查报告，报上级主管部门。

(3) 3 月 12 日，成立四女寺局往来账款清理领导小组（四财〔2018〕4 号），人员组成如下。

组　长：王　斌

副组长：何传恩　师家科　刘培珍

成　员：张志军　上官利　杨泳鹏　谢　磊　王丽苹　李洪德　武　军　杨长柱
　　　　胡　平　陈冉冉

领导小组下设办公室，承担往来账款清理日常管理工作。办公室设在财务科，主任由张志军兼任。

(4) 3 月 19 日，调整四女寺局安全领导小组（四工管〔2018〕4 号），人员组成如下。

组　长：王　斌

副组长：何传恩　师家科

成　员：李洪德　孟跃晨　上官利　杨泳鹏　张志军　谢　磊　席　英　武　军
　　　　杨长柱　邱振荣

安全生产领导小组下设办公室，承担安全生产日常管理工作。安全生产办公室主任由孟跃晨兼任。

（5）3 月 19 日，调整四女寺局各部门安全员（四工管〔2018〕6 号），人员组成如下。

办公室：王丽苹

水政科：翟淑金

财务科：陈冉冉

人事科：谢　磊

工管科：吴志文

工　会：刘玉兵

综合事业中心：边文生

后勤服务中心：韩洪光

引黄倒虹吸管理所：徐泽勇

（6）4 月 26 日，成立四女寺局贯彻落实“一个中心，四个保障”工作思路领导小组（四办〔2018〕2 号），人员组成如下。

组　长：王　斌

副组长：何传恩　师家科　刘培珍

成　员：上官利　杨泳鹏　张志军　谢　磊　孟跃晨　席　英　杨长柱　武　军
　　　　邱振荣

领导小组下设办公室，设在局办公室（党委办公室）作为其工作机构，负责全局贯彻落实“一个中心，四个保障”工作思路的日常工作。

（7）5 月 2 日，调整四女寺局防汛抗旱组织机构（四工管〔2018〕9 号），人员组成如下。

1）防汛抗旱工作领导小组。

组　长：王　斌

副组长：何传恩　师家科　刘培珍

成　员：李洪德　杨泳鹏　张志军　谢　磊　上官利　席　英　王丽苹　邱振荣
　　　　杨长柱　武　军　王子忠　赵玉峰（四女寺水文站）

2）职能组。

①综合调度及抢险技术组。

组　长：李洪德

成　员：主要由工管科（防办）及水政科人员组成

②情报预报组。

组　长：邱振荣

成　员：主要由倒虹吸工程管理所（水文站）人员组成

③通信信息组。

组　长：武　军

成　员：主要由综合事业中心人员组成

④后勤保障组。

组　长：杨长柱

成　员：主要由后勤服务中心人员组成

⑤物资保障组。

组　长：张志军

成　员：主要由财务科人员组成

⑥督查组。

组　长：谢　磊

成　员：主要由人事（监察审计）科、办公室、工会人员组成

3）防汛抗旱办公室。

主　任：李洪德（兼）

副主任：孟跃晨　赵玉峰（四女寺水文站）

(8) 5月2日，成立四女寺枢纽工程防洪抢险队（四工管〔2018〕10号），人员组成如下。

队　长：何传恩

副队长：李洪德　孟跃晨

①第一组。

组　长：王子忠

成　员：上官利　邱振荣　刘玉兵　孟跃晨　曲志勇　薛德武　武　军　王光恩
康晓磊　孙　磊　徐泽勇　唐新洲　胡　平　张　振　李臣山

②第二组。

组　长：张　鹏

成　员：杨长柱　杨泳鹏　韩洪光　张洪元　李春东　张志军　陈寿林　边文生
王永鑫　马泽旺　李光桥　吴志文　王春刚　崔志华　吴　强

(9) 8月10日，调整四女寺局精神文明建设领导小组（四党〔2018〕14号），人员组成如下。

组　长：王　斌

副组长：何传恩

成　员：上官利　杨泳鹏　张志军　谢　磊　孟跃晨　席　英　王丽苹　武　军
杨长柱　邱振荣

四女寺局精神文明建设领导小组下设办公室，设在局办公室（党委办公室）作为其工作机构，负责全局精神文明建设的日常工作。

(10) 10月16日，调整四女寺局工程管理领导小组（四工管〔2018〕32号），人员组成如下。

组　长：王　斌

副组长：何传恩

成　员：孟跃晨　上官利　杨泳鹏　张志军　谢　磊　席　英　王丽苹　杨长柱
邱振荣　武　军

（11）12月12日，成立四女寺局2018年水政监察人员考核领导小组（四水政〔2018〕6号），人员组成如下。

组　长：王　斌

副组长：师家科

成　员：杨泳鹏　孟跃晨　邱振荣

（12）12月24日，成立四女寺局2018年度参照公务员法管理人员考核领导小组（四人事〔2018〕7号），人员组成如下。

组　长：何传恩

副组长：刘培珍

成　员：谢　磊　上官利　杨泳鹏　张志军　席　英　孟跃晨　王丽苹

领导小组下设办公室，由人事（监察审计）科负责考核工作具体事宜。

（13）12月24日，成立四女寺局2018年度事业单位职工考核领导小组（四人事〔2018〕8号），人员组成如下。

组　长：师家科

副组长：刘培珍

成　员：谢　磊　王丽苹　杨长柱　武　军　邱振荣

领导小组下设办公室，由人事（监察审计）科负责考核工作具体事宜。

2. 职工培训

2018年，四女寺局举办防汛抢险知识、安全生产知识等培训班共5个，受训200人次。选送30余人参加海河水利委员会、漳卫南局及地方举办的各类培训班。按照上级有关要求参加了网络教育培训，全员参加了十九大专题培训班。4名处级干部参加海河水利委员会、漳卫南局及地方举办的各类培训班，全部合格。

3. 干部任免

1月31日，四女寺局任命张志军为四女寺局财务科科长（试用期一年），免去其四女寺局财务科副科长职务；任命谢磊为四女寺局人事科科长（试用期一年），免去其四女寺局人事科副科长职务（四人事〔2018〕3号）。

2月1日，经试用期满考核合格，四女寺局聘任武军为四女寺枢纽工程管理局综合事业管理中心主任，聘期三年（四人事〔2018〕4号）。

7月16日，经试用期满考核合格，漳卫南局任命何传恩、师家科为四女寺枢纽工程管理局副局长（漳任〔2018〕9号）。

4. 事业编制人员岗位聘用

12月29日，四女寺局印发《四女寺局关于边文生等人岗位聘用的通知》（四人事〔2018〕10号），聘任边文生专业技术岗八级（2006年11月取得经济师资格），自2018年12月31日起至2021年12月31日止，聘期三年；聘任宋萍专业技术岗九级（2016年2月取得经济师资格），自2018年12月31日起至2021年12月31日止，聘期三年；聘任李臣山工勤岗技术工四级（2017 年 11 月通过考核），自 2018 年 12 月 31 日起至 2021 年 12 月 31 日止，聘期三年。

5. 人员变动

8 月 30 日，四女寺局贾齐退休（四人事〔2018〕5 号）。

截至 2018 年 12 月 31 日，四女寺局在职职工 45 人，包括参照公务员法管理人员 23 人，事业人员 22 人。退休人员 42 人。

（谢　磊）

【党风廉政建设】

先后印发《四女寺局 2018 年党风廉政建设工作要点》（四党〔2018〕4 号）、《中共四女寺局党委关于印发 2018 年党风廉政建设考核指标体系的通知》（四党〔2018〕6 号）。单位负责人与各部门负责人签订《党风廉政建设责任书》。单位负责人与领导班子其他成员、领导班子成员与分管科室负责人、部门负责人与科室成员分别签订《党风廉政建设承诺书》。2018 年 1 月 30 日，对两位新提拔的科级干部（张志军、谢磊）开展任前廉政谈话、廉政测试，签订廉政承诺书。2 月 23 日，四女寺局王斌局长对副科级以上干部进行节后集体廉政约谈；召开 2018 年党风廉政建设工作会议，传达漳卫南局党风廉政建设会议精神，回顾总结四女寺局 2017 年党风廉政建设工作，对 2018 年工作进行安排部署。7 月 13—25 日，领导班子成员对分管部门开展廉政约谈。8 月，在全局组织开展“坚持问题导向、以案为警为戒、忠诚廉洁担当”廉政警示教育月活动。召开动员会，印发《四女寺局 2018 年“坚持问题导向、以案为警为戒、忠诚廉洁担当”廉政警示教育月活动方案》（四党〔2018〕12 号），开展廉政讲堂、廉政风险大讨论、廉政格言征集等“十个一”活动，编印《四女寺局全面从严治党教育读本》。组织党员干部观看红色主旋律电影——《党员登记表》、廉政警示教育片——《巡视利剑》。

8 月 29 日，组织党员干部到德州市廉政教育基地参观学习。8 月底，修订完善工程管理、防汛抗旱、规划计划、水行政执法、财务管理、人事管理、水文管理七大重点领域的廉政风险防控制度并装订成册。

（王丽苹）

【党建工作】

2018 年 3 月 6 日，成立四女寺局党建工作领导小组。先后印发《四女寺局深入开展不作为不担当问题专项治理三年行动实施方案（2018—2020 年）》（四党〔2018〕8 号）、《四女寺局 2018 年党建工作实施方案》（四党〔2018〕9 号）、《四女寺局 2018 年党建工作要点》（四党〔2018〕10 号）、《中共四女寺局党委党建工作三年规划（2018—2020 年）》（四党〔2018〕13 号），制订党委中心组学习计划、支部政治理论学习计划，组织党员学习贯彻党的十九大、十九届二中全会精神及习近平系列重要讲话。2 月 11 日，召开四女寺局 2017 年度党员领导干部民主生活会。4 月，在全局开展主题为“放下手机，暂别网络，回归深度阅读”第十二届读书月活动。6 月 27 日，四女寺局组织在职党员赴乐陵冀鲁边区革命纪念馆参观学习，接受革命传统和爱国主义教育。6 月 29 日，四女寺局党委书记、局长王斌为党员干部讲《传承井冈山精神　做新时代合格党员》主题党课。8 月 14

日，四女寺局副局长何传恩为党员干部讲《提高政治站位 做守纪律讲规矩的表率》廉政党课。9月30日，召开党委理论学习中心组（扩大）学习会，学习鄂竟平部长和田野组长在水利部直属系统党风廉政警示教育会上的讲话精神及张永明局长在漳卫南局党委理论学习中心组（扩大）学习会上的讲话。10月29日，四女寺局副局长师家科为干部职工讲题为《共产党人的奉献精神》的党课。继续开展基层党支部规范化建设，党支部每月10日开展“党员活动日”系列活动。

（王丽苹）

【综合管理】

2018年2月1日，召开四女寺局2018年工作会议，传达漳卫南局2018年工作会议精神及“一个中心，四个保障”基本工作思路，总结2017年各项工作，安排部署2018年重点工作任务，表彰先进个人及先进集体。四女寺局负责人做题为《凝心聚力 砥砺前行 开创四女寺局水利事业新局面》的工作报告。先后印发《四女寺局2018年宣传信息工作要点》（四办〔2018〕1号）、《四女寺局贯彻落实“一个中心，四个保障”工作思路实施方案》（四办〔2018〕3号）、《四女寺局督办工作实施办法》（四办〔2018〕5号）、《四女寺局公务出差审批管理办法》（四办〔2018〕6号）、《四女寺局内部沟通管理制度》（四办〔2018〕6号）。

（张俊美）

【综合经营】

积极开辟经营创收渠道，2018年四女寺局全年各项经营创收共计161余万元。

（武　军）

【精神文明建设】

2018年6月15日，四女寺局举办文明单位创建工作培训班。改善职工活动室，安装透明门帘，更换乒乓球台，购置部分活动器材，设置“生活百宝箱”，为职工业余生活提供便利。先后举办职工摄影比赛、“枢纽美、健步行”“三八节”趣味体育竞赛等文体活动，召开退休职工座谈会、退伍军人座谈会。组织职工观看《厉害了我的国》《红海行动》等爱国影片。参加德州市第八届全民健身运动会市直机关羽毛球比赛，取得女子双打第三名；参加漳卫南局系统第一届职工运动会，夺得团体第一名；参加漳卫南局第一届艺术节，退休职工辛维华的书法作品获得书画类三等奖；孟跃晨、李思聪、张浩然、赵海鸽编制的微电影《四女寺的故事》获得微电影三等奖；合唱《共筑中国梦》《中国中国鲜红的太阳永不落》获得文艺节目类三等奖。参加海河水利委员会纪念改革开放40周年“图说海河故事”摄影作品展及海河水利委员会职工运动会。继续开展送温暖活动，春节、重阳节走访慰问离退休老干部及困难职工。关心职工生活，做到职工婚丧嫁娶到场慰问、家庭出现矛盾纠纷进行调节、职工因病住院及时探望。

（席　英）

【安全生产】

2018年年初，调整安全生产领导小组和各部门的安全监督员，与局属各部门（直属事业单位）分别签订《2018年度安全生产目标责任书》，明确责任和目标。制订《四女寺局2018年安全生产工作要点》（四工管〔2018〕6号），明确工作重点。各部门和每位职工都签订安全生产责任书。6月11日，召开安全生产工作会议，传达漳卫南局安全生产工作会议精神，安排部署本单位2018年安全生产工作。6月，开展“生命至上、安全发展”为主题的安全生产月活动。7月19日，组织安全生产知识培训班。修订完善包括《四女寺局安全目标管理制度》《四女寺局安全生产事故应急救援预案》《四女寺局安全生产综合应急预案》等45项安全生产规章制度。落实隐患监督检查，加大整治力度，采取日常检查、重点时段、部位检查和专项检查相结合的检查形式，对工程设施、交通车辆、消防设施、电气设备、输变电设备等容易发生安全隐患的部位进行重点检查。发现问题及时整改，更新灭火器，翻建变电室院墙80m，购买饮用水净化装置、消毒柜等设备，改造供暖方式，将烧煤锅炉改造为中央空调供暖。针对四女寺枢纽三闸均为三类闸的现状，加强各闸日常检查监测和巡查工作，采取警示限载限行等措施。针对节制闸交通桥鉴定为四类桥的情况，加强各项管理措施：在交通桥两端设置限载标志，减速带，车辆匀速通行标志牌；设置震动标线，禁止重载车辆在桥面上急刹车；桥端设置限高杆及反光膜，设置夜间警示灯等。制订《四女寺节制闸检修（交通）桥突发事故应急预案》，并请有资质单位制订该公路桥加固方案。

（孟跃晨）

【荣誉表彰】

2018年1月9日，漳卫南局印发《漳卫南局关于表彰首届“孝老爱亲”模范人物的通报》（漳文明〔2018〕1号），四女寺枢纽工程管理局徐泽勇被评为首届漳卫南局“孝老爱亲”模范人物；张俊美获得首届漳卫南局“孝老爱亲”模范人物提名奖。

1月31日，四女寺局印发《四女寺局关于表彰2017年度先进集体的决定》（四人事〔2018〕1号），授予办公室、水政科、倒虹吸管理所“2017年度先进集体”荣誉称号。

4月8日，漳卫南局印发《漳卫南局关于公布局属各单位、德州水电集团公司2017年度处级考核优秀结果的通知》（漳人事〔2018〕17号）。按照2017年度考核情况，经局党委研究决定：王斌、何传恩年度考核确定为优秀等次。

4月10日，漳卫南局印发《漳卫南局关于表彰2017年度优秀公文、宣传信息工作先进单位和先进个人的通报》（漳办〔2018〕5号），四女寺枢纽工程管理局被评为漳卫南局2017年宣传信息工作先进单位；上官利被评为漳卫南局2017年宣传信息工作先进个人。

6月28日，漳卫南局直属机关党委印发《关于表彰先进基层党组织、优秀共产党员和优秀党务工作者的通报》四女寺局第一党支部被授予漳卫南局直属机关“先进基层党组织”荣誉称号。王丽苹、武军两名党员被授予漳卫南局直属机关“优秀共产党员”荣誉称号。席英被授予漳卫南局直属机关“优秀党务工作者”荣誉称号。

（王丽苹）

【检查调研与各界来访】

2018年1月5日，海河水利委员会副主任徐士忠带领海河水利委员会安监处、引滦局、海河下游局、海河上游局等领导组成的安全生产联合检查组到四女寺局检查指导安全生产工作。

1 月 11 日，南水北调东线总公司副总经理赵月园到四女寺枢纽工程管理局调研南水北调东线一期北延应急调水工作。

3 月 12 日，海河水利委员会主任王文生到四女寺局督导调研从严治党落实情况，并提出指导性意见。

3 月 30 日，国家发展改革委社会司副司长彭福伟率运河文化传承调研组到四女寺枢纽工程调研大运河文化。

4 月 24 日，山东省民政厅巡视员王建东带领省防总第二防汛综合检查组到四女寺枢纽检查指导防汛工作。

5 月 8 日，中纪委驻水利部纪检组副组长隋洪波、纪检组吴德波到四女寺枢纽工程管理局考察。海河水利委员会纪检组组长、监察局局长靳怀堵，纪检组监察二室主任胡希祥，漳卫南局局长张永明及四女寺局相关领导陪同考察。

7 月 25 日，第四届“运河情”八省（直辖市）音乐创作团到四女寺枢纽参观采风。此次参观采风活动由山东省文化厅主办，浙江、江苏、山东、河北、天津、北京、安徽、河南八个省（直辖市）的多位著名词曲作家、音乐家及水利专家共同参与。

8 月 15 日，由国家防办督察专员王磊率领的国家防总工作组一行 3 人到四女寺枢纽工程管理局检查防汛工作。山东省水利厅副厅长张建德，漳卫南局总工徐林波，德州市防指副指挥、水利局局长邢朝峰及四女寺局负责人陪同检查。

9 月 11 日，德州市委常委、秘书长刘长民一行到四女寺局调研。

9 月 19 日，水利部调水司副司长王平一行到四女寺枢纽就南水北调东线一期北延应急工程前期进展情况进行实地调研。

9 月 28 日，水利部人事司副司长王新跃到四女寺枢纽工程管理局调研，张永明局长陪同调研。

10 月 12 日，山东省政府办公厅秘书二处副处长翁剑桥、省发展改革委社会处副处长冯锐，在德州市发改委和武城县相关领导陪同下到四女寺枢纽调研大运河山东段文化与生态建设情况。

10 月 17 日，海河下游管理局独流减河进洪闸管理处到四女寺枢纽工程管理局就工程管理工作进行调研。

11 月 1 日，2018 年海河流域防办主任工作会议参会人员一行 30 余人到四女寺枢纽调研防汛工作。

11 月 1 日，德州市委宣传部副部长、文明办主任常树风到四女寺局进行省级文明单位复核。

11 月 5 日，全国政协文化文史和学习委员会副主任陈际瓦率调研组赴四女寺枢纽工程管理局就“推动大运河文化带建设”工作进行调研。山东省政协副主席许立全、漳卫南局副局长张永顺、四女寺局局长王斌陪同调研。

11 月 15 日，水利部绿化委员会蔡建琴副主任一行在海河水利委员会水保处负责人和漳卫南局建管处负责人陪同下到四女寺枢纽调研指导水利绿化工作。

11 月 28 日，山东省副省长、省政府党组成员刘强一行 10 人到漳卫南运河山东段巡河调研，德州市委常委、常务副市长张传忠，漳卫南局副局长付贵增陪同调研。

（王丽苹）

水闸管理局

【工程管理】

1. 水利工程维修养护

2018年完成水利工程维修养护项目投资608.64万元。

11月，制定印发《水闸局水利工程维修养护实施细则》（闸管〔2018〕8号）、《水闸局工程管理考核办法（试行）》（闸管〔2018〕83号）。

组织开展2018年水利工程维修养护市场化试点工作，成立专门领导小组，所属祝官屯枢纽管理所、袁桥闸管理所按时顺利完成维修养护项目的招投标。

持续推进“美丽水闸”建设，2018年重点建设袁桥闸管理所，对院内1220m^2绿地及闸区环境进行整治。

2. 水闸安全鉴定

4月10—12日，海河水利委员会组织专家在德州召开漳卫南运河辛集挡潮蓄水闸、四女寺枢纽南进洪闸和节制闸三座水闸安全鉴定审查会。

11月7日，海河水利委员会以海建管〔2018〕6号文、《海河水利委员会关于印发辛集挡潮蓄水闸、四女寺枢纽南进洪闸和节制闸安全鉴定报告书的通知》，同意辛集挡潮蓄水闸鉴定为三类闸。

3. 供暖设施改造工程

11月15日，冬季采暖期开始前，配合漳卫南局完成所属7个基层单位的供暖设施改造，使用空气源热泵机组进行供暖。

4. 无棣段防洪工程雨毁修复项目

12月，完成对所辖漳卫新河无棣段堤防堤顶及堤坡水沟浪窝的修复项目，工程投资45万元。

（李兴旺　劳道远）

【水政水资源管理】

1. 水法规宣传

“世界水日”“中国水周”宣传活动期间，共设立水法规咨询站（台）7个，悬挂条幅7条，张贴宣传标语10个，发放宣传布袋、《水法》宣传册、宣传单等共计10000余份。“12·4”宣传活动期间，共出动设立宣传台3个，悬挂横幅7条，张贴宣传标语130余条，编印宣传单3500余份、宣传册100册、宣传海报6张。

2. 水行政执法

2018年，辖区内立案处理水事违法案件3起，并及时上报无棣县、滨州市河长办；

现场处理水事违法案件 3 起。

3. 漳卫新河河口管理

开展河口执法，加强河口地区水政巡查，与沧州局定期开展联合执法巡查活动。9 月 5 日，漳卫新河河口管理第三次联席会议在山东省滨州市无棣县召开。

4. 河长制工作

设立水闸管理局（以下简称“水闸局”）局辖河道河长（闸政资〔2018〕3 号），印发了《水闸局河长工作办法》（闸政资〔2018〕23 号）。全年完成局辖河道河长巡河任务共计 10 次。

开展“清四乱”专项行动。对漳卫新河无棣段的乱占、乱采、乱建、乱堆情况进行集中摸底调查，重点对鱼塘、虾池、违章建筑、船厂、码头、树障进行了 GPS 定位和桩号、面积的调查统计，拍摄照片和视频资料留档，调查情况及时上报漳卫南局，并分别向无棣县河长办、滨州市河长办以公函形式通报。9 月，拆除埕口镇堤顶临河面桩号（191＋000）、（191＋100）、（191＋350）、（191＋700）、（191＋750）五处违建房屋共计 290m^2。截至 2018 年 12 月底，“清四乱”统计表共有 92 个违法事项，其中乱占 33 个、乱堆 1 个、乱建 58 个。

5. 水资源管理与保护

完成水资源基本信息调查统计及数据资料上报工作。合理调配雨洪资源，实行合同供水。

定期开展取水许可监督检查，全年共开展 12 次检查，完成 18 个取水口取水工作总结和取水计划编报工作，开展取水许可证有效期延续相关工作。

4 月，修订《水闸局应对突发性水污染事件应急预案》（闸政资〔2018〕24 号）。强化各拦河闸水质水量监测，每月开展水功能区和入海排污口监督检查，及时采集送检辛集闸断面水样。2018 年，未发现排污口，未发生重大水污染事件。

（李　磊　耿书迪）

【防汛抗旱】

落实各项防汛责任制，调整防汛抗旱组织机构，召开防汛抗旱工作会议。加强汛前、汛期及汛后工程检查，向漳卫南局及时报送汛前检查报告和防汛工作总结。汛前重新修订完善《漳卫新河无棣县防洪预案》，并上报滨州市防指。严格落实 24 小时值班带班制度。密切关注上游来水，加强水资源利用，了解地方用水需求，做好水闸调度，最大限度利用好雨洪资源。

完善各测站工作制度，对各测站水尺断面进行维修改造；2018 年报送水文基础信息 460 份，完成水文测验 3600 余次（其中水位观测 3650 次、水文巡测 15 次）。

（贾晓洁　魏　序）

【人事管理】

1. 人事任免

（1）科级干部任免。

中共水闸局党委 2018 年 1 月 3 日决定，免去孟淑凤漳卫南运河水闸局人事科（监察审计科）副科长职务，自 2018 年 1 月 31 日起退休（闸人事〔2018〕2 号）。

中共水闸局党委 2018 年 10 月 11 日决定，免去李风华漳卫南运河水闸局水政水资源科科长职务，自 2018 年 10 月 31 日起退休（闸人事〔2018〕76 号）。

中共水闸局党委 2018 年 11 月 14 日决定，免去姜洪云漳卫南运河祝官屯枢纽管理所副所长职务，自 2018 年 11 月 30 日起退休（闸人事〔2018〕77 号）。

（2）其他人员。

2017 年 12 月，1 名参公人员（纪情情）调出。

7 月，新招聘 3 名事业人员（李昊、霍子龙、贾金涛）；9 月，新招聘 1 名事业人员（臧庆虎）。

9 月，1 名事业人员（李小姣）退休（闸人事〔2018〕64 号）。

11 月 14 日，中共水闸局党委决定，由李磊临时主持水政水资源科工作。

2. 机构设置与调整

（1）1 月 10 日，成立党建工作领导小组（闸党〔2018〕2 号），党建工作领导小组在局党委领导下开展工作，主要职责是：贯彻落实中央和水利部、海河水利委员会党组、漳卫南局党委、德州市委党建工作部署安排和各项要求，研究加强和改进党建工作的思路和举措，明确局党委关于党建工作的总体目标和年度工作要点；对水闸局党建工作实施统一领导、统筹规划、推动落实，了解掌握全局系统党建工作情况；定期听取党建工作汇报，讨论党建工作中的重要问题，对重点工作统筹安排、研究部署和组织协调；及时向局党委汇报党建工作的重要情况，提出意见建议；承担上级党建工作领导小组、局党委交办的其他任务。党建工作领导小组人员组成如下。

组　长：刘敬玉

副组长：于清春

成　员：王　静　翟永英　孙会权

党建工作领导小组下设办公室，负责日常工作，办公室设在局办公室（党委办公室），主任由王静担任。

党建工作领导小组会议由组长召集，也可由组长委托副组长主持召开；根据不同议题需要，可适当扩大与会人员的范围；不定期组织领导小组成员进行党建工作专题检查、调研，广泛听取基层组织和党员的意见和建议，提高规划党建工作的针对性、科学性和实效性。

（2）2 月 27 日，水闸局印发《水闸局关于成立水利工程维修养护市场化试点工作领导小组的通知》（闸工管〔2018〕4 号），成立水闸局水利工程维修养护市场化试点工作领导小组，人员组成如下。

组　长：石　屹

成　员：霍　光　刘学峰　李兴旺　翟永英　劳道远

领导小组职责：行使水利工程维修养护市场化试点工作的组织、指导、监督职责，准确把控招标工作的合法性。祝官屯枢纽管理所和袁桥闸管理所要及时上报水闸维修养护实施方案，做好招标文件编制工作。

（3）3 月 7 日，水闸局印发《水闸局关于成立往来款项清理领导小组的通知》（闸财务〔2018〕9号），成立水闸局往来款项清理领导小组，人员组成如下。

组　长：刘敬玉

副组长：贾　卫

成　员：刘学峰　霍　光　刘　建　刘春华　姜东峰　周世华　李本安　翟秀平
王长振　王雪松　王永兵　刘燕萍

往来款项清理领导小组下设办公室，往来款项清理由财务科负责，由翟秀平兼任主任。

（4）4月12日，水闸局印发《水闸局关于成立安全生产标准化建设工作领导小组的通知》（闸工管〔2018〕21号），成立水闸局安全生产标准化建设工作领导小组，人员组成如下。

组　长：刘敬玉

副组长：薛德训　贾　卫　石　屹　于清春

成　员：李兴旺　王　静　李风华　翟秀平　翟永英　王海燕　徐春云　金松森
刘学峰　霍　光　刘　建　刘春华　姜东峰　周世华　李本安　范连东

安全生产标准化建设工作领导小组办公室设在工管科，负责安全生产标准化建设的日常工作，办公室主任由李兴旺兼任。

（5）5月18日，水闸局印发《水闸局关于调整2018年防汛抗旱组织机构的通知》（闸工管〔2018〕30号），对2018年防汛抗旱组织机构进行调整。

1）水闸局防汛抗旱工作领导小组。

组　长：刘敬玉

副组长：薛德训　贾　卫　石　屹　于清春　段俊秀

成　员：李兴旺　王　静　李风华　翟秀平　翟永英　王海燕　徐春云　金松森
范连东

2）职能组。

①综合调度组。

组　长：李兴旺

成　员：主要由工管科（防汛抗旱办公室）人员组成

②水情预报组。

组　长：金松森

成　员：主要由水文中心人员组成

③清障组。

组　长：李风华

成　员：主要由水政科人员组成

④物资保障组。

组　长：翟秀平

副组长：王长振

成　员：主要由财务科人员组成

⑤宣传报道组。

组　长：王　静

成　员：主要由办公室人员组成

⑥防汛动员组。

组　长：王海燕

成　员：主要由工会人员组成

⑦检查督导组。

组　长：翟永英

成　员：主要由人事科人员组成

⑧通信信息及后勤保障组。

组　长：徐春云

副组长：范连东

成　员：主要由后勤服务中心、综合事业中心人员组成

3）顾问组。

组　长：杨志信

成　员：主要由退休有防汛经验的专家领导组成

4）防汛抗旱办公室。

主　任：石　屹

副主任：李兴旺

成　员：贾晓洁　劳道远　苗迎秋　范书春　刘艳秀

（6）8月6日，水闸局印发《中共水闸局党委关于成立党风廉政建设领导小组办公室的通知》，成立水闸局党风廉政建设领导小组办公室（以下简称“水闸局廉政办”）。水闸局廉政办设在水闸局办公室（党委办公室），廉政办人员组成如下。

办公室主任：王　静

办公室成员：翟永英　王海燕　周云波

水闸局廉政办承担党风廉政建设领导小组日常具体工作，负责贯彻落实上级党组织关于党风廉政建设的部署和要求，拟定水闸局党风廉政建设年度工作要点并组织实施。负责对局属各单位、机关各部门、各直属事业单位领导干部党风廉政建设责任制执行情况进行检查考核，提出考核问责建议。推进水闸局惩防体系建设各项工作，组织开展党性党风党纪和廉洁从政教育，拟定并完善党风廉政建设规章制度，组织实施廉政风险防控工作，开展廉政文化建设。研究分析党风廉政建设责任制、推进惩防体系建设等工作中存在的问题，及时提出工作建议，并按局党委要求督促落实。承办局党委交办的其他党风廉政建设工作。

（7）9月3日，水闸局印发《水闸局关于成立职称申报审核领导小组的通知》（闸人事〔2018〕63号），成立职称申报审核领导小组，人员组成如下。

组　长：薛德训

成　员：翟永英　王　静　李风华　翟秀平　李兴旺　王海燕　蔡丽霞　徐春云
金松森　范连东　刘学峰　霍　光　刘　建　姜东峰　刘春华　周世华
李本安

（8）11 月 27 日，水闸局印发《水闸局关于调整安全生产领导小组的通知》（闸工管〔2018〕82 号），对水闸局安全生产领导小组成员进行调整，调整后的安全生产领导小组人员组成如下。

组　长：刘敬玉

副组长：石　屹

成　员：李兴旺　王　静　李　磊　翟秀平　翟永英　王海燕　范连东　徐春云
金松森

安全领导小组下设办公室，日常工作由工管科负责，由李兴旺兼任办公室主任。

3. 职工培训

9 月，修订印发《水闸局职工教育管理办法》（闸人事〔2018〕67 号）。

2018 年，水闸局共举办安全生产、水资源管理、防汛抢险等培训班 9 个；组织参加“世界水日”“中国水周”“水法知识”“宪法知识”“廉政警示教育月”知识答题等网络培训。参加水闸局举办的培训班人数 500 余人次；参加上级举办的各类培训 40 余人次。

为全体在职职工开通了在水利培训教育网的网络学习，均达到教育培训学时。

4. 人员变动

截至 2018 年 12 月底，水闸局在职职工 95 人，其中：参照公务员法管理人员 45 人，事业人员 50 人。退休人员 46 人。

5. 职称评定与事业编制人员岗位聘用

（1）10 月 12 日，漳卫南局印发《漳卫南局关于公布、认定专业技术职务任职资格的通知》（漳人事〔2018〕45 号），经海河水利委员会海人事〔2018〕23 号批准，刘爽具备工程师任职资格，任职资格取得时间为 2018 年 6 月 25 日。

（2）7 月 3 日，水闸局印发《水闸局关于事业编制人员工勤技能岗位聘用的通知》（闸人事〔2018〕47 号），聘用王冲为工勤技能岗位三级，聘期自 2018 年 7 月 1 日至 2021 年 6 月 30 日（聘期三年）。

（3）12 月 29 日，水闸局印发《水闸局关于事业编制人员专业技术岗位聘用的通知》（闸人事〔2018〕89 号），聘用李国兴、赵峰、刘晓燕为专业技术岗位八级，张雪梅为专业技术岗位九级，刘爽为专业技术岗位十级。聘期自 2018 年 12 月 29 日至 2021 年 12 月 28 日（聘期三年）。

6. 表彰奖励

（1）1 月 17 日，漳卫南局印发《漳卫南局关于表彰 2017 年度先进单位、先进集体的决定》（漳办〔2018〕2 号），授予水闸局“漳卫南局 2017 年度先进单位”荣誉称号。

（2）1 月 16 日，漳卫南局印发《漳卫南局关于表彰 2017 年度工程管理先进单位的通知》（漳建管〔2018〕3 号），授予水闸局“2017 年度工程管理先进单位”荣誉称号，授予吴桥闸管理所、祝官屯枢纽管理所“2017 年度工程管理先进水管单位”荣誉称号。

（3）4 月 4 日，漳卫南局印发《漳卫南局关于公布局属各单位、德州水电集团公司 2017 年度处级考核优秀结果的通知》（漳人事〔2018〕17 号），刘敬玉、杨金贵年度考核确定为优秀等次，嘉奖一次。

（4）1 月 9 日，水闸局印发《水闸局关于公布 2017 年度参照公务员法管理人员和事业人员考核结果的通知》（闸人事〔2018〕1号）。2017年度考核结果如下。

1）参照公务员法管理人员2017年度考核结果。

优秀等次人员：刘学峰、刘　建、刘春华、翟秀平、李兴旺、翟永英

其他参加考核的人员均为称职。

对优秀等次人员嘉奖一次，刘春华2015—2017年连续三年考核被确定优秀等次，记三等功一次。

2）事业人员2017年度考核结果。

优秀等次人员：徐春燕、刘　超、孙文泉、宗学彪、曹同才、郭全亮、刘　爽

其他参加考核的人员均为合格，王冲见习期不定考核等次。

徐春燕2015—2017年连续三年考核被确定优秀等次。

（5）2月28日，水闸局印发《水闸局关于表彰2017年度先进单位的决定》（闸办〔2018〕7号）。授予祝官屯枢纽管理所、吴桥闸管理所“2017年度先进单位”荣誉称号。授予王营盘闸管理所、罗寨闸管理所“2017年度水资源管理先进单位”荣誉称号。授予无棣河务局“2017年度水行政执法先进单位”荣誉称号。授予庆云闸管理所“2017年度技术创新先进单位”荣誉称号。授予袁桥闸管理所“2017年度文明建设先进单位”荣誉称号。

（6）2月28日，水闸局印发《水闸局关于2017年工作创新获奖项目的通报》（闸工会〔2018〕8号），水闸局2017年创新工作获奖项目详见表1。

表1　　水闸局2017年创新工作获奖项目

奖项		获奖单位	项目名称
工程技术创新项目	一等奖	无棣河务局	辛集闸测压管水位观测装置
	二等奖	王营盘闸管理所	王营盘闸检修桥吊门装置
	三等奖	庆云闸管理所	庆云闸闸门止水润滑方案
		袁桥闸管理所	袁桥闸启闭机绳孔封堵升级改造
工作管理创新项目	一等奖		
	二等奖	祝官屯枢纽管理所	祝官屯引水测流速算法
	三等奖	罗寨闸管理所	罗寨闸启闭机房安全报警联动装置

（翟永英　蔡丽霞）

【综合管理】

先后制定印发《水闸局合同管理制度》（闸办〔2018〕41号）、《水闸局差旅费管理办法》（闸财务〔2018〕80号）。按计划完成预算资金支付进度，加强预算收支日常监督管理。11月，配合水利部财务司完成2017年1月至2018年8月预算执行情况检查工作。完成驻山东省五级单位银行基本账户开立工作。12月，完成政府会计制度转换工作。

（翟秀平　孙会权）

【安全生产】

调整安全生产领导小组，制订年度安全生产工作要点、安全生产月活动实施方案，层

层落实安全生产责任制，开展安全生产月活动。健全完善安全生产管理制度，修订完善安全生产规章制度68项。开展安全生产标准化建设工作，成立安全生产标准化建设工作领导小组，祝官屯枢纽管理所、袁桥闸管理所、吴桥闸管理所安全生产标准化达标工作进入网上申报阶段。2018年，实现全年安全生产无事故。

（翟秀平　孙会权）

【辛集收费站管理工作】

重新修订了交通桥安全预案，分别在9月、11月配合漳卫南局总站两次对桥梁、桥墩、横隔板等处进行维修加固；注重桥梁安全监控，每天定时定人对交通桥进行安全检查，及时上报安全检查记录。

2018年，辛集闸桥收费2539.19万元。

（张　鹏　翟秀平）

【党建和党风廉政建设】

1. 党建工作

推进“两学一做”学习教育常态化制度化。深化党支部规范化建设，严格落实“三会一课”、党员活动日等制度，加强党建阵地建设，完善各项党建工作资料。加强党建工作督导检查，开展多次党建工作专项检查。2018年7月，所属一支部被评为德州市直机关2016—2017年度先进基层党组织，并被命名为德州市首批全市过硬党支部。11月，所属各党支部委员会顺利完成到期换届选举工作（闸党〔2018〕17号）。

6月28日，中共漳卫南局直属机关党委印发《关于表彰先进基层党组织 优秀共产党员和优秀党务工作者的通报》，刘超、刘学峰、姜东峰、李本安被评为2017—2018年度优秀共产党员；王静被评为2017—2018年度优秀党务工作者。

2. 党风廉政建设

落实党委党风廉政建设主体责任，召开党风廉政建设工作会议及专题会，签订党风廉政建设责任书、承诺书，党委领导班子成员与各单位、部门负责人分别进行廉政约谈。

自5月起，深入开展不作为不担当问题专项治理三年行动。召开部署推动会，成立领导小组，制订实施方案，与相关业务工作相结合不定期开展随机暗访和专项检查。

8月，开展“坚持问题导向、以案为警为戒、忠诚廉洁担当”廉政警示教育月活动。严格落实监督责任，开展落实中央八项规定、落实全面从严治党6个“严格遵守”、公务接待和公务用车使用情况等自查工作。深入推进廉政风险防控工作。

加强审计，对所属水管单位维修养护经费进行审计，对王营盘闸管理所负责人实施任期经济责任审计。

（王　静　翟永英）

【扶贫帮扶】

杨金贵代表水利部到贵州省六盘水市六枝特区担任扶贫挂职干部，继续援助贵州水利扶贫。

（王　静）

【青年工作】

加强青年工作，开展“读书月”、纪念“五四”青年节、志愿服务等活动。组织青年代表参加漳卫南局“知我漳卫南、爱我漳卫南、兴我漳卫南”知识竞赛、“学读《习近平的七年知青岁月》，传承漳卫南运河 60 年奋斗精神”青年读书研讨会、参观“伟大的变革——庆祝改革开放四十周年大型展览”活动等。

（王　静　魏　序）

【精神文明建设】

深化文明单位创建，开展机关卫生大检查、志愿服务、“我们的节日”等活动。1 月，漳卫南局印发《漳卫南局关于表彰首届“孝老爱亲”模范人物的通报》（漳文明〔2018〕1 号），张金雪获得漳卫南局首届“孝老爱亲”模范人物称号，邹光辉荣获漳卫南局首届“孝老爱亲”模范人物提名奖。

2018 年 3 月 30 日，国家发展改革委社会司副司长彭福伟率运河文化传承调研组到祝官屯枢纽工程调研大运河文化。德州市委常委常务副市长张传忠、漳卫南局副局长韩瑞光等陪同调研。

5 月 20 日，组织 32 名职工参加漳卫南局系统第一届职工运动会，参加 27 个项目的全部比赛，荣获团体第五名。

8 月，响应德州市直机关工委号召，开展“情系灾区”募捐活动，水闸局 94 名在职职工为山东省遭受“温比亚”台风灾害的地区捐款 5000 元。

11 月 5 日，全国政协文化文史和学习委员会副主任陈际瓦率调研组到祝官屯枢纽就“推动大运河文化带建设”工作进行调研。山东省政协副主席许立全、漳卫南局副局长张永顺等陪同调研。

水闸局机关、祝官屯枢纽管理所、袁桥闸管理所复查合格，被山东省精神文明建设委员会授予 2018 年度省级文明单位称号（鲁文明委〔2018〕10 号）；吴桥、王营盘、庆云闸管理所保持沧州市文明单位称号；无棣河务局保持滨州市文明单位称号。

（王　静　周云波）

防汛机动抢险队

【防汛工作】

2018 年 3 月，按照《关于做好防汛抗旱准备工作的通知》要求，组织各部门负责人、设备管理相关人员到设备基地开展汛前抢险设备检查，重点对抢险设备运营及维修养护等进行检查。4 月，漳卫南局防办到抢险队设备基地进行防汛检查，就抢险队现今面临的形势以及发展方向等问题进行探讨，全力做好 2018 年防汛工作。6 月 11 日，召开防汛工作会，安排部署防汛工作。严格落实防汛值班责任制。同月，举办 2018 年防汛抢险知识竞赛活动。

6—7月，举办防汛抢险演练。派员参加2018年海河水利委员会系统水文应急监测演练。7月12日，与邯郸局联合组织防汛抢险演练。抢险队与邯郸局联合组建抢险指挥部，共同查看现场，研究制订抢护方案并展开抢护。就抛石固滩、土工织物防护两个科目进行演练。本次演练是抢险队配备抢险设备后第一次组织演练，演练科目具有较强的针对性，达到锻炼队伍和提高应急抢险处置能力的目的。

（田　晶）

【抢险队建设项目】

2018年8月6日，漳卫南局防汛机动抢险队建设项目顺利通过漳卫南局组织的竣工验收。项目总投资1414万元，工程于2016年5月开工建设，2017年10月完工。建设内容包括：购置挖掘机、装载机、自卸车、吊车等防汛抢险设备58台（套），帐篷、折叠床、应急工具箱、救生衣等生活保障设施250件（张）；配套建设设备储存库、简易棚、维修车间等基础设施。

（田　晶）

【人事管理】

1. 人事任免

2018年2月26日，经任职试用期满考核合格，聘任贾廷学为物资供应中心副主任，魏玉涛为抢险三分队副队长，魏杰为技术科副科长，吕晓霞为办公室副主任，王泽祥为抢险一分队副队长（抢险人〔2018〕2号）。

2. 机构调整

（1）2月27日，对防汛抢险队党风廉政建设责任制领导小组成员及责任分解调整如下。

领导小组办公室设在监察审计科（与人事科合署办公），办公室成员由彭闽东、黄风光、齐建新、代志瑞、王雅伟组成。

段百祥：抢险队党风廉政建设第一责任人。对财务工作的党风廉政建设负主要领导责任；对财务科的党风廉政建设负主要领导责任。

刘恩杰：抢险队党风廉政建设主要责任人。对机关党务、行政、人事、精神文明及思想政治等工作的党风廉政建设负主要领导责任；对办公室、人事科的党风廉政建设负主要领导责任。

宫学坤：对防汛抢险、安全生产、工会等工作的党风廉政建设负主要领导责任；对技术科、工会、抢险二分队、抢险三分队的党风廉政建设负主要领导责任。

李永波：对全队技术工作的党风廉政建设负主要领导责任；对后勤服务中心的党风廉政建设负主要领导责任。

郑萌：对监察审计、物资管理中心的党风廉政建设负主要领导责任；对监察审计科、抢险一分队、物资供应中心的党风廉政建设负主要领导责任。

（2）3月5日，调整防汛抢险队党建工作领导小组及办公室成员，调整如下。

组　长：段百祥

副组长：刘恩杰　郑　萌

成　员：黄风光　彭闽东　王雅伟　刘书奇

党建工作领导小组下设办公室，负责日常工作，办公室设在队办公室（党委办公室），主任由黄风光兼任。

（3）3 月 27 日，对防汛抢险组织机构调整如下。

1）领导小组。

组　长：段百祥

副组长：刘恩杰　宫学坤　李永波　郑　萌

成　员：黄风光　彭闽东　齐建新　代志瑞　刘恒双　赵清祥　薛善林　王吉祥　张雁北

领导小组办公室设在技术科，负责日常工作的组织开展，人员组成如下。

主　任：刘恩杰

副主任：代志瑞　黄风光

成　员：魏　杰　刘秀明　吕晓霞　梁新伟　董　燕　万乐天　田　晶

职　责：制订防汛抢险方案；做好水情、雨情、工情以及有关险情信息汇总，及时通知有关领导和相关单位，为防汛抢险决策提供有力依据。

2）职能组。

• 设备抢险组。

组　长：宫学坤

常务副组长：郑　萌

副组长：刘恒双　张雁北　赵清祥　薛善林

成　员：贾廷学　刘书奇　赵建利　刘明忠　刘风昌　范怡海　张玉胜　宋爱华　王建平　俎文斌　李春静　于晓青　付丙贵　马书臣　于其忠　崔磊磊　梁新伟　贺卫国　王泽祥　魏玉涛　崔雁卿　范　洪　张石华　颜新华　马德祥　付延刚　王　建　刘培成　张志坚　李国栋　孙希泉　唐心宝

职　责：组织好救援物资、设备、车辆的进场施救，实施抢险抢救应急方案和措施，并不断加以改进；抢险救援结束后，对结果进行复查和评估。

3）技术组。

组　长：李永波

副组长：代志瑞　刘恒双（兼）　赵清祥（兼）　薛善林（兼）

成　员：魏　杰　田冬梅　国贞新　刘秀明

职　责：指导抢险组实施应急方案和措施；修补实施中的应急方案和措施存在的缺陷；绘制事故现场平面图，标明重点部位，向外部救援机构提供准确的抢险救援信息资料；收集、整理雨情、水情、灾情等信息，及时传达指挥中心的命令、通令，提供上报下传的资料。

4）后勤保障组。

组　长：王吉祥

副组长：李延国

成　员：王立明　方继榕　孙承柏　史文利　马　勇　辛　勇　王　勇　刘俊青

刘来峰　陈　燕　汤　咏

职　责：保障救援人员必需的防护、救护用品及生活物质的供给；维持抢险现场秩序；保持抢险救援通道的畅通。

5）宣传组。

组　长：黄风光

副组长：组国泉　吕晓霞

成　员：梁新伟　董　燕　万乐天　田　晶　刘　洁

职　责：主要负责做好广播、电视的宣传工作。

6）劳资组。

组　长：齐建新　彭闽东

副组长：王雅伟

成　员：侯贻芹　崔冰冰　王　青　苗瑞香　于　勇　宋爱莲

职　责：筹集防汛抢险经费，保证资金能满足救援抢险的需要。

（4）5月7日，成立绩效工资实施工作领导小组。组成人员如下。

组　长：段百祥

副组长：刘恩杰　宫学坤　李永波　郑　萌

成　员：彭闽东　黄风光　齐建新　王雅伟　于　勇

（5）5月8日，成立安全生产制度修订工作领导小组，成员组成如下。

组　长：宫学坤

副组长：代志瑞

成　员：魏　杰　刘秀明　梁新伟　田　晶　王雅伟　于　勇　侯贻芹　于晓青
张雁北

（6）5月10日，抢险队党委决定成立党员发展工作专项核查小组，其成员如下。

组　长：段百祥

副组长：刘恩杰

成　员：黄风光　吕晓霞　魏　杰　李延国　刘书奇　田　晶

（7）6月11日，成立防汛抢险队专项治理三年行动领导小组和工作机构，组成人员如下。

组　长：段百祥

副组长：刘恩杰　宫学坤　李永波　郑　萌

成　员：黄风光　彭闽东　齐建新　王雅伟

（8）8月6日，为进一步落实防汛抢险队党委党风廉政建设主体责任和纪检监察部门的监督责任，对抢险队党风廉政建设领导小组办公室（以下简称"抢险队廉政办"）调整如下：抢险队廉政办调整到队办公室（党委办公室），办公室主任由黄风光兼任，办公室成员分别为彭闽东、王雅伟、田晶、刘洁。

防汛抢险队廉政办承担党风廉政建设领导小组日常具体工作：负责贯彻落实中央、水利部、海河水利委员会党组和漳卫南局党委关于党风廉政建设的部署和要求，拟定防汛抢险队党风廉政建设年度工作要点并组织实施。负责对抢险队领导班子和领导干部党风廉政建设责任制执行情况进行检查考核，提出考核问责建议。推进防汛抢险队惩防体系建设各项工作，组织开展党性党风党纪和廉洁从政教育，拟定并完善党风廉政建设规章制度，组织实施廉政风险防控工作，开展廉政文化建设。研究分析党风廉政建设责任制、推进惩防体系建设等工作中存在的问题，及时提出工作建议，并按队党委要求督促落实。承办队党委交办的其他党风廉政建设工作。

3. 人员变动

截至2018年年底，防汛机动抢险队有在职职工86人，退休职工48人。

4. 职工培训

2018年共举办各类培训班31期，内培人员667人次，外培26人次，网络答题参加人员达到233人次。49名干部开通水利教育培训网，人均学时达到147学时。全年干部职工培训率达到100%，达标率达到100%。

5. 职称评定

11月6日，聘任汤咏、田晶、刘秀明为专业技术岗十级，聘期为三年（2018年7月1日至2021年6月30日）（抢险人〔2018〕7号）。

12月29日，聘任刘恒双为专业技术岗九级，马书臣为工勤岗三级，聘期为三年（2018年12月29日至2021年12月28日）（抢险人〔2018〕11号）。

6. 表彰奖励

1月24日，授予人事科、财务科“水利部海河水利委员会漳卫南运河管理局防汛机动抢险队2017年度先进集体”荣誉称号；授予技术科“水利部海河水利委员会漳卫南运河管理局防汛机动抢险队2017年度安全生产先进集体”荣誉称号；授予黄风光、刘恒双、张雁北、王吉祥、董燕、刘洁、侯贻芹、魏杰、于勇、崔雁卿、贺卫国、于晓青、贾廷学、李延国、刘俊青、张志新、李志平等17名同志“水利部海河水利委员会漳卫南运河管理局防汛机动抢险队2017年度先进工作者”荣誉称号。

4月4日，经漳卫南局党委研究决定，防汛抢险队2017年度处级考核优秀人员为段百祥、刘恩杰、郑萌（漳人事〔2018〕17号）。

4月10日，《防汛抢险队关于领导分工调整的通知》（抢险〔2017〕11号）被评为漳卫南局2017年度优秀公文（漳办〔2018〕5号）。

7月9日，防汛机动抢险队第一党支部被漳卫南局机关党委评为“2017—2018年度先进基层党组织”，齐建新、张雁北、张万坡被评为“2017—2018年度优秀共产党员”，魏杰被评为“2017—2018年度优秀党务工作者”。

（田　晶）

【综合管理】

1. 制度建设

2018年，制订《中共防汛抢险队党委工作规则（试行）》《防汛抢险队深入开展不作为不担当问题专项治理三年行动实施方案》等党建文件，制订《2018年防汛抢险队党风廉政建设工作要点》《防汛抢险队2018年“坚持问题导向、以案为警为戒、忠诚廉洁担当”廉政警示教育月活动方案》党风廉政相关制度，制订《中共防汛抢险队党委关于认真学习宣传贯彻党的十九大精神的通知》等精神文明相关文件，制订《2018 年安全生产工作要点》《防汛应急响应行动预案》等安全生产相关文件。

2. 综合政务

1 月 26 日，防汛抢险队召开 2018 年工作会，贯彻落实漳卫南局工作会议部署，全面总结抢险队 2017 年工作，安排部署 2018 年重点工作任务，并对 2017 年度先进单位和个人进行通报表彰。

制订《防汛抢险队目标管理体系》（抢险〔2018〕6 号），细化工作任务，强化责任管理。12 月 12 日，抢险队进行 2018 年目标考核汇报，全面总结 2018 年以来的重点工作，会上对处级领导干部进行民主测评，漳卫南局检查组检查相关资料。

（田　晶）

【安全生产管理】

1. 安全生产制度

编写 2018 年抢险队安全生产工作要点，组织相关科室编制修订 2018 年安全生产管理制度，开展安全生产标准化工作。

2. 安全生产会议

6 月 14 日，召开安全生产会议，传达漳卫南局安全生产会议精神，同时启动安全生产月活动。

3. 安全生产检查

组织有关部门、人员开展重大节假日、汛期前等重点时期的安全生产大检查工作，积极查找隐患，全年无安全事故发生。每月按时上报网络水利安全生产信息。

4. 安全生产月活动

制订《防汛抢险队 2018 年安全生产月宣传活动实施方案》，按照方案组织开展安全生产月活动，包括安全生产检查、安全生产知识答题等活动。

5. 安全生产培训

派员参加海河水利委员会举办的 2018 年安全生产监督管理暨水利稽案业务培训班、安全生产标准化培训班，积极组织抢险队安全生产培训班。组织参加 2018 年全国水利安全生产知识网络竞赛活动（33 人参加）。

（田　晶）

【党的建设】

1. 学习教育

2018 年 2 月，抢险队召开民主生活会。抢险队党委领导班子作对照检查，各位班子成员按照要求查摆了问题，进行批评和自我批评，效果良好。2 月 23—28 日在全队组织开展集中学习活动。每月按照集中学习和自学相结合，结合党员活动日按时开展学习活动。

2. 制度建设

召开党建工作领导小组会议，研究讨论 2018 年党建工作要点并安排部署 2018 年党建工作，制订并印发《防汛抢险队 2018 年党建工作要点》（抢险党〔2018〕6 号）。根据工作需要，调整抢险队党建工作领导小组。印发《中共防汛抢险队党委中心组 2018 年理论学习计划》，今年集中学习 12 次。

3. 加强支部建设

全面落实“三会一课”制度，每月 10 日支部组织开展“党员活动日”，认真完成规定动作，结合单位实际开展好自选动作。按时完成党支部换届选举，成立党员发展工作专项核查小组，对各党组织的党员入党程序及档案材料进行专项核查。2018 年共发展党员 1 名。

4. 全面从严治党

落实全面从严治党工作。成立了以队党委书记为组长、队长为副组长的党建工作领导小组，负责单位党建工作。落实党建工作责任。召开专题会议，传达和学习田野组长在漳卫南局干部座谈会上的重要讲话精神，全面贯彻从严治党基本要求。

5. 党员活动

组织开展“迎七一”党日教育活动，组织观看爱国教育片《红海行动》《厉害了，我的国》，开展“纪念改革开放 40 周年”党员救助慰问活动，开展和看望慰问退休老党员。办党务知识培训班，提升党务工作人员业务素质。

（田　晶）

【党风廉政建设】

2018 年 2 月 27 日，防汛抢险队召开 2018 年党风廉政建设工作会议，深入学习贯彻党的十九大、十九届中央纪委二次全会、水利部、海河水利委员会、漳卫南局党风廉政建设工作会议精神，全面总结 2017 年党风廉政建设和反腐败工作，安排部署 2018 年工作任务。签订《廉政建设承诺书》《党风廉政建设责任书》。

2 月，根据工作需要，调整党风廉政建设责任制领导小组成员及责任分解。3 月，制订印发《2018 年防汛抢险队党风廉政建设工作要点》。

8 月，开展廉政警示教育月活动，召开廉政警示教育月动员大会，制订《防汛抢险队 2018 年“坚持问题导向、以案为警为戒、忠诚廉洁担当”廉政警示教育月活动方案》，举办廉政大讲堂，签订廉洁从政承诺书，印发防汛抢险队《党风廉政口袋书》，组织参观德州市廉政警示教育基地。同时，抢险队组织开展廉政征文、廉政格言网络评选活动。通过自媒体平台，发布廉政宣传视频短片，大家在手机上获取各类廉政资讯。

12 月，报送防汛抢险队履行主体责任和落实党风廉政建设工作情况报告，总结 2018 年度党风廉政建设情况。

（田　晶）

【精神文明建设】

2018 年继续保持“市级文明单位”称号。3 月，开展了“世界水日”“中国水周”宣传活动，组织义务植树活动。4 月，组织“铭记·2018 清明祭英烈”活动，举办“强健体魄，绿色出行”健步走活动。5 月，举办“筑梦青春，奋进前行”读书分享交流会活动，庆祝五四青年节。组织爱心募捐活动，共计为潍坊洪灾区捐款 1400 元。参加漳卫南系统第一届职工运动会，并取得个人多项名次和团体优秀组织奖的好成绩。9 月，参加漳卫南局第一届职工艺术节，防汛抢险队精心准备了歌伴舞和个人独唱两个节目，个人独唱获得三等奖。

根据《关于进一步加强青年工作的意见》，组织青年职工学习党的十九大会议精神，举办青年大讲堂，组织观看爱国教育片等。通过微信工作群、QQ工作群等灵活便捷方式收集青年职工的意见和建议。组织青年职工开展志愿服务活动、文体健身活动，2018年新购进图书共计48本。

（田　晶）

德州水电集团公司

【经营创收】

2018年，德州水电集团公司（以下简称“集团公司”）共签订合同额约9200万元，其中养护工程合同额约6500万元，基建工程合同额约2700万元；完成产值约1.03亿元，其中养护工程收入约6500万元，基建收入约3800万元。

由于2018年系统内基建工程项目较少，集团公司加大了外部市场开发力度，承建系统外工程项目5个。同时，积极拓展经营渠道，发挥天德公司在餐饮、住宿、会议等服务资质的实际作用，调整其内部架构和管理机制，在服务各管理单位内部运行和部分会议方面发挥了一定作用。拓展了部分公司经营范围，推进了汽车租赁业务的规模和规范化管理，鬲津公司增加了土地整理开发，高斯公司增加了商务文印营业项目。

（王如金）

【工程建设与管理】

2018年3月，组织开办维修养护工程投标与标书编制培训班，做好维修养护施工管理人员业务能力提升，更好地适应今后维修养护市场化需要。

4月，与卫河河务局联合召开2018年维修养护市场化试点和工区化试点座谈会，探索维修养护市场化运行机制建设，提升施工管理各个环节规范化水平，推进“工区化”维修养护模式试点工作。

6月，组建技术委员会。2018年，向局推荐申报技术创新及推广优秀成果16项。

9月，组织各部门、各（子）分公司相关负责人赴淮河水利委员会淮河工程集团有限公司就维修养护施工管理经验进行交流学习。

（王如金）

【综合管理】

2018年，全面梳理制度框架，完善制度体系建设。结合实际和发展需要，持续加强内部运行管理方面的制度和管理办法建设，采取新订、修改、完善、废止等不同措施，全面梳理各项综合管理制度，其中涉及公务接待、信息宣传、签报流程、会议费、差旅费等方面，并编印了《集团公司制度汇编》。

集团公司承建的卫运河治理工程4标段获得“全国水利文明工地”称号。

（王如金）

【人事劳动管理】

制订并实施《职工异地交流有关待遇的规定（试行）》。将6名职工选拔聘用到中层岗位，对3名职工进行工作调动，2名职工进行岗位交流。

（王如金）

【安全生产工作】

召开安全生产工作会议；适时调整安全生产领导小组；加强应急管理和安全检查，完成安全生产月实施方案的制订和实施，按要求完成安全生产自检自查及对下属单位抽查工作。顺利通过安全生产标准化复审工作，实现安全生产全年无事故的目标。

（王如金）

【党团工作】

组织青年职工开展走进德州市育红聋儿语训中心、“阳光助残、温暖新年”暖心活动、“青春献礼，健康骑行”活动，举办“不忘初心，继续前行——学习十九大”演讲比赛，组织公司青年职工参加岔河左岸小于庄至四女寺堤防[(0+000)～(6+500)]行道林树木涂白活动等。

（王如金）

【党建工作】

规范党建制度，相继制定《党委工作规则（试行）》《党委中心组学习实施办法》《党委中心组学习制度》《关于推进“两学一做”学习教育常态化制度化实施方案》等制度，对推进“两学一做”学习教育常态化制度化做了具体安排部署。开展系列专项活动，丰富学习内容。为深入贯彻落实新党章、十九大精神。集团公司举办学习十九大精神和党风廉政警示教育党员干部培训班，邀请德州学院专业教授专家，解读新党章及《十九大报告》精神及党规知识专题讲座。另外，积极组织党员参加网络在线学习测试活动，党委组织人员出题，每季度组织党员参加“应知应会”书面测试。落实“党员活动日”操作规范，中心组集中学习12次，党委专题讨论4次，举办两次专题培训班。

（王如金）

【党风廉政建设】

2018年，制订并下发《2018年党风廉政建设工作要点》和《集团公司党员干部容错纠错机制实施办法（试行）》。召开党风廉政建设工作会的，签订《落实全面从严治党主体责任责任书》《党风廉政建设承诺书》。组织党员干部学习典型案例、习近平总书记系列讲话精神、《中国共产党党内监督条例》等，开展参观廉政基地和红色教育基地活动，加强廉洁从业教育和党性教育。组织党员干部到德州市廉政基地、以案为鉴、警钟长鸣，教育党员要勤奋做事、廉洁做人，时刻保持自省、自警、自律。利用清明节、“七一”建党节等节日，组织党员干部参观孔繁森纪念馆、乐陵冀鲁边区革命纪念馆、蒙山纪念馆、莱芜革命战役纪念馆，开展“缅怀革命烈士，弘扬民族精神”主题教育活动，把中华优秀传统文化、红色文化、社会主义先进文化和“沂蒙精神”纳入学习内容。另外，按照上级工作部署，开展廉政警示教育月活动。

（王如金）

附　　录

附录1　中共漳卫南局党委关于印发《中共漳卫南局党委巡察工作办法（试行)》的通知

（漳党〔2018〕42号）

局属各单位、德州水电集团公司党委，机关各部门、各直属事业单位党支部：

《中共漳卫南局党委巡察工作办法（试行)》已经局党委会研究审议通过，现予以印发，请遵照执行。

中共水利部海河水利委员会漳卫南局委员会

2018年8月27日

中共漳卫南局党委巡察工作办法（试行）

第一章　总　　则

第一条　为落实水利部党组和海河水利委员会党组关于建立健全巡视巡察上下联动领导体制和工作机制的要求，健全和完善党内监督体系，严肃党内政治生活，净化党内政治生态，加强对基层党组织和党员干部的监督，保证党的路线方针政策和水利部党组、海河水利委员会党组、漳卫南局党委重大决策部署的贯彻落实，依据《中国共产党党内监督条例》《中国共产党巡视工作条例》《中共海河水利委员会党组巡察工作办法（试行）》等有关规定，结合漳卫南局实际，制定本办法。

第二条　漳卫南局党委实行巡察工作制度，建立巡察工作机构，对管理范围内的各单位党组织进行巡察监督，制定巡察工作规划，实现巡察全覆盖。

巡察工作以马克思列宁主义、毛泽东思想、邓小平理论、“三个代表”重要思想、科学发展观和习近平新时代中国特色社会主义思想为指导，围绕全局中心工作，坚持尊崇党章、依规治党、严格纪律、纪挺法前，深化政治巡察，聚焦党风廉政建设和反腐败工作，发现问题，督促整改，形成震慑，促进漳卫南局水利事业健康发展。

第三条　巡察工作坚持实事求是、依法依规；坚持群众路线、发扬民主；坚持聚焦问题、注重实效。

第二章　机构和人员

第四条　漳卫南局党委成立巡察工作领导小组，巡察工作领导小组向漳卫南局党委负责并报告工作。

巡察工作领导小组组长由漳卫南局党委书记、局长担任，副组长由分管党务工作和纪检监察工作的党委委员担任；成员由局办公室、财务处、人事处、监察（审计）处、直属机关党委主要负责人组成。

巡察工作领导小组的职责是：

（一）贯彻落实中共中央、水利部党组、海河水利委员会党组和漳卫南局党委的有关决议、决定。

（二）研究提出巡察工作年度计划和阶段任务安排。

（三）听取巡察工作汇报，审议巡察报告。

（四）研究巡察成果的运用，提出分类处置意见和建议。

（五）及时向漳卫南局党委报告巡察工作情况。

（六）对巡察组进行管理和监督。

（七）研究处理巡察工作中遇到的问题以及其他重要事项。

第五条 巡察工作领导小组下设办公室，办公室设在局监察（审计）处，负责日常工作组织协调。巡察工作领导小组办公室主任由局监察（审计）处主要负责人兼任，副主任分别由局办公室、人事处、监察（审计）处、直属机关党委负责人担任。

巡察工作领导小组办公室的职责是：

（一）向巡察工作领导小组报告工作情况，传达贯彻漳卫南局党委和巡察工作领导小组的决策部署。

（二）统筹、协调、指导巡察组开展工作。

（三）承担巡察工作调查研究、制度建设、文档管理、服务保障等工作。

（四）对巡察工作领导小组决定的事项进行督办。

（五）对巡察工作人员进行培训及在巡察工作期间的监督和管理。

（六）办理巡察工作领导小组交办的其他事项。

第六条 漳卫南局党委设立巡察组，承担巡察任务。巡察组向巡察工作领导小组负责并报告工作。

巡察组设组长、副组长和其他职位，一般每组5～7人；实行组长负责制，副组长协助组长开展工作，巡察组组长、副组长根据每次巡察任务确定并授权。

第七条 巡察工作人员应当具备下列条件：

（一）理想信念坚定，在思想上、政治上、行动上同党中央保持高度一致。

（二）坚持原则，敢于担当，依法办事，公道正派，清正廉洁。

（三）遵守党的纪律，严守党的秘密。

（四）熟悉党务工作和相关业务领域政策法规，具有较强的发现问题、沟通协调、文字综合等能力。

（五）身体健康，能胜任工作要求。

第八条 选配巡察工作人员应当严格标准条件，实行公务回避、任职回避。巡察工作人员由巡察工作领导小组办公室协商有关部门（单位）提出选配建议，报巡察工作领导小组批准。各巡察工作人员在巡察工作期间，原则上不承担原工作岗位的工作任务。

巡察期间巡察组要成立临时党支部，组长兼任党支部书记，落实党建工作责任制，严格开展党的组织生活，对党员干部进行教育、管理和监督。

第九条 巡察工作经费纳入年度部门预算，予以保障。

第十条 被巡察单位在被巡察期间，应当成立巡察工作联络组，负责联络协调等工作。

第三章 巡察范围和内容

第十一条 巡察对象：

（一）局属各单位、德州水电集团公司党委、领导班子及其成员以及重要岗位领导干部，根据需要可延伸到其下属单位或企业。

（二）局直属事业单位党组织、领导班子及其成员以及重要岗位领导干部。

第十二条 巡察组对巡察对象执行《中国共产党章程》《关于新形势下党内政治生活的若干准则》以及其他党内法规、遵守党的纪律、落实党风廉政建设主体责任和监督责任等情况进行监督，着力发现以下问题。

（一）违反政治纪律和政治规矩，存在违背党的路线方针政策的言行，有令不行、有禁不止，阳奉阴违，拉帮结派等问题。

（二）违反廉洁纪律，以权谋私、贪污贿赂、腐化堕落等问题。

（三）违反组织纪律，违规用人、拉票贿选、买官卖官，以及独断专行、软弱涣散、严重不团结等问题。

（四）违反群众纪律、工作纪律、生活纪律，搞形式主义、官僚主义、享乐主义和奢靡之风等问题。

（五）违反党风廉政建设有关规定，落实党风廉政建设“两个责任”不力的问题。

（六）违反中央八项规定精神方面的问题。

（七）违反“三重一大”民主集中制决策制度方面的问题。

（八）违反财经纪律方面的问题。

（九）漳卫南局党委要求了解的其他问题。

第十三条 根据工作需要，漳卫南局党委可以针对所属单位的重点人、重点事、重点问题或者巡视巡察整改情况，开展灵活机动的专项巡察。

第四章 工作方式和权限

第十四条 巡察组可以采取以下方式开展工作：

（一）听取被巡察单位党组织或领导班子的工作总体情况汇报和主体责任落实情况、监督责任落实情况、财务工作情况、人事工作情况专题汇报。

（二）与被巡察单位党组织成员、领导班子成员和其他干部职工进行个别谈话。

（三）受理反映被巡察单位党组织、领导班子及其成员以及重要岗位领导干部和下一级党组织、领导班子及其成员问题的来信、来电、来访等。

（四）抽查核实领导干部报告个人有关事项的情况。

（五）向有关知情人询问情况。

（六）调阅、复制有关文件、档案、会议记录等资料。

（七）召开不同层次、不同范围人员参加的座谈会。

（八）列席被巡察单位的有关会议。

（九）进行民主测评、问卷调查。

（十）以适当方式到被巡察单位的下属单位或者部门了解情况。

（十一）开展专项检查。

（十二）提请有关单位或者部门予以协助。

（十三）漳卫南局党委批准的其他方式。

第十五条 巡察组依靠被巡察单位党组织或领导班子开展工作，不干预被巡察单位的正常工作，不履行执纪审查的职责。

第十六条 巡察组应当严格执行请示报告制度，对巡察工作中的重要情况和重大问题及时向巡察工作领导小组请示报告；特殊情况下，巡察组可以直接向漳卫南局党政主要负责人报告。

第十七条 巡察期间，对被巡察单位存在的违反中央八项规定精神问题或群众反映强烈、明显违反规定或不及时解决可能发生严重后果的问题，报经巡察工作领导小组同意后，巡察组应及时向被巡察单位党组织、领导班子或主要负责人提出处理建议，责令其立即整改，并要求被巡察单位及时将整改情况向巡察组报告；对其他反映被巡察单位党员干部的问题线索，按照干部管理权限进行移交。

第五章 工 作 程 序

第十八条 巡察工作领导小组办公室根据巡察对象的具体情况，制定巡察工作方案，报巡察工作领导小组批准后实施。

第十九条 巡察组开展巡察前，应当向局办公室、财务、人事、监察审计、机关党委以及其他相关业务部门了解被巡察单位党组织领导班子及其成员的有关情况。各有关部门应当积极配合，如实提供有关情况。

第二十条 巡察组进驻被巡察单位后，应当召开动员会，向被巡察单位党组织、领导班子成员、中层干部及有关人员通报巡察任务，按照规定的工作方式和权限开展巡察了解工作。巡察组对反映被巡察单位党组织、领导班子及其成员以及重要岗位领导干部的重要问题和线索，可以进行深入了解。

第二十一条 巡察了解时间根据被巡察单位人数规模设定，规模相对小的单位，巡察了解时间一般不少于 10 个工作日；规模相对大的单位，巡察了解时间一般不少于 15 个工作日。根据工作需要开展的专项巡察，一般不少于 5 个工作日。

具体巡察了解时间服从工作需要。

第二十二条 被巡察单位可通过文件、内部公告、内网等方式向全体干部职工公布巡察工作的主要任务、重点内容、时间安排及巡察组联系方式等有关情况。

第二十三条 巡察了解工作结束后，巡察组应当形成巡察工作报告，向巡察工作领导小组如实报告了解的重要情况和问题，并提出处理建议。对党风廉政建设等方面存在的普遍性、倾向性问题和其他重大问题，应当形成专题报告，分析原因，提出建议。

第二十四条 巡察工作领导小组应当及时听取巡察组的巡察工作情况汇报，研究提出处理意见，报漳卫南局党委决定。

第二十五条 经漳卫南局党委同意后，巡察组应当及时向被巡察单位党政主要负责人、领导班子、中层干部及有关人员反馈相关巡察情况，指出问题，有针对性地提出整改建议。

第二十六条 被巡察单位党组织收到巡察组反馈意见后，应当认真研究制定整改方案，于收到反馈意见之日起1个月内报巡察工作领导小组办公室，并自整改方案报送之日起2个月内向漳卫南局党委报送整改情况报告，同时抄送巡察工作领导小组办公室。被巡察单位应将整改情况以适当方式在一定范围内通报。

被巡察单位主要负责人为落实整改工作的第一责任人。

第二十七条 对巡察发现的问题或线索，巡察工作领导小组做出决定后，依据干部管理权限和职责分工，按照以下途径进行移交：

（一）对涉嫌违纪的线索和作风方面的突出问题，移交有关纪检监察部门。

（二）对执行民主集中制、干部选拔任用等方面存在的问题，移交人事部门。

（三）其他问题移交相关部门或单位。

第二十八条 纪检监察、人事和其他相关部门或单位收到巡察移交的问题或线索后，应当及时研究提出处理意见，并于2个月内将办理情况反馈巡察工作领导小组办公室。

第二十九条 巡察结果和巡察整改情况作为被巡察单位领导班子总体评价和领导干部业绩评定、奖励惩处、选拔任用的重要依据。

第三十条 巡察工作领导小组办公室应当会同巡察组采取适当方式，了解和督促被巡察单位整改落实工作并向巡察工作领导小组报告。

巡察工作领导小组可以直接听取被巡察单位党组织有关整改情况的汇报。

第三十一条 巡察进驻、反馈、整改等情况，应当以适当方式公开，接受党员、干部和群众监督。

第六章 纪律与责任

第三十二条 巡察工作领导小组应当加强对巡察工作的领导。对巡察开展、配合、整改落实不力，发生严重问题的，依据有关规定追究相关责任人员的责任。

第三十三条 巡察工作人员应当严格遵守保密、回避、廉洁自律等各项工作纪律。有下列情形之一的，视情节轻重，依据有关规定追究责任。

（一）对应当发现的重要问题没有发现的。

（二）不如实报告巡察情况，隐瞒、歪曲、捏造事实的。

（三）泄露巡察工作秘密的。

（四）工作中超越权限，造成不良后果的。

（五）利用巡察工作的便利谋取私利或者为他人谋取不正当利益的。

（六）有违反巡察工作纪律的其他行为的。

第三十四条 被巡察单位党组织、领导班子及其成员以及重要岗位领导干部应当自觉接受巡察监督，积极配合巡察组开展工作。

被巡察单位干部职工有义务向巡察组如实反映情况。

第三十五条 被巡察单位及其工作人员有下列情形之一的，视情节轻重，对该单位领导班子主要负责人或者其他有关责任人员，给予批评教育、组织处理或者纪律处分；涉嫌犯罪的，移送司法机关依法处理：

（一）隐瞒不报或者故意向巡察组提供虚假情况的。

（二）拒绝或者不按照要求向巡察组提供相关文件材料的。

（三）干扰、阻挠巡察工作或者指使、强令有关单位或人员干扰、阻挠巡察工作的。

（四）诬告、陷害他人的。

（五）无正当理由拒不纠正存在的问题或者不按照要求整改的。

（六）对反映问题的干部群众进行打击、报复、陷害的。

（七）其他干扰巡察工作的情形。

第三十六条 被巡察单位干部群众发现巡察工作人员有违反巡察工作纪律行为的，可以向巡察工作领导小组及办公室反映，也可以依照规定直接向有关部门反映。

第七章 附 则

第三十七条 本办法由漳卫南局党委巡察工作领导小组负责解释。

第三十八条 本办法自印发之日起施行。

附录2　漳卫南局办公室关于印发《漳卫南局局机关固定资产管理办法》的通知

（办财务〔2018〕1号）

机关各部门、各直属事业单位：

《漳卫南局局机关固定资产管理办法》经局长办公会讨论通过，现予以印发，请遵照执行。

漳卫南局办公室

2018年6月19日

漳卫南局局机关固定资产管理办法

第一章　总　　则

第一条　为规范固定资产管理，提高固定资产使用效益，根据《事业单位国有资产管理暂行办法》（财政部第36号令）和《中央级水利单位国有资产管理暂行办法》（水财务〔2009〕147号）有关规定，结合漳卫南局局机关实际情况制定本办法。

第二条　本办法适用于漳卫南局局机关各部门、各直属事业单位。

第三条　固定资产是指使用期限超过一年，单位价值在1000元以上（其中：专用设备单位价值在1500元以上），并在使用过程中基本保持原有物质形态的资产。单位价值虽未达到规定标准，但是耐用时间在一年以上的大批同类物资，作为固定资产管理。

第四条　固定资产一般分为六类：土地、房屋及构筑物；专用设备；通用设备；图书、档案；家具、用具及装具。

按照管理形式，固定资产分为局机关直接管理资产和局机关授权管理资产。

第五条　固定资产管理坚持“统一管理、各负其责，程序规范、监督有力”的原则，规范管理流程、责任落实到人，以保障固定资产使用的安全、完整。

第二章　管　理　职　责

第六条　漳卫南局财务处作为资产管理部门，归口对漳卫南局局机关固定资产实施统一管理，其主要职责是：

（一）制定固定资产管理相关制度并组织监督检查。

（二）审核、汇总固定资产购置计划，制定固定资产购置方案。

（三）负责固定资产采购工作、组织验收、办理结算手续。

（四）负责建立固定资产卡片，登记、核对固定资产账目。

（五）负责组织开展固定资产盘点工作，对盘盈、盘亏固定资产提出处理建议。

（六）组织固定资产报废、报损的鉴定，提出处置建议，办理资产处置手续；回收闲置或拟处置固定资产；负责固定资产调配工作。

（七）组织实施固定资产清查、统计工作。

第七条 漳卫南局局机关各部门（单位）作为资产使用部门，其主要职责是：

（一）申报本部门（单位）固定资产购置计划，参与本部门固定资产采购、验收工作，办理固定资产入账、变更手续。

（二）负责本部门（单位）固定资产的使用和管理，保证固定资产完好，发现问题及时报告资产管理部门；确认固定资产损毁、丢失的责任人及原因。

（三）配合完成固定资产盘点工作，交回闲置或拟处置固定资产。

第八条 漳卫南局局机关临时项目法人视同局机关资产使用部门，履行资产使用部门相应职责。

第三章 固定资产的购置

第九条 固定资产购置遵循以下程序：

（一）年度部门预算编制“二上”前，资产使用部门根据《漳卫南局局机关固定资产购置标准》，提交《漳卫南局局机关固定资产购置计划表》。

（二）资产管理部门进行审核后纳入部门预算和政府采购预算。

（三）资产管理部门根据购置计划，编制采购方案，履行签报手续，组织实施采购工作。

（四）固定资产到货后，资产管理部门会同资产使用部门对其进行验收，并填写《漳卫南局局机关固定资产验收单》，办理入账手续。

第十条 因特殊原因，临时需要购置的固定资产，由资产使用部门提出申请，资产管理部门审核，分管局领导批准后，资产使用部门组织实施采购工作。

第十一条 对于捐赠的固定资产，资产使用部门须及时向资产管理部门办理资产登记、入账手续。

第四章 固定资产的使用

第十二条 资产保管人（使用人）须妥善保管固定资产，保证资产的安全、完整。

第十三条 未经资产管理部门批准，资产使用部门不得拆除、转移空调、办公家具等；对房屋结构进行拆改，须事先征得资产管理部门同意，并按照漳卫南局局机关相关规定履行报批程序。

第十四条 资产管理部门于每年开展固定资产盘点工作，对盘盈、盘亏的固定资产查明原因，按规定报批，按审批意见进行处理。

第十五条 由于内部轮岗、工作调动、退休等因素，导致资产使用权发生转移的，原资产保管人（使用人）须到资产管理部门办理固定资产变更、移交手续。

第十六条 对于闲置、超标配置的固定资产，资产使用部门应填写《漳卫南局局机关固定资产移交表》，将资产交回资产管理部门。

第十七条 办公设备及家具损坏时，保修期内的，由资产使用部门根据保修单联系维修。保修期外的，由资产使用部门提出申请，资产管理部门鉴定后，统一组织维修。

第十八条 固定资产毁损、丢失时，资产使用部门须书面形式报告资产管理部门，落实资产管理责任。

第十九条 未经资产管理部门批准，资产使用部门不得出租、出借固定资产。因特殊原因需要出租、出借的，资产使用部门须提出申请，填写《漳卫南局局机关固定资产出租、出借审批单》。

第五章 固定资产的处置

第二十条 固定资产处置方式包括无偿调拨（划转）、对外捐赠、出售、出让、转让、置换、报废、报损等。

第二十一条 固定资产处置由资产管理部门统一集中办理，任何部门和个人不得擅自处置。资产处置遵循以下程序：

（一）资产使用部门提出申请，填写《漳卫南局局机关固定资产移交表》，涉及固定资产报损还须填写《漳卫南局局机关固定资产报损表》。

（二）资产管理部门现场核实。

（三）资产管理部门根据资产使用部门提出的申请，履行签报手续，批准后资产使用部门将待处置资产交给资产管理部门。

（四）报损的固定资产须查明原因，保管人（使用人）因责任事故，造成固定资产损毁、丢失的，资产使用部门及时将资产报损原因向局领导、资产管理部门报告，资产管理部门会同技术部门进行技术鉴定，落实责任人，确定相关损失。

第二十二条 资产使用部门对交回的固定资产完整性负责，不得擅自拆除配件。

第二十三条 凡涉密固定资产的处置，资产使用部门须严格遵守漳卫南局保密管理制度，经漳卫南局保密办批准后交回资产管理部门。

第六章 责任追究

第二十四条 资产使用部门有下列行为之一的，资产管理部门责令其改正，并暂停下一年度资产更新：

（一）在项目中委托外单位购置固定资产，规避政府采购行为，形成账外资产的。

（二）会计年度内不办理固定资产入账手续、固定资产变动手续、不交回闲置或拟处置固定资产的。

（三）不按规定程序，擅自占有、使用、处置固定资产的。

（四）对固定资产毁损情况不反映、不报告、不采取相应补救措施、弄虚作假的。

（五）资产处置时，交回固定资产与账面信息不一致，配件不完整，私自更换、拆卸固定资产的。

第二十五条 凡造成固定资产损毁、丢失的，将追究保管人（使用人）责任，并按照固定资产账面价值和剩余使用年限折价赔偿。

第七章　附　　则

第二十六条　对于授权管理资产，被授权单位应制定资产管理办法，报漳卫南局核备。

第二十七条　本办法由漳卫南局财务处负责解释。

第二十八条　本办法如与国家有关制度相抵触时，执行国家有关制度规定。

第二十九条　本办法自印发之日起实施。

附录3 漳卫南局关于印发《漳卫南运河管理局河长工作办法》的通知

（漳水保〔2018〕3号）

局直属各单位、机关各部门、德州水电集团公司：

为进一步加强河库管理与保护，明确河长管理职责，制定了《漳卫南运河管理局河长工作办法》，现印发给你们，请结合实际，认真贯彻执行。

水利部海河水利委员会漳卫南运河管理局

2018年4月9日

漳卫南运河管理局河长工作办法

第一条 根据漳卫南局《全面推进河长制工作方案》和《关于设立局辖河道河长的通知》，为进一步明确职责，制定本办法。

第二条 总河长对漳卫南局河长制工作负总责，河道河长为本河道河长制工作责任人。

第三条 定期召开河长工作会议和河长专题会议，对全局河库管理保护和河长制重大事项进行研究和决策，部署相关工作。

第四条 河道河长负责推动建立与地方河长沟通协调机制，指导与相应市级河长工作的对接，向地方河长提出河库管理保护意见与建议。

第五条 针对河长制“六大任务”工作要求和河道情况，河长定期开展巡河，对有关工作进行检查和督导。原则上总河长每年巡河一次，河道河长每年巡河两次，对问题较多的河道加密巡河频次。

第六条 巡河内容主要包括：沿河地方河长制开展情况，落实完成海河水利委员会、漳卫南局河长制工作安排情况，河道突出问题整改情况，推进河长制工作存在问题及解决对策，与沿河地方沟通协调机制建立完善及成效情况等。

第七条 设立河长联系部门，承办河长交办的有关事项，涉及交叉事项的报总河长协调处理。

第八条 局属河务局、管理局结合实际制定本单位具体河长工作办法。

第九条 本办法自印发之日起施行。

附录4　漳卫南局办公室关于印发《漳卫南运河管理局政务公开暂行规定》的通知

（办综〔2018〕5号）

局直属各单位、机关各部门、德州水电集团公司：

《漳卫南运河管理局政务公开暂行规定》经局长办公会讨论通过，现印发给你们，请认真遵照执行。

漳卫南局办公室

2018年6月5日

漳卫南运河管理局政务公开暂行规定

第一章　总　　则

第一条　为规范水利部海河水利委员会漳卫南运河管理局（以下简称“漳卫南局”）政务公开工作，保障公民、法人和其他组织对漳卫南局行政事务的知情权、参与权和监督权，促进依法行政，提高行政效能，根据《中华人民共和国政府信息公开条例》《中共中央办公厅国务院办公厅关于进一步推行政务公开的意见》（中办发〔2005〕12号）、《水利部政务公开暂行规定》（水办〔2009〕601号）和《水利部海河水利委员会政务公开暂行规定》（海办〔2010〕7号）等有关法规和文件，结合漳卫南局实际，制定本办法。

第二条　漳卫南局依据法律、行政法规、规章、规范性文件和有关政策规定，主动向管理和服务对象以及社会公众公开政府信息，适用本规定。

第三条　政务公开坚持严格依法、全面真实、公平公正、及时便民的原则。

第四条　漳卫南局在履行职责过程中制作或者获取的政府信息，除本规定第十八条所列不予公开的情况外，都应予以公开。

第五条　漳卫南局应当及时、准确地公开政府信息。公开的政府信息发生变更的，应当及时更新。

漳卫南局发现影响或者可能影响社会稳定、扰乱社会管理秩序的虚假或者不完整信息的，应当在职责范围内发布准确的政府信息予以澄清。

第六条　未向社会公布的漳卫南局规范性文件、管理制度，不得作为实施行政管理的依据。

第七条　公开政府信息前，必须按照有关规定对拟公开的信息进行保密审查。

第八条　漳卫南局政务公开领导小组负责组织领导漳卫南局政务公开工作，研究决定漳卫南局政务公开工作重大事项。领导小组下设办公室，负责组织、协调漳卫南局政务公开工作，漳卫南局政务公开领导小组办公室（以下简称“政务公开办公室”）设在办公室。

漳卫南局实行政务公开工作责任制。漳卫南局机关各部门和有关单位（以下简称“各单位”）负责本单位职责范围内的政务公开工作，单位主要负责人承担本单位政务公开的组织领导责任。

政务公开办公室和漳卫南局监察（审计）处对漳卫南局政务公开工作进行监督检查。

第二章　公开的内容和程序

第九条　漳卫南局向管理和服务对象以及社会公众主动公开下列政府信息：

（一）漳卫南局机构设置、职能范围、联系方式。

（二）漳卫南局规范性文件。

（三）漳卫南局行政许可的事项、依据、条件、数量、程序、期限以及申请行政许可需要提交的全部材料目录及办理情况。

（四）漳卫南局制定的水旱灾害等应急预案、预警信息及应对情况。

（五）漳卫南运河河系水资源状况、水土流失及治理情况、水旱灾害情况，河系主要河流的汛情、水情。

（六）漳卫南局直属水利工程建设项目有关情况。

（七）漳卫南局行政事业性收费的项目、依据、标准。

（八）漳卫南局考试录用公务员和所属事业单位招聘工作人员的条件、程序、结果等情况。

（九）其他依法应当向管理和服务对象以及社会公众主动公开的事项。

第十条　政务公开办公室组织各单位编制《漳卫南局政府信息公开目录》（以下简称《目录》）及漳卫南局政府信息公开指南，经漳卫南局政务公开领导小组批准后发布。

第十一条　漳卫南局根据《目录》主动公开政府信息。

《目录》所列事项的业务主管单位，负责对拟公开的信息进行核实、按规定进行保密审查、主动向涉及的其他部门或行政机关进行协调确认，经本单位负责人审签后，商政务公开办公室采取适当方式公开。

主动公开的信息发生变化的，按上述程序进行更新。

第十二条　属于主动公开范围的信息，应当自信息形成或者变更之日起 20 个工作日内予以公开。法律、法规对政府信息公开的期限另有规定的，从其规定。

第十三条　根据主动公开信息的内容和特点，采用下列一种或几种方式予以公开：

（一）漳卫南局门户网站。

（二）公告栏、电子信息屏、办事指南等。

（三）漳卫南局公告。

（四）广播、电视、报纸、期刊等新闻媒体。

（五）新闻通气会或者其他相关会议。

（六）其他便于公众获取信息的方式。

第十四条　主动公开的信息不得收取费用，法律、法规另有规定的除外。

第十五条　漳卫南局应当依法受理和答复公民、法人或者其他组织依法向漳卫南局提出的政府信息公开申请。依申请公开政府信息工作管理办法另行制定。

第十六条 漳卫南局内部管理事项，根据有关规定和工作需要，将相关信息在局机关内部采取适当方式公开。

第十七条 漳卫南局重大事项决策过程中应当采用下列一种或者几种方式公开征求意见：

（一）组织有关方面的专家进行论证、咨询。

（二）公示有关草案或征求意见稿，征集、听取管理和服务对象、相关单位以及社会公众的意见和建议。

（三）依法举行听证会。

（四）其他适当的方式。

第十八条 下列政府信息不予公开：

（一）属于国家秘密、商业秘密、个人隐私的。

（二）公开后可能危及国家安全、公共安全、经济安全和社会稳定的。

（三）机关内部正在研究或者审议中的。

（四）与行政执法有关，公开后可能会影响执法活动正常进行或公平、公正的。

（五）法律、行政法规规定不得公开的其他信息。

第十九条 对主要内容需要公众广泛知晓或参与，但其中部分内容涉及国家秘密的政府信息，应经法定程序解密并删除涉密内容后，予以公开。

经权利人同意公开或者漳卫南局认为不公开可能对公共利益造成重大影响的涉及商业秘密、个人隐私的政府信息，可予以公开。

第三章 监 督 保 障

第二十条 公民、法人或者其他组织认为漳卫南局不依法履行政府信息公开义务的，可以向上级机关、监察机关或者政府信息公开工作主管部门举报。

公民、法人或者其他组织认为漳卫南局在政府信息公开工作中的具体行政行为侵犯其合法权益的，可以依法申请行政复议或者提起行政诉讼。

政务公开办公室、漳卫南局监察（审计）处按照各自职责负责受理有关政务公开工作的投诉和建议。

各单位对政务公开工作中存在的问题应当积极整改。

第二十一条 建立健全漳卫南局政府信息公开考核制度、社会评议制度和责任追究制度，定期对政府信息公开工作进行考核、评议。

第二十二条 政务公开办公室组织编制漳卫南局政府信息公开工作年度报告，并于每年的 3 月 31 日前对外公布。年度报告包括下列内容：

（一）漳卫南局主动公开政府信息的情况。

（二）漳卫南局依申请公开政府信息和不予公开政府信息的情况。

（三）政府信息公开的收费及减免情况。

（四）因政府信息公开申请行政复议、提起行政诉讼的情况。

（五）漳卫南局政府信息公开工作存在的主要问题及改进情况。

（六）其他需要报告的事项。

第二十三条 政务公开工作所需经费纳入年度预算，保障政务公开工作的正常进行。

第二十四条 对违反本规定，造成不利影响的，依据有关规定追究有关单位和责任人的责任。

第四章 附 则

第二十五条 本规定由漳卫南局办公室负责解释。

第二十六条 本规定自发布之日起施行。2010 年 4 月 19 日印发的《漳卫南局政务公开暂行规定》（漳办〔2010〕12 号）同时废止。

附录5　漳卫南局关于印发《漳卫南局宣传信息工作管理办法》的通知

（漳办〔2018〕7号）

局直属各单位、机关各部门、德州水电集团公司：

现将修订后的《漳卫南局宣传信息工作管理办法》印发给你们，请遵照执行。

附件：漳卫南局宣传信息工作管理办法

水利部海河水利委员会漳卫南运河管理局

2018年4月25日

漳卫南局宣传信息工作管理办法

第一章　总　　则

第一条　为加强和规范宣传信息工作，进一步提高宣传信息工作水平，结合我局工作实际，制定本办法。

第二条　宣传信息工作包括内部宣传、外部宣传和宣传队伍建设三项内容。内部宣传主要以局内网（电子政务系统）、宣传屏幕、宣传橱窗为载体；外部宣传主要以局外网（漳卫南运河管理局网、漳卫南运河信息网）、手机移动平台（漳卫南运河微信公众号）、水利报刊媒体和对外宣传的各类印刷、音像制品等为载体。

第三条　局办公室为宣传信息工作主管部门，负责全局宣传信息工作的组织实施。

第二章　工　作　机　制

第四条　建立健全宣传信息工作领导机制。各单位（部门）要高度重视宣传信息工作，实行一把手负总责，分管负责人直接负责的领导机制。

第五条　建立覆盖全局的宣传信息网络。各单位（部门）须指定一名宣传信息员（兼职）报局办公室备案。各级宣传信息员要明确职责，高质量完成本单位（部门）的宣传信息工作。局属各单位可结合工作实际，自行建立本单位的宣传信息网络。

第六条　明确宣传信息工作任务和宣传信息工作流程。局办公室每年初依据上级有关要求，制定年度宣传信息工作要点。各单位（部门）要结合工作实际，落实相关任务，严格宣传信息报送、审批程序（《漳卫南局宣传信息发布流程》详见附件1）。

第七条　实行对外宣传归口管理，由局办公室统一部署安排。各单位（部门）接受新闻媒体采访，须提前报局办公室审核并经局领导批准。

鼓励各单位（部门）通过多种形式开展对外宣传。对外宣传的内容、形式及相关事宜要提前报局办公室审核。

第八条 建立新闻发言人制度。新闻发言人由局办公室主要负责人担任，其主要职责是：负责新闻发布筹备、实施工作；审核新闻发布建议、新闻发布稿和答问口径；主持新闻发布会；经局领导授权，代表我局对外发布新闻、声明和有关重要信息。

各单位（部门）要根据职责分工，积极配合新闻发言人做好有关新闻发布工作。

第三章 激 励 机 制

第九条 实行定期通报制度。每季度末及年终，依据《漳卫南局宣传信息工作量化指标》通报各单位（部门）在漳卫南运河管理局网及各媒体新闻稿件录用情况（《漳卫南局宣传信息工作量化指标》详见附件 2）。

第十条 实行年度评比表彰机制。每年度组织对全局的宣传信息工作进行评比，并对评比出的宣传信息工作先进单位和个人予以通报表彰。

局属各单位（部门）在漳卫南运河管理局网新闻信息年终通报中获得前三名，或年内在省部级媒体刊发反映单位工作的稿件（学术论文除外）两篇（含两篇）以上，可参评“宣传信息工作先进单位”。职工个人年内在漳卫南运河管理局网、漳卫南运河微信公众号刊发反映单位工作的稿件三篇（含三篇）以上，或年内在省部级及以上媒体刊发反映单位工作的稿件（学术论文除外）一篇（含一篇）以上，可参评“宣传信息工作先进个人”。

第十一条 在漳卫南运河管理局网、漳卫南运河信息网、漳卫南运河微信公众号及地市级（含地市级）以上有关媒体刊发的、反映单位工作的稿件、图片、视频给付稿酬。

第十二条 依据媒体类别，稿件类型，稿件及图片、视频的内容、质量、数量给付稿酬。漳卫南运河管理局网、漳卫南运河信息网、漳卫南运河微信公众号录用的稿件、图片、视频不重复发放稿酬，以高值计算（稿酬标准详见附件 3）。

第四章 责 任 处 理

第十三条 未经局办公室审批擅自接受采访或发布新闻，给单位造成不良影响的，报道事件及内容与事实不符，弄虚作假，对单位形象及管理带来不良影响的，将严格按照有关规定追究责任。

第五章 附 则

第十四条 本制度由漳卫南局办公室负责解释。

第十五条 本制度自发布之日实行，原漳卫南局 2013 年 1 月 18 日印发的漳办〔2013〕1 号《漳卫南局宣传信息工作管理办法》同时废止。

附件 1　漳卫南局宣传信息发布流程

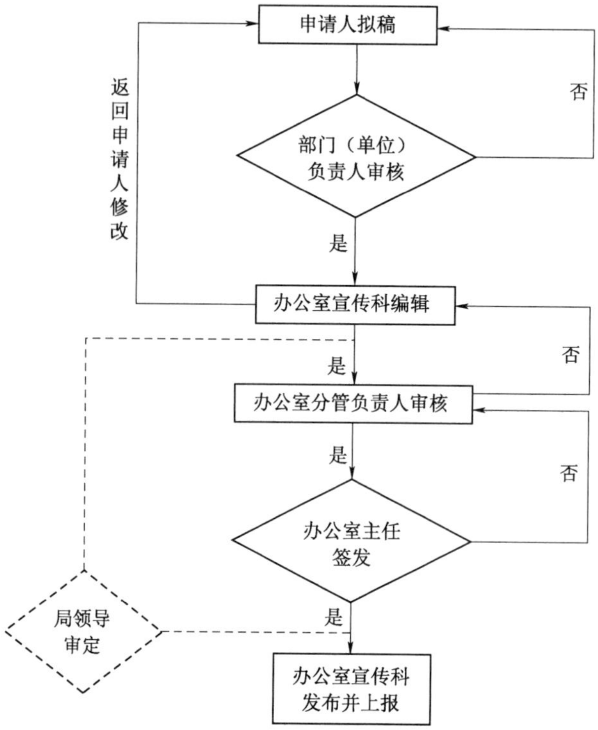

附件 2　漳卫南局宣传信息工作量化指标

（1）漳卫南运河管理局网“河系要闻”栏目录用的，稿件每篇计 10 分；图片每幅计 10 分。

（2）漳卫南运河管理局网“基层动态”栏目录用的，稿件每篇计 7 分；图片每幅计 7 分。

（3）漳卫南运河管理局网“机关党建、廉政建设、队伍建设、文明创建”栏目录用的，稿件每篇计 3 分；图片每幅计 3 分。

（4）漳卫南运河管理局网“视频影像”录用的，视视频内容、质量、时长等因素，每个计 10～50 分。

（5）在漳卫南运河管理局网制作反映单位工作的“专题报道”，每个计 70 分。

（6）漳卫南运河管理局网录用的稿件、图片、视频被海河水利委员会门户网站转载的，稿件每篇加 10 分；图片每幅加 10 分；视频每个加 30 分。

（7）漳卫南运河微信公众号录用的，稿件每篇计 10 分；图片每幅计 5 分；视频每个计 10 分。

（8）漳卫南运河管理局网、漳卫南运河信息网、漳卫南运河微信公众号录用的稿件、图片、视频不重复计分，以高分值计算。

（9）海河水利微信公众号录用的，稿件每篇计 30 分；图片每幅计 10 分；视频每个计 20 分。

（10）《中国水利报》录用的，新闻信息每篇计 50 分；通信报道每篇计 80 分；图片每幅计 20 分。

（11）省部级及以上媒体录用的，稿件每篇计 30 分；图片每幅计 20 分；视频每个计 20 分。

（12）地市级媒体录用的，稿件每篇计 20 分；图片每幅计 10 分；视频每个计 10 分。

附件 3　稿酬标准

序号	刊发媒体	稿酬标准	
		文　字	图　片
1	《中国水利报》省部级及以上媒体	60 元/千字（不足千字按千字计）	60 元/幅
2	地市级媒体	500 字以下，40 元/篇；500 字以上，50 元/千字（不足千字按千字计）	20 元/幅
3	漳卫南运河管理局网	河系要闻：500 字以下，40 元/篇；500 字以上，50 元/千字（不足千字按千字计）	20 元/幅
		基层动态：300 字以下，30 元/篇；300 字以上，40 元/千字（不足千字按千字计）	20 元/幅
		专题报道：特殊约稿 50 元/篇	20 元/幅
		视频影像：20～200 元	
4	漳卫南运河信息网	职工论坛：文学园地 10 元/篇，专题论文 20 元/篇	摄影天地：5 元/幅 视频信息：5～200 元/个
5	微信公众平台	海河水利公众号：500 字以下，50 元/篇；500 字以上，60 元/千字（不足千字按千字计）	30 元/幅
		漳卫南运河公众号：500 字以下，40 元/篇；500 字以上，50 元/千字（不足千字按千字计）	20 元/幅

附录6　漳卫南局关于印发《漳卫南局督办工作实施办法》的通知

（漳办〔2018〕8号）

局直属各单位、机关各部门、德州水电集团公司：

《漳卫南局督办工作实施办法》已经局长办公会研究通过，现印发给你们，请认真遵照执行。

水利部海河水利委员会漳卫南运河管理局

2018年4月28日

漳卫南局督办工作实施办法

第一章　总　　则

第一条　为进一步提高行政效能，切实转变工作作风，更好地落实上级重要部署和我局工作思路，制定本办法。

第二条　局办公室具体负责确定督办工作内容、分类、程序等。局直属各单位、机关各部门、德州水电集团公司分别负责涉及本单位（部门）督办事项的处理工作。

第三条　本办法适用于局直属各单位、机关各部门、德州水电集团公司。

第二章　督办工作内容

第四条　我局督办工作的内容包括：

（一）水利部、海河水利委员会等上级机关和领导批示交办的事项。

（二）局系统重大决策、重要工作和重点工程建设项目。

（三）局领导的重要批示、指示和要求调查处理、反馈结果的事项。

（四）新闻媒体对我局工作的批评、建议等。

（五）重要来信、来访。

（六）其他需要督办的事项。

第三章　督办工作分类

第五条　督办工作分为重要事项、重点工作督办和临时性重要工作的督办。

第六条　重要事项、重点工作的督办是指对全局系统的重大决策、重要工作和重点工程建设项目的督办。重要事项、重点工作的督办主要围绕每年局工作会确定的目标任务展开，重点对局工作会、局务会以及全局性的重要会议作出的重大决策贯彻落实情况进行督办。

第七条 临时性重要工作的督办是指年初工作会未作出部署，根据形势任务需要、上级机关和有关领导指示临时安排的重要工作。主要包括：水利部、海河水利委员会等上级机关和领导批示交办的事项；局领导的重要批示、指示和要求调查处理、反馈结果的事项；新闻媒体对我局工作的批评、建议；重要来信、来访等。

第四章 督办工作程序

第八条 重要事项、重点工作督办工作程序为：

（一）分解立项

对上级部署的重大任务、局工作会、党委会、局长办公会以及全局性会议确定事项的督办。局办公室根据精神，拟定督办方案，提出具体要求和办结时间，报请局长办公会研究，进行分解立项，并填写漳卫南局督办单分送各承办单位或部门。

（二）承办备案

各承办单位（部门）接到督办通知单后，要及时确定计划表、责任人、负责人等细化指标并报办公室备案。对难以按时办结的要主动与局办公室沟通，并请办公室协调解决；对不属于本单位（部门）办理的，要说明原因，并在两日内退回交办部门。

（三）催办落实

对立项后的重要督办事项，办结前负责督办的局办公室工作人员，要采取电话催办、文件催办、深入承办单位督促检查等多种方式，在规定时限内要求各单位（部门）上报落实办理情况，对重大决策部署的完成进度和存在的问题进行汇总，并重点就办理过程中存在的问题做好协调和汇报工作。同时，局办公室将根据各单位（部门）完成时限表，选择合适的时间节点进行不定期通报。

（四）办结报告

承办单位（部门）对督办事项办结后，应及时向交办部门反馈办理情况。办结两日内，局办公室向局领导报告办理情况；需向上级有关部门反馈的重要督办事项，经局主要领导审阅同意后，报上级领导机关。

（五）整理归档

重要事项、重点工作的督办件办结后，由承办单位（部门）交局办公室统一整理归档。

第九条 临时性重要工作的督办工作程序为：

（一）立项。局办公室负责确定临时性重要工作的督办事项，对交办单位、承办单位、事由、交办日期、限办日期等事项进行登记，明确办理要求和办理时限，以书面形式通知承办单位（部门）并在督办工作登记簿上予以登记。

（二）承办。各承办单位（部门）接到临时性重要工作的督办通知单后，要认真做好督办件的办理工作。对难以按时办结的要主动与办公室沟通，并请局办公室协调解决；对不属于本单位（部门）办理的，要说明原因，并在两日内退回交办部门。

（三）催办。局办公室对临时性重要工作的督办件要加强跟踪检查，及时掌握在办事项情况，对超时办理的事项要重点督办。

（四）办结。承办单位（部门）对临时性重要工作的督办事项办结后，应及时向交办部门反馈办理情况。

（五）报告。临时性重要工作的督办任务完成后，要按照事事有结果，件件有回音的原则，局办公室要及时向批示领导报告结果，做到批必办、办必果、果必报。

（六）归档。临时性重要工作的督办件办结后，由承办单位（部门）交局办公室统一归档。

第五章　督办事项的办理时限

第十条　督办事项必须在规定时限内完成，需要延长办理时间的，应及时说明原因。

第十一条　水利部、海河水利委员会等领导同志的重要批示，局领导重要批示或交办事项，由局办公室根据具体工作情况明确承办时间和办理要求。

第十二条　局党委会议、局长办公会议、局务会及其他重要会议议定事项，各责任单位（部门）应在接到督办通知单后报送落实进度或落实结果，局办公室择机进行催办。

第六章　督办工作的考核

第十三条　局办公室将不定期地通报各单位（部门）督办件的办理情况。

第十四条　对一年内有1件次以上不能按时办理的单位（部门），目标考核中将酌情减分；对一年内有3件次以上不能按时办理的单位（部门），对单位（部门）主要负责人进行约谈。

第十五条　对在办理过程中推诿扯皮、拖办、不办，造成严重后果的，根据相关规定追究承办单位（部门）负责人责任。

第七章　附　　则

第十六条　本办法由局办公室负责解释。

第十七条　本办法自印发之日起施行。

附件：1. 漳卫南局督办单
　　　2. 漳卫南局督办催办单

附件（略）

附录7　漳卫南局关于印发《漳卫南运河浮桥管理暂行办法》的通知

（漳政资〔2018〕22号）

局属各河务局、管理局：

为规范漳卫南运河浮桥建设与管理，改善两岸临时交通需求，根据相关法律法规和有关规定，结合实际，制定《漳卫南运河浮桥管理暂行办法》（以下简称《办法》），现予印发施行。各单位对管辖范围内现有浮桥要进行全面统计，并督促建设方按照《办法》规定，报漳卫南局办理审批手续，对不符合要求的一律拆除。

水利部海河水利委员会漳卫南运河管理局

2018年11月9日

漳卫南运河浮桥管理暂行办法

第一章　总　　则

第一条　为规范漳卫南运河浮桥建设与管理，保障河道行洪安全和正常水事秩序，改善两岸临时交通需求，根据《中华人民共和国防洪法》《中华人民共和国河道管理条例》等法律法规和有关规定，结合漳卫南运河实际，制定本办法。

第二条　本办法所称漳卫南运河，系指漳卫南运河管理局直接管辖的河道，包括：岳城水库及其以下漳河，淇门以下卫河，刘庄闸及其共产主义渠，卫运河、漳卫新河、南运河（四女寺至第三店）。

第三条　本办法适用于漳卫南运河民用浮桥的建设、运行、管理及其相关活动。

第四条　浮桥的建设和管理应遵循安全第一、方便群众、便于拆装、依法管理的原则，实行谁建设谁负责的安全管理机制。

第二章　审 批 与 验 收

第五条　在漳卫南运河新建浮桥，原则上应距离非封闭交通桥（或经过批准的浮桥）10km之外。

第六条　在漳卫南运河建设浮桥，由建设方提出浮桥建设方案，报请漳卫南运河管理局审查批准。

浮桥建设方案报批前，建设方必须征得浮桥所在地县级或以上交通行政主管部门、水行政主管部门和河道主管单位同意并签署书面意见。

第七条　浮桥建设方案应包括以下内容：

1. 建设方，施工单位，管理单位。

2. 建设地点（明确堤防桩号）。

3. 建设时间和使用期限。

4. 社会效益和经济效益。

5. 浮桥长度、宽度、结构、设计负荷。

6. 施工安排。

7. 防汛、安全管理措施及责任制。

8. 河道管理范围内相关设施建设情况。

9. 收费管理办法。

10. 其他应予说明的事项。

第八条 在漳卫南运河建设浮桥，建设方要明确河道工程管理维护费及交纳方式。

河道工程管理维护费一般由下列费用构成：

（一）过往浮桥车辆应交纳的堤防养护费用。

（二）占用河道、防洪及兴利工程补偿费用。

（三）河势观测及与浮桥监管相关的工程管理费用。

（四）防洪不利影响补救措施费用。

河道工程管理维护费交纳数额，由浮桥所在地河道主管单位与浮桥建设方依据相关规定协商确定。河道工程管理维护费用于河道工程的管理和维护，包括河道主管单位管理费支出和河道工程维修维护支出。

第九条 建设方应在浮桥开工前将浮桥施工方案报送所在地河道主管单位，经同意后方可施工。施工完毕后须经所在地河道主管单位验收合格后方可启用。

第十条 新建浮桥使用年限原则上不超过 10 年，自河道主管单位验收合格之日起计算。

浮桥使用年限届满应予拆除，如需继续使用，应于届满前 90 日内，向漳卫南运河管理局重新办理审批手续。

第三章 建设与运行监督管理

第十一条 浮桥的建设和运行不得影响水利工程管理，不得在河道内建设永久性建筑物，不得缩窄河道、影响河势稳定以及破坏堤防、险工、水文观测等水利工程及其附属设施，不得妨碍河道治理。

第十二条 浮桥的建设和运行不得影响防洪安全，建设方要落实防汛责任和措施，汛期接到地方政府及其防汛指挥机构或河道主管部门通知 3 日内必须无条件拆除，遇紧急情况，必须在规定时间内无条件拆除。

第十三条 浮桥的建设与运行不得损害公共利益和他人的合法权益。因为浮桥建设与运行而引发的经济、安全等问题由建设方承担。

第十四条 漳卫南运河管理局所属管理单位按照管理范围对浮桥的建设、运行及其相关活动实施监督管理。

第四章 法律责任及其他

第十五条 违反本办法规定，有下列行为之一者，由漳卫南运河管理局所属管理单位，按照执法权限，责令停止违法行为，采取补救措施，并依照《中华人民共和国防洪法》和《中华人民共和国河道管理条例》等有关规定予以处罚；违反《中华人民共和国治安管理处罚法》的，移交公安机关查处；构成犯罪的，依法提请司法机关追究刑事责任。

1. 未经漳卫南运河管理局审批，擅自建设浮桥的。

2. 浮桥未按审查批准方案建设的。

3. 不按规定交纳工程管理维护费的。

4. 因浮桥管理不善，造成河道及水利工程设施损坏的。

5. 违反有关防汛规定的。

6. 阻碍执法人员依法执行公务的。

7. 其他情形违反有关法律法规的。

第十六条 本办法出台前既有浮桥，由浮桥建设方按照本办法规定，补办有关手续，报送漳卫南运河管理局审批。

第十七条 本办法由漳卫南运河管理局负责解释。

第十八条 本办法自颁布之日起施行。

附录8　漳卫南局关于印发《漳卫南运河管理局工程管理及监管考核办法》《漳卫南运河管理局水利工程维修养护管理办法》《漳卫南运河管理局水利工程维修养护质量与验收管理办法》的通知

（漳建管〔2018〕34号）

局属各河务局、管理局：

为进一步规范我局工程管理考核及维修养护工作，制定了《漳卫南运河管理局工程管理及监管考核办法》（试行）、《漳卫南运河管理局水利工程维修养护管理办法》和《漳卫南运河管理局水利工程维修养护质量与验收管理办法》，经局长办公会审定，现予以印发，请遵照执行。

附件：1. 漳卫南运河管理局工程管理及监管考核办法（试行）
2. 漳卫南运河管理局水利工程维修养护管理办法
3. 漳卫南运河管理局水利工程维修养护质量与验收管理办法

水利部海河水利委员会漳卫南运河管理局
2018年9月4日

附件1

漳卫南运河管理局工程管理及监管考核办法

（试行）

第一章　总　　则

第一条　为规范漳卫南运河管理局（以下简称“漳卫南局”）工程管理考核工作，实现考核工作制度化、常态化，合理评价工程管理水平，提升工程安全运行能力，充分发挥工程效益，依据水利部《水利工程管理考核办法》及其标准，结合漳卫南局实际，制定本办法。

第二条　本办法适用于漳卫南局所辖水利工程。

第三条　工程管理考核对象是漳卫南局所属各水管单位，工程管理监管考核对象是卫河、邯郸、聊城、邢衡、德州、沧州河务局，水闸管理局。

第四条　工程管理及监管考核工作按照分级负责的原则进行。漳卫南局负责岳城水库管理局、四女寺枢纽工程管理局工程管理考核及卫河、邯郸、聊城、邢衡、德州、沧州河务局，水闸管理局工程管理监管考核；卫河、邯郸、聊城、邢衡、德州、沧州河务局，水闸管理局负责所属水管单位的工程管理考核。

第五条 本办法以下内容适用于漳卫南局负责的工程管理及监管考核。卫河、邯郸、聊城、邢衡、德州、沧州河务局，水闸管理局应根据水利部《水利工程管理考核办法》，参照本办法，制定本单位工程管理考核办法。

第六条 漳卫南局负责的工程管理及监管考核包括年度日常工程管理及监管考核、年末工程管理及监管考核、工程管理重点工作落实情况考核三部分。

年度日常工程管理及监管考核是漳卫南局对岳城水库管理局、四女寺枢纽工程管理局的年度日常工程管理考核及对卫河、邯郸、聊城、邢衡、德州、沧州河务局，水闸管理局的年度日常工程管理监管考核。

年末工程管理及监管考核是漳卫南局对岳城水库管理局、四女寺枢纽工程管理局的年末工程管理考核及对卫河、邯郸、聊城、邢衡、德州、沧州河务局，水闸管理局的年末工程管理监管考核。

工程管理重点工作落实情况考核是漳卫南局对局属 9 个二级局工程管理重点工作落实情况的考核。

第七条 年度日常管理及监管考核组织为漳卫南局建设与管理处；年末工程管理及监管考核、工程管理重点工作落实情况考核组织为漳卫南局工程管理及监管考核小组，由漳卫南局有关部门人员和局属各单位分管工程管理的局领导组成。

第八条 漳卫南局负责的工程管理及监管考核实行千分制，年度日常管理及监管考核、年末工程管理及监管考核、工程管理重点工作落实情况考核分别占 300 分、500 分、200 分。

工程管理及监管考核最终得分为以上三部分得分与国家级管理单位、海河水利委员会工程管理示范单位晋升或复核结果加分之和。

岳城水库管理局、四女寺枢纽工程管理局晋升或复核为国家级水管单位的，晋升或复核当年加 25 分，第二年加 20 分，第三年加 15 分，第四年加 10 分，第五年加 5 分；岳城水库管理局、四女寺枢纽工程管理局晋升或复核为海河水利委员会工程管理示范单位的，晋升或复核当年加 20 分，第二年加 16 分，第三年加 12 分，第四年加 8 分，第五年加 4 分。

卫河、邯郸、聊城、邢衡、德州、沧州河务局，水闸管理局所属水管单位每有一个晋升或复核为国家级水管单位的，晋升或复核当年给其监管单位加 15 分，第二年加 12 分，第三年加 9 分，第四年加 6 分，第五年加 3 分；卫河、邯郸、聊城、邢衡、德州、沧州河务局，水闸管理局所属水管单位每有一个晋升或复核为海河水利委员会示范单位的，晋升或复核当年给其监管单位加 10 分，第二年加 8 分，第三年加 6 分，第四年加 4 分，第五年加 2 分。

岳城水库管理局、四女寺枢纽工程管理局未通过国家级水管单位复核的，扣 25 分；未通过海河水利委员会示范单位复核的，扣 20 分。卫河、邯郸、聊城、邢衡、德州、沧州河务局，水闸管理局所属水管单位每有一个未通过国家级水管单位复核的，当年扣监管单位 15 分；每有一个未通过海河水利委员会示范单位复核的，当年扣监管单位 10 分。

第二章　年度日常工程管理及监管考核

第九条　年度日常工程管理及监管考核内容为日常工程运行管理及监管工作情况。

第十条　年度日常工程管理及监管考核标准执行漳卫南局《年度河道日常工程管理监管考核标准》《年度水闸日常工程管理及监管考核标准》《年度水库日常工程管理考核标准》。

第十一条　年度日常工程管理及监管考核每年进行 1～2 次，不定期进行。

第十二条　年度日常工程管理及监管考核程序：确定拟考核的工程范围，查看工程现场，查阅工作资料，咨询有关事项，反馈意见，提出整改要求。

第十三条　考核组织按照漳卫南局《年度河道日常工程管理监管考核标准》《年度水闸日常工程管理及监管考核标准》《年度水库日常工程管理考核标准》赋分原则对考核对象进行赋分，考核最后得分取年度内日常工程管理及监管历次考核分数平均值。

第三章　年末工程管理及监管考核

第十四条　年末工程管理考核内容包括组织管理、安全管理、运行管理和经济管理四个方面；年末工程管理监管考核内容包括工程管理监管工作情况和三级水管单位工程管理抽查情况。

漳卫南局每 3 年进行一轮三级水管单位工程管理抽查。每年抽查卫河河务局、水闸管理局 2～3 个水管单位，德州河务局 2 个水管单位，邯郸、沧州河务局 1～2 个水管单位，聊城、邢衡河务局 1 个水管单位。漳卫南局确定水管单位年抽查数量，各监管单位确定年抽查单位。

第十五条　年末工程管理考核标准执行水利部《水闸工程管理考核标准》《水库工程管理考核标准》；年末工程管理监管考核标准执行《漳卫南局工程管理监管考核标准》。

第十六条　年末工程管理及监管考核于每年 11 月进行。

第十七条　年末工程管理考核程序：查看工程现场，查阅工作资料，咨询有关事项，反馈意见；年末工程管理监管考核程序：抽查水管单位工程现场，查阅抽查水管单位和监管考核对象工作资料，咨询有关事项，反馈意见。

第十八条　考核组织按照水利部《水闸工程管理考核标准》《水库工程管理考核标准》赋分原则对年末工程管理考核对象进行赋分，考核对象实际得分为赋分分值总和×50%；按照《漳卫南局工程管理监管考核标准》赋分原则对年末工程管理监管考核对象进行赋分。

第四章　工程管理重点工作落实情况考核

第十九条　工程管理重点工作落实情况考核内容包括：当年工程管理工作要点及水利工程建设与管理廉政风险防控责任清单落实情况。

第二十条　工程管理重点工作落实情况考核执行《漳卫南局工程管理重点工作落实情况考核标准》。

第二十一条 工程管理重点工作落实情况考核与年末工程管理监管考核、年末工程管理考核同步进行。

第二十二条 工程管理重点工作落实情况考核程序：查阅工程管理重点工作落实工作资料，咨询有关事项，反馈意见。

第二十三条 考核组织按照《漳卫南局工程管理重点工作落实情况考核标准》赋分原则对考核对象进行赋分。

第五章 奖 惩

第二十四条 在全局范围内通报由漳卫南局组织的工程管理及监管考核结果。

第二十五条 工程管理、工程管理监管考核得分前两名的二级局为漳卫南局年度工程管理先进单位。

漳卫南局选取7～10名三级河务局（水闸管理所）为漳卫南局年度工程管理先进水管单位，由卫河、邯郸、聊城、邢衡、德州、沧州河务局，水闸管理局推荐。

第六章 附 则

第二十六条 本办法由漳卫南局建设与管理处负责解释。

第二十七条 本办法自颁布之日起施行。原《漳卫南运河管理局工程管理考核办法》（试行）（漳建管〔2012〕43号）同时废止。

附表1 漳卫南局工程管理监管考核标准

类别	项目	考核内容	标准分	赋分原则	备注
工程管理监管	责任制	落实水利部、海河水利委员会、漳卫南局规定的各项责任制	20	各项责任制落实程度之和/应落实责任制数量×20。各项责任制落实程度在0～1之间，未落实的为0，落实完全到位的为1	
	规章制度	建立健全工程管理巡查、工程管理事务处置、工程管理学习培训、工程管理奖惩、工程管理大事记、维修养护管理、工程管理考核等方面规章制度，各项制度落实执行情况好	40	规章制度不健全，每项扣2分；执行效果差，扣20分	
	政策落实	执行上级关于工程管理工作的政策到位	35	各项政策执行程度之和/应执行政策数量×40。各项政策执行程度在0～1之间，未执行的为0，落实完全到位的为1	
	技术标准、规范规程执行	准确执行有关工程管理方面的技术标准、规范规程	25	执行有关技术标准、规范规程不准确的，每项扣3～7分；未执行的，每项扣10分	
	维修养护管理	维修养护管理程序规范，维修养护效果好	40	管理不规范扣10～20分，维修养护效果不好扣10～20分	
	报告、报表、记录、技术资料	报告、报表、记录、技术资料齐全，准确，整理规范	40	缺1项扣5分，不准确扣5～10分，整理不规范扣5～10分	

续表

类别	项目	考核内容	标准分	赋分原则	备注
水管单位工程管理	组织管理、安全管理、运行管理、经济管理	水利部《水闸工程管理考核标准》《河道工程管理考核标准》所含内容	300	按照水利部《水闸工程管理考核标准》《河道工程管理考核标准》赋分总值×30%	

附表 2　　**年度河道日常工程管理监管考核标准**

项目	考核内容	标准分	赋分原则	备注
日常管理	堤防、河道工程和穿堤建筑物有专人管理，按章操作；开展经常检查、定期检查，特别检查，记录规范	50	工程无专人管理的（每类、每段、每处、每座）扣1分；未开展定期检查的扣2分；无定期检查总结、特别检查总结的扣2分；经常检查记录不清楚、不及时的每处扣1分；记录不真实扣5分	
堤身	堤身断面、护堤地宽度保持设计或竣工验收的尺度；堤肩线直弧圆，堤坡平顺；堤身无裂缝、无冲沟、无洞穴、无杂物垃圾堆放	45	堤身断面（高程、顶宽、堤坡）、护堤地宽度不能保持设计或竣工验收尺度的扣5～15分；堤肩线不顺畅，堤坡不平顺扣5～15分；发现堤身裂缝、冲沟、洞穴、堆放杂物垃圾等每处扣1分，最多扣15分	
堤顶道路	堤顶（后戗、防汛路）路面满足防汛抢险通车要求；路面完整、平坦，无坑、无明显凹陷和波状起伏，雨后无积水	40	堤顶路面存在行车宽度不足4m、大坑、障碍物的扣10分；堤顶路面不平超过±5cm，雨后有积水超400cm²，每处扣2分，最多扣20分	
河道防护工程	河道防护工程（护坡、护岸、丁坝、护脚等）无缺损、无坍塌、无松动；备料堆放整齐，位置合理；工程整洁美观	30	工程有缺损、坍塌的，每处扣2分；备料堆放不整齐每处扣2分；有杂草和脏、乱、差现象的每处扣1分	
害堤动物防治	在害堤动物活动区有防治措施，防治效果好；无獾狐、白蚁等洞穴	15	对害堤动物无防治措施，且防治效果不好的扣5分；发现獾狐、白蚁等洞穴未及时处理的，每处扣2分	
生物防护工程	工程管理范围内宜绿化面积中绿化覆盖率达95%以上；树、草种植合理，宜植防护林的地段形成生物防护体系；堤坡草皮整齐，无高秆杂草；堤肩草皮（有堤肩边埂的除外）每侧宽0.5m以上；林木缺损率小于5%，无病虫害	25	绿化覆盖率达不到95%扣3分；宜植地段未形成生物防护体系扣3分；堤坡草皮不整齐、有高秆杂草等扣3分；堤肩草皮不满足要求扣3分；林木缺损率高于5%的，每缺损5%扣1分；发现病虫害未及时处理或处理效果不好扣2分	
工程排水系统	工程排水沟畅通，沟内杂草、杂物清理及时，无堵塞、破损现象	20	工程排水系统不完整扣5分；排水沟破损、堵塞每处扣2分	
标志标牌	各类工程管理标志、标牌（里程桩、禁行杆、分界牌、警示牌、险工险段及工程标牌、工程简介牌等）齐全、醒目、美观	25	河道防护工程及险工险段标志牌、简介牌缺1个扣2分；其他各类必设管理标志、标牌每缺损5%扣2分	
确权划界	已确权工程管理范围符合图纸要求，边界桩齐全、明显，界埂完整；未确权工程堤脚明显，无侵蚀现象	25	已确权工程管理范围与图纸不符的，每处扣2分；边界桩不齐全、不明显扣2分；界埂不完整每100m扣3分；未确权工程堤脚有侵蚀的每100m扣3分	

续表

项目	考　核　内　容	标准分	赋　分　原　则	备注
维修养护管理	按规定进行考核；养护、检查、考核资料齐全；记录规范	25	未开展考核，该项不得分；养护日志、检查记录、考核表、通报每缺1项扣2分；记录不真实，扣10分	

附表3　　年度水闸日常工程管理及监管考核标准

项目	考　核　内　容	标准分	赋　分　原　则	备注
技术图表	水闸平、立、剖面图，电气主接线图，启闭机控制图，主要技术指标表等齐全并明示，主要设备规格、检修情况表齐全	10	每缺1项图表扣2分；未明示扣2分	
工程检查	按规定周期对工程及设施进行经常检查；每年汛前、汛后或用水期前后，对水闸各部位进行全面检查；当水闸遭受特大洪水、风暴潮、台风、强烈地震等或发生重大工程事故时，及时进行特别检查；检查内容全面，记录详细规范	30	未按规定周期检查每缺1项扣5分；检查内容不全面扣5分；缺少定期、特别检查总结的扣2分；经常检查记录不规范扣5分	
工程观测	按规定开展工程观测，并做好记录；固定测次、时间、人员、仪器；及时对资料进行整编，并进行资料分析；观测设施完好率达90%以上	25	未开展工程观测，此项不得分。 按设计观测项目（水平位移、沉陷位移、断面、测压管）每缺1项扣3分；观测不符合规定每项扣3分；未进行资料整编或资料整编不合格扣5分；未进行资料分析扣5分；设施完好率低于90%，每低5%扣2分	
土工建筑物的养护修理	堤（坝）无雨淋沟、渗漏、裂缝、塌陷等缺陷；岸、翼墙后填土区无跌落、塌陷	20	堤（坝）有缺陷扣5分；岸、翼墙后填土区有跌落、塌陷扣5分；环境不整洁，有垃圾、杂物堆放每处扣1分	
石工建筑物的养护修理	砌石护坡、护底无松动、塌陷等缺陷；浆砌块石墙身无渗漏、倾斜或错动，墙基无冒水、冒沙现象；防冲设施（防冲槽、海漫等）无冲刷破坏；反滤设施、减压井、导渗沟、排水设施等保持畅通	20	护坡、护底有缺陷扣3分；浆砌块石墙身有异常扣3分；防冲设施冲刷破坏扣3分；反滤设施、减压井、导渗沟、排水设施等堵塞扣3分；环境不整洁，有垃圾、杂物堆放每处扣1分	
混凝土建筑物的养护修理	混凝土结构表面整洁，无脱壳、剥落、露筋、裂缝等现象，采取保护措施及时修补；伸缩缝填料无流失	25	混凝土结构表面不整洁，有剥落、露筋等每处扣2分；严重裂缝每处扣2分；伸缩缝填料流失扣2分；未采取保护措施及时修补扣3分；环境不整洁，有垃圾、杂物堆放、乱涂乱画每处扣1分	
闸门养护修理	钢闸门表面无明显锈蚀；闸门止水装置密封可靠；闸门行走支承零部件无缺陷；钢门体的承载构件无变形；吊耳板、吊座没有裂纹或严重锈损；运转部位的加油设施完好、畅通；寒冷地区的水闸，在冰冻期间应因地制宜地对闸门采取有效的防冰冻措施	50	闸门出现严重锈蚀每扇扣$10/n$分；闸门漏水超规定每扇扣$30/n$分；闸门行走支承有缺陷每扇扣$10/n$分；承载构件变形每扇扣$10/n$分；连接件损坏每扇扣$10/n$分；加油设施损坏每扇扣$10/n$分；冰冻期间未对闸门采取防冰冻措施扣5分	n为闸门总数

续表

项目	考　核　内　容	标准分	赋　分　原　则	备注
启闭机养护修理	A. 卷扬启闭机：防护罩、机体表面保持清洁；启闭机的连接件保持紧固；传动件的传动部位保持润滑；限位装置可靠；滑动轴承的轴瓦、轴颈无划痕或拉毛，轴与轴瓦配合间隙符合规定；滚动轴承的滚子及其配件无损伤、变形或严重磨损；制动装置动作灵活、制动可靠；钢丝绳定期清洗保养，涂抹防水油脂	50	每台启闭机存在1项次缺陷扣10/n分	n为启闭机台数
	B. 液压启闭机：油泵、油管系统无渗油现象，供油管和排油管保持色标清晰，敷设牢固；活塞杆无锈蚀、划痕、毛刺；活塞环、油封无断裂、失去弹性、变形或严重磨损；阀组动作灵活可靠；指示仪表指示正确并定期检验；储油箱无漏油现象；工作油液定期化验、过滤，油质和油箱内油量符合规定		油泵、油管系统渗油扣5分；供油管和排油管色标不清晰扣2分；敷设不牢固扣5分；油缸漏油每个扣2分；阀组动作失灵每个扣10分；仪表指示失灵每表扣1分；储油箱漏油扣5分；油质不合格扣10分	
机电设备及防雷设施的维护	对各类电气设备、指示仪表、避雷设施等进行定期检验，并符合规定；各类机电设备整洁，及时发现并排除隐患；各类线路保持畅通，无安全隐患；备用发电机维护良好，能随时投入运行	30	未对各类电气设备进行定期检验、维护每项扣2分；线路存在隐患扣3分；机电设备不整洁，有油污、锈蚀、浮尘等扣3分；仪表及避雷器等未按规定检验扣3分；自备电源未按规定维护扣3分	
控制运用	制订控制运用计划或调度方案；按水闸控制运用计划或上级主管部门的指令组织实施；操作运行规范	20	无控制运用计划或调度方案扣5分；未按计划或指令实施水闸控制运用扣5分；违反操作规程扣5分	
维修养护管理	按规定进行考核；养护、检查、考核资料齐全；记录规范	20	未开展考核，该项不得分；养护日志、检查记录、考核表、通报每缺1项扣2分；记录不真实，扣10分	

附表4　　**年度水库日常工程管理考核标准**

项目	考　核　内　容	标准分	赋　分　原　则	备注
工程检查	主/副坝、溢洪道、输水洞等建筑物及闸门机电设备等，平时每月检查两次（相邻两次检查时间不小于10天）；汛前、汛后各检查1次（闸门机电设备要求进行试车）；在高水位、水位突变、地震等特殊情况下应增加检查次数；工程各部位检查内容齐全，检查记录规范，有初步分析及处理意见，并有负责人签字	40	未能正常巡视检查扣5分；无汛前、汛后检查总结报告扣5分；特殊情况下未增加检查扣5分；检查内容不全，每缺1项扣3分；检查、试车记录不规范、无签字扣3分；无初步分析及处理意见扣3分	

续表

项目	考 核 内 容	标准分	赋 分 原 则	备注
工程观测	固定人员、固定仪器、固定测次、固定时间进行观测，观测项目、频率、精度应满足规范要求；高水位或异常情况时加测，观测设备完好率达到规范要求，观测设施先进、自动化程度高；观测有专门记录，有初步分析意见；观测资料内容齐全，符合规范要求，能用计算机按时整编刊印	40	观测工作不能做到“四固定”，观测项目、频率、精度不满足规范要求，每项扣3分；高水位或异常情况时未加测扣3分；观测设备完好率低于95%，每低5%扣2分；观测设备落后，自动化程度低扣2分；记录不规范，无初步分析意见扣3分；观测项目不齐全，每缺1项扣2分；资料内容（要素）不齐全，成果达不到规范要求扣2分；未按时整编刊印扣2分	
工程养护	主、副坝坝顶平整，坝坡整齐美观，无缺损，无树根、高草，防浪墙、反滤体完整，廊道、导渗沟、排水沟畅通，无蚁害。输、泄水建筑物进出口岸坡完整、过水断面无淤积和障碍物；混凝土及圬工衬砌、消力池、工作桥、启闭房等完好无损。工程环境优美，整洁	50	坝顶、坝坡等建筑物不平整、不整齐、不美观，导渗沟、排水沟等有堵塞，坝坡有蚁害等，每项扣3分。 输、泄水建筑物进、出口岸坡不完整，过水断面有淤积和障碍物，每项扣3分；混凝土及圬工衬砌、消力池、工作桥、启闭房有碳化、裂缝、破损等，每项扣3分。工程环境有垃圾、柴垛、乱贴乱画等现象，每处扣2分	
金属结构及机电设备运行维护	有金属结构、机电设备等维护保养制度并明示；设备保养完好，运用灵活，安全可靠；备用发电机组能随时启动，正常运行；机房内整洁美观；维修养护记录规范	55	无金属结构、机电设备等维护保养制度或未明示每类扣2分；金属结构主要构件有损伤、有锈蚀，每孔扣2分；机电设备标牌不清晰、有漏油、接点烧蚀、浮尘蛛网、接线不规整等每项扣2分；闸门漏水，启闭不灵活，每孔（台）扣2分；启闭机轴瓦间隙不当，钢丝绳有锈蚀、断丝，每台扣2分；备用发电机组养护不好，不能随时启动，不能正常运行扣5分；绝缘、接地电阻超过允许值每项扣3分；机房内不整洁、不美观扣3分	
工程维修	做好工程维修、抢修工作，发现问题及时处理、上报；维修质量符合要求；大修工程有维修设计、批复文件；修复及时，按计划完成任务；有竣工验收报告	50	发现问题未及时处理、上报扣10分；维修质量不合格扣10分；大修工程无设计、批复文件扣10分；未按计划完成修复任务扣5分；无竣工验收报告扣5分	
操作运行	有闸门启闭机及机电设备操作规程，并明示；操作人员固定，定期培训，持证上岗；按操作规程和调度指令运行，无人为事故；记录规范	45	无闸门、启闭设备、机电设备操作规程每项扣3分；规程未明示扣3分；操作人员不固定，未定期培训，未做到持证上岗每项扣2分；未按操作规程和调度指令运行扣5分；有人为事故扣5分；记录不规范，无负责人签字扣2分	
日常维修养护工程管理	按规定进行考核；养护、检查、考核资料齐全；记录规范	20	未开展考核，该项不得分；养护日志、检查记录、考核表、通报每缺1项扣2分；记录不真实，扣10分	

附表5　　漳卫南局工程管理重点工作落实情况考核标准

类别	项目	考核内容	标准分	赋分原则	备注
重大工程管理专项工作	过程管理	领导组织到位；部署及时；检查、改进、总结完善	20	领导组织不到位扣10分；工作部署不及时扣5分；无检查扣10分；改进措施不合理扣5分；未进行总结扣10分	
重大工程管理专项工作	工作质量	完成工作目标，符合工作质量	60	未完成目标，该类别不得分；完成工作目标，工作质量在全局排前2名的，得50～60分；完成工作目标，工作质量在全局排中等的，得20～45分；完成工作目标，工作质量在全局排后2名的，得0～15分	
重大工程管理专项工作	工作资料	实施方案、工作计划、过程记录、影像资料、总结报告等齐全，记录规范	20	每缺1项扣4分；记录不及时，每处扣1分；记录不规范，缺少签字的，每处扣1分；记录不真实的，本项不得分	
廉政风险防控	维修养护有关单位确定	招标投标：招标程序符合相关规定；资格预审程序设置合理；资质条件或废标条款合理；评标标准合理	10	招标程序不符合相关规定，扣5分；资格预审程序设置不合理，扣2分；资质条件或废标条款明显不合理扣2分；评标标准明显不合理或倾向特定人或明显妨碍公平竞争，扣1分	
廉政风险防控	维修养护有关单位确定	业务委托：委托单位资质符合有关规定；委托单位选择过程资料齐全	10	委托单位资质不符合有关规定，扣5分；委托单位与相关人员存在利益关系，扣2分；委托单位选择过程资料不齐全，扣3分	
廉政风险防控	合同管理	合同条款无较大漏洞或缺陷；合同签订有相关业务部门审核	15	合同条款存在重大漏洞或缺陷，扣10分；合同约定工作内容与价格明显偏差，扣5分；合同签订无相关业务部门审核，扣5分；故意逃避业务部门审核，扣5分	
廉政风险防控	工程绿化	有树木采伐许可；树木出售公开透明，价格合理；树木出售款及时进账	10	树木出售不公开，价格明显不合理，扣5分；树木出售款不能及时进账，扣2分；未办理树木采伐许可扣3分	
廉政风险防控	方案编报	工程普查、测量等前期资料齐全数据真实可靠；项目计划科学合理，无重大方案变更；预算符合实际；方案上报及批复及时	10	工程普查、测量等前期资料欠缺，数据不真实，扣3分；项目计划不合理，有重大方案变更，扣2分；预算不符合实际，扣2分；方案上报及批复不及时，扣3分	
廉政风险防控	质量管理	开展现场检验检测，质量检测程序规范；检测手段科学，数据真实。现场质量无明显缺陷	15	未开展现场检验检测，扣3分；质量检测程序不规范，扣3分；检测手段落后、不合理，扣3分；数据不真实，扣3分；现场质量存在明显缺陷，扣3分	
廉政风险防控	日常考核	日常考核及时，程序符合规定；考核结果的判定依据合理充分	15	日常考核不及时，扣5分；程序不符合规定，扣5分；考核结果的判定依据不合理、不充分，扣5分	
廉政风险防控	验收	项目验收及时，程序符合规定；验收资料齐全、数据真实可靠；验收结果的判定依据合理充分	15	项目验收不及时，扣2分；程序不符合规定，扣5分；验收资料不齐全、数据不真实，扣3分；验收结果的判定依据不合理、不充分，扣5分	

注　招标投标、业务委托、工程绿化项目有缺项的，其他项目标准分和扣分值按比例调整。

附件 2

漳卫南运河管理局水利工程维修养护管理办法

第一章 总 则

第一条 为规范漳卫南运河管理局（以下简称“漳卫南局”）直属水利工程维修养护管理工作，根据《水利工程管理体制改革实施意见》（国办发〔2002〕45 号）和《漳卫南局关于深化水管体制改革的实施意见》（漳办〔2015〕3 号），结合漳卫南局水利工程维修养护工作实际，制定本办法。

第二条 本办法适用于漳卫南局使用中央级水利工程维修养护经费的水利工程维修养护工作。

第三条 水利工程维修养护的主要任务是在水利工程设计或竣工标准内对其进行维修和养护，保持、恢复或局部改善原有工程面貌，以保证水利工程正常功能的发挥。

第四条 漳卫南局水利工程维修养护要按照水管体制改革要求，逐步推行招标投标制。

第五条 漳卫南局水利工程维修养护管理工作实行分级管理模式，建立分级、分层次的管理体系。

第六条 漳卫南局水利工程维修养护分为实施方案制定、实施和验收三个阶段。

第七条 水利工程维修养护资金管理执行中央财政专项资金有关规定，必须专款专用，不得挪用和挤占。

第八条 漳卫南局各有关单位和部门应积极引进先进的管理手段，大力推广和应用新技术、新材料、新工艺，不断提高水利工程维修养护技术水平。

第二章 职 责 划 分

第九条 漳卫南局所属直接管理水利工程的管理单位（以下简称“水管单位”）对水利工程维修养护项目负主体责任，行使甲方职责。

第十条 漳卫南局所属二级水利工程管理单位为水管单位的主管单位（岳城水库管理局和四女寺枢纽工程管理局的主管单位为漳卫南局），负主管单位责任，承担对所属水管单位维修养护工作的监督、指导和管理职责。

第十一条 漳卫南局对岳城水库管理局、四女寺枢纽工程管理局负主管单位责任，承担全局维修养护的监督职责。

第三章 实施方案制定阶段

第十二条 水利工程维修养护实施方案制定按照部门预算批复的资金额度进行，包括实施方案编制、报批和变更等环节。

第十三条 编制

1. 水管单位要在总结上年度维修养护工作的基础上，做好年度维修养护工作安排。

年度维修养护工作安排应明确年度工程管理工作要点、年度维修养护工作难点和重点、年度应开展的维修养护项目和需重点开展的项目、年度维修养护工作目标等内容。

2. 水管单位应按照《中华人民共和国政府采购法》《中华人民共和国招投标法》的有关规定选择具有水利设计乙级以上（含乙级）资质的单位进行维修养护实施方案编制，并签订委托合同。

3. 编制单位应进行相关的前期工作，包括工程普查、工程测量、相关资料整理分析等。

4. 编制单位应按照水管单位年度维修养护工作安排和部门预算批复经费编制实施方案。实施方案内容包括：上年度方案实施情况的简要说明，本年度实施方案编制的依据、原则，工程基本情况，维修养护项目的名称、内容及工程量，主要工作及进度安排，经费预算文件（包括编制说明和预算表及相关附件），维修养护质量技术标准等。

5. 编制单位应按合同要求完成编制工作并将成果提交给水管单位。

第十四条 报批

1. 水管单位应于上一年度 12 月份向主管单位上报本年度维修养护实施方案。

2. 主管单位负责所属水管单位维修养护实施方案的审批，审批工作应于 1 月底前完成。对于为恢复或局部改善原有工程面貌需一次性开展、投入金额较大的维修项目，应向漳卫南局报备。

第十五条 变更

维修养护项目变更一般应由水管单位、维修养护单位提出，原编制单位制定变更方案，报主管单位审批；遇特殊情况，应在安排维修养护变更任务的同时，由水管单位将变更申请（电话、电传、邮件、文件等形式）报主管单位。

变更方案应报漳卫南局备案。

第四章 实 施 阶 段

第十六条 维修养护项目的实施应按照有关政策、规范、规程和批复的实施方案等进行，包括监理单位和维修养护单位选择、实施前准备、实施、合同管理、资料管理等环节。

第十七条 监理单位和维修养护单位选择

1. 水管单位应按照《中华人民共和国政府采购法》《中华人民共和国招投标法》的规定选择维修养护监理单位。水管单位应将监理单位选择过程形成书面报告报主管单位，经主管单位批准后，方可与监理单位签订监理合同。

2. 水管单位应按照《中华人民共和国政府采购法》《中华人民共和国招投标法》的规定选择维修养护单位。维修养护单位选择后，水管单位应将选择过程形成书面报告报主管单位，经主管单位批准后，方可与维修养护单位签订维修养护合同。

第十八条 维修养护前准备

1. 水管单位应建立健全质量管理体系，落实工程质量责任制。

2. 水管单位应按规定办理维修养护质量监督书。

3. 水管单位应对维修养护单位质量保证体系和编制的维修养护组织安排进行审查，

审核批准维修养护单位的开工申请。

第十九条 实施

1. 水管单位应监督检查维修养护单位的质量保证体系和监理单位的质量检查体系落实情况。

2. 水管单位应建立安全生产责任制，严格执行安全生产检查制度，及时掌握维修养护单位安全生产情况，采取有效措施，保证生产安全和人员安全。

3. 水管单位、主管单位、漳卫南局应按规定开展维修养护检查、巡查工作，做好检查、巡查记录。

4. 质量与安全监督管理机构采用巡查和抽查相结合的方式进行质量与安全监督。

5. 维修养护项目实施过程质量评价实行考核制度，水管单位按合同约定每月对维修养护单位进行一次考核，主管单位每季度对水管单位进行一次考核。

6. 质量与安全监督管理机构在监理单位或水管单位对维修养护质量评价的基础上，经现场检验出具维修养护质量评价意见。

第二十条 合同管理

1. 实施方案编制、监理、维修养护合同一经签订，必须认真履行合同约定的责任、权利和义务。

2. 合同采用格式文本方式。方案编制合同应采用水利设计合同范本；监理合同应采用水利监理合同范本；维修养护合同应执行维修养护规范文本。

3. 禁止将合同转包和违反规定分包。

4. 合同各方应严格执行合同规定，主管单位应对合同执行情况进行检查和监督。

第二十一条 资料管理

1. 各单位要按规定收集和整理维修养护工作资料。

2. 水管单位负责维修养护工作资料的整编归档工作。

第五章 验 收 阶 段

第二十二条 水利工程维修养护实行验收制度，验收的主要依据是有关规范、规程、批复的实施方案、合同文件等。

第二十三条 主管单位负责维修养护项目验收；漳卫南局对全局维修养护项目验收情况进行抽查，负责全局维修养护项目年度验收。

第二十四条 维修养护项目验收应于 12 月上旬进行，年度验收于下一年度 1 月份进行。

第六章 责 任 追 究

第二十五条 对于违反水利工程维修养护有关政策的违法违纪行为，漳卫南局按照有关规定进行责任追究；构成犯罪的，移送司法机关处理。

第二十六条 水管单位应保证维修养护资料的真实性、完整性。故意隐瞒事实真相、提供虚假资料的，水管单位负责人承担直接领导责任。

第七章 附 则

第二十七条 本办法由漳卫南局建设与管理处负责解释。

第二十八条 各二级单位可根据本办法制定本单位水利工程维修养护管理办法实施细则。

第二十九条 本办法自印发之日起施行。《漳卫南运河管理局水利工程维修养护管理办法》（漳建管〔2015〕43号）同时废止。

附件3

漳卫南运河管理局水利工程维修养护质量与验收管理办法

第一章 总 则

第一条 为规范漳卫南运河管理局（以下简称“漳卫南局”）水利工程维修养护的质量管理工作，根据国家有关法律、法规、“海河水利委员会关于印发直属水利工程维修养护技术质量标准的通知”和“漳卫南运河管理局水利工程维修养护管理办法”等，结合漳卫南局水利工程维修养护实际，制定本办法。

第二条 本办法适用于漳卫南局所属水利工程维修养护的质量与验收管理工作。

第三条 维修养护工程质量实行水管单位负责、监理单位控制、维修养护单位保证、主管单位监管、政府监督和漳卫南局监管相结合的质量管理体制。

维修养护工程质量由水管单位负全面责任。监理、维修养护单位、设计单位按照合同及有关规定对各自承担的工作负责；主管单位负主管单位责任，对所属单位的维修养护工作承担监督、指导和管理责任；质量监督机构履行政府部门监督职能；漳卫南局负责全局维修养护质量的监管工作，负监督责任。

第四条 水管单位、监理、设计、维修养护单位等合同各方单位的负责人，对本单位的维修养护项目的质量工作负领导责任。各单位在工程现场的项目负责人对本单位在工程现场的质量工作负直接领导责任。各单位的工程技术负责人对质量工作负技术责任。具体工作人员为直接责任人。

第五条 各参建单位要积极推行全面质量管理，采用先进的质量管理模式和管理手段，推广先进的科学技术和施工工艺，依靠科技进步和加强管理，不断提高工程质量。

第六条 各参建单位要加强质量法制教育，增强质量法制观念，把提高劳动者的素质作为提高工程质量的重要环节，加强对管理人员和职工的质量意识和质量管理知识的教育，建立和完善质量管理的激励机制，积极开展群众性质量管理和合理化建议活动。

第二章 质 量 监 督 管 理

第七条 “漳卫南运河管理局维修养护工程质量与安全监督项目站”（以下简称“漳卫南局质安项目站”）作为“水利部水利建设工程质量与安全监督总站海河流域分站”的派

出质量监督机构，负责漳卫南局维修养护项目的质量与安全监督工作。

第八条 漳卫南局质安项目站负责监督设计、监理、维修养护等单位的维修养护项目的质量工作；负责检查、督促水管、监理、设计、养护等单位建立健全质量体系。

第九条 漳卫南局质安项目站按照国家和水利行业有关工程建设法规、技术标准和设计文件实施维修养护工程质量监督，对施工现场影响工程质量的行为进行监督检查。

第十条 水管单位应于每年的第一季度与漳卫南局质安项目站签订维修养护工程质量与安全监督书。

第十一条 漳卫南局质安项目站实施以抽查为主的监督方式对全局的维修养护项目进行质量与安全监督，并在水管单位或监理单位、维修养护单位对维修养护质量评价的基础上，经现场检验出具维修养护质量评价意见。

第十二条 维修养护项目验收时，漳卫南局质安项目站应对工程质量等级进行核定（参加主管单位验收，并出具工程质量评定意见）。未经质量核定或核定不合格的工程，主管单位不能验收。

第十三条 漳卫南局质安项目站根据需要，可委托经计量认证合格的检测单位，对维修养护工程有关部位以及所采用的建筑材料和工程设备进行抽样检测，其检测费用由维修养护单位承担。

第三章 水管单位质量管理

第十四条 水管单位应主动接受水利工程质量监督机构对其质量体系的监督检查。

第十五条 水管单位应根据维修养护项目特点，按照《中华人民共和国政府采购法》《中华人民共和国招投标法》的有关规定选择设计、施工、监理单位并实行合同管理。在合同文件中，必须有工程质量条款，明确图纸、资料、工程、材料、设备等的质量标准及合同双方的质量责任。

第十六条 水管单位要加强维修养护工程质量管理，建立健全施工质量检查体系，根据工程特点建立质量管理制度。

第十七条 水管单位应按规定向质量监督机构办理维修养护工程质量与安全监督手续。在工程施工过程中，应主动接受质量监督机构和主管单位对维修养护项目质量的监督检查。

第十八条 水管单位应对工程的施工质量与安全进行检查，工程完工后，应及时组织有关单位进行工程质量签证、验收。

第十九条 水管单位根据维修养护工程施工现场实际情况与原施工图纸和设计文件所表达的设计状态发生改变时，可向有关单位提出设计变更申请。设计变更须经主管单位同意报有关单位审批后方可实施。

第四章 监理单位质量管理

第二十条 监理单位必须持有水利部或建设部颁发的监理单位资格等级证书，依照核定的监理范围承担维修养护项目的监理任务。监理单位必须接受质量监督机构对其监理资格、质量检查体系及质量监理工作的监督检查。

第二十一条 监理单位必须严格执行国家法律、水利行业法规、技术标准和设计文件，严格履行监理合同。

第二十二条 监理单位根据所承担的监理任务向维修养护项目施工现场派出相应的监理人员，监理工程师上岗必须持有水利部或建设部颁发的监理工程师岗位证书，一般监理人员上岗要经过岗前培训。

第五章 设计单位质量管理

第二十三条 水管单位须要选择具有水利设计资质的设计单位承担本单位维修养护设计工作，设计单位必须按其资质等级及业务范围承担维修养护项目的设计任务，并应主动接受质量监督机构对其资质等级及质量体系的监督检查。

第二十四条 水管单位要督促设计单位必须建立健全设计质量保证体系，加强设计过程质量控制，健全设计文件的审核、会签批准制度，做好设计文件的技术交底工作。

第二十五条 设计单位应按合同规定及时提供维修养护项目的设计文件及施工图纸，在施工过程中要随时掌握施工现场情况，优化设计，解决有关设计问题。

第六章 维修养护单位质量管理

第二十六条 维修养护单位必须按其资质等级和业务范围承揽维修养护项目的施工任务，接受质量监督机构对其资质和质量保证体系的监督检查。

第二十七条 维修养护单位必须依据国家及部委局有关工程建设法规、技术标准的规定以及维修养护工程设计文件和施工合同的要求进行施工，不得擅自变更工程设计和质量标准，并对其施工的维修养护工程质量负责。

第二十八条 维修养护单位禁止将合同违法转包和分包。特殊情况必须要分包时，必须经过水管单位同意，并报主管单位审批。

第二十九条 维修养护单位要推行全面质量管理，建立健全质量保证体系，制定和完善岗位质量规范、质量责任及考核办法，落实质量责任制。在施工过程中要加强质量检验工作，认真执行“三检制”，切实做好维修养护工程质量的全过程控制。

第三十条 维修养护工程发生质量事故，维修养护单位必须按照有关规定向监理单位、水管单位及有关部门报告，并保护好现场，接受工程质量事故调查，认真进行事故处理。

第三十一条 维修养护单位应按照合同规定，做好维修养护工程技术资料的收集、整理、汇总工作，在维修养护项目完成并经验收合格后及时移交相关资料。

第三十二条 维修养护单位应对其职工进行安全生产教育，建立健全安全生产管理制度，制定安全生产操作规程，教育职工树立“安全生产，预防为主”的思想，必须建立稳定的安全生产管理机构，应配备专职负责安全生产的人员，并制定安全生产守则，保证生产安全和人员安全。

第七章 主管单位质量管理

第三十三条 主管单位要监督水管单位严格遵守合同，按照批准的设计和技术规范要求组织实施，不得擅自变更工程设计，降低维修养护工程质量标准。

第三十四条 主管单位要定期或不定期地对维修养护工程的质量与安全进行指导和检查，对维修养护过程中出现的质量与安全问题，有权责令维修养护单位停工整改，严重的可责令其返工。

第八章 漳卫南局质量管理

第三十五条 漳卫南局根据国家及水利部、海河水利委员会有关的规范、标准和办法，负责对局属各水管单位的维修养护质量进行定期或不定期的检查和抽查，并做好有关记录。对维修养护过程中多次出现质量问题且整改不力的，责令责任单位按有关规定进行处理。

第九章 考核与验收

第三十六条 漳卫南局维修养护项目考核验收分为月考核、季度考核和验收。

第三十七条 维修养护项目月考核由水管单位主持，考核的主要内容为月维修养护任务完成情况；考核人员为水管单位人员，且不少于 3 人（维修养护单位为被考核单位）；成果为“月维修养护考核表”。

第三十八条 维修养护项目季度考核由主管单位主持，考核的主要内容为季度维修养护任务完成情况；考核人员为主管单位有关人员、水管单位有关人员和监理人员，且不少于 5 人；成果为“季度维修养护考核表”。

第三十九条 维修养护项目验收由主管单位主持。验收主要依据为有关的法律法规和技术标准，经主管单位批准的维修养护实施方案、设计文件，有关的合同文件以及质量与安全监督机构出具的质量评价意见等；验收的主要内容为月维修养护考核情况、季度维修养护考核情况、现场工程维修养护效果；验收人员为主管单位有关人员、水管单位、质量监督和监理单位等有关人员，且不少于 7 人；成果为“维修养护项目验收意见”；验收程序为现场检查维修养护项目完成质量情况（特殊情况可以委托有资质的第三方对有疑义的项目进行检测，费用由维修养护单位承担），听取维修养护单位工作报告、质量与安全监督报告、设计单位设计报告、监理单位监理报告和水管单位维修养护工作报告，查看有关文件及维修养护档案资料，讨论并通过该单位维修养护项目验收意见。

第四十条 漳卫南局对全局维修养护项目验收情况进行抽查。

第四十一条 漳卫南局负责全局维修养护项目年度验收，于下一年度 1 月底前完成。

第四十二条 未达到月考核质量标准的，水管单位应要求维修养护单位于 7 日内整改完成，整改完成后出具月维修养护考核意见，如 7 日后未整改完成，水管单位可报请上级主管单位批准后，按照《中华人民共和国政府采购法》《中华人民共和国招投标法》的有关规定将整改部分的项目委托给新的维修养护单位。

未达到季度考核质量标准的，主管单位应要求水管单位于 10 日内整改完成，整改完成后出具季度维修养护考核表，如 10 日后未整改完成，追究水管单位责任。

未达到验收质量标准的，主管单位应要求水管单位于 30 日内整改完成，整改完成后出具验收意见，如 30 日后未整改完成，追究水管单位责任。

对漳卫南局在全局维修养护项目验收情况抽查中发现的问题，验收主持单位应及时进行整改，整改不利的，追究验收主持单位责任。

第十章　附　　则

第四十三条　本办法由漳卫南局建设与管理处负责解释。

第四十四条　本办法自印发之日起施行。《漳卫南运河管理局水利工程维修养护质量与验收管理办法》（漳建管〔2015〕43号）同时废止。